Universum 1

Physik

Nordrhein-Westfalen

Cornelsen

Universum Physik

Band 1 Gymnasium Nordrhein-Westfalen

Autoren:
Dr. Ana Alboteanu-Schirner, Solingen; Ralf Buric, Oberhausen;
Dr. Christian Burisch, Essen; Anneke Emse, Krefeld;
Dr. Detlef Lauterjung, Solingen; Susanne Lauterjung, Solingen;
Antonius Rübbelke, Düsseldorf

Teile dieses Werkes beruhen auf Arbeiten von:
Sven Bengelsdorff, Ruben Brand, Dr. Hans-Otto Carmesin, Jens Kahle,
Prof. Dr. Lutz Kasper, Dr. Reiner Kienle, Ulf Konrad, Thorsten Mitschke,
Carl-Julian Pardall, Prof. Bruno Rager, Stefan Ronellenfitsch,
Dr. Gerhard Wenschkewitz, Dr. Ursula Wienbruch, Lutz Witte

Beratung:
Reinhard Berger, Essen

Redaktion:
Jan Philipp Bornebusch, Dr. Andreas Hagedorn

Grafik:
igeldesign Franz Josef Domke; Karin Mall, Berlin;
Atelier tigercolor Tom Menzel, Scharbeutz/Klingenberg;
newVISION! GmbH Bernhard A. Peter, Pettensen

Layoutkonzept, Umschlaggestaltung:
SOFAROBOTNIK GbR, Augsburg & München

Layout und technische Umsetzung:
Jesse Konzept & Text GmbH, Hannover

www.cornelsen.de

1. Auflage, 1. Druck 2013

Alle Drucke dieser Auflage sind inhaltlich unverändert und
können im Unterricht nebeneinander verwendet werden.

Druck:
Stürtz GmbH, Würzburg

ISBN 978-3-06-420093-7

Inhalt gedruckt auf säurefreiem Papier aus
nachhaltiger Forstwirtschaft.

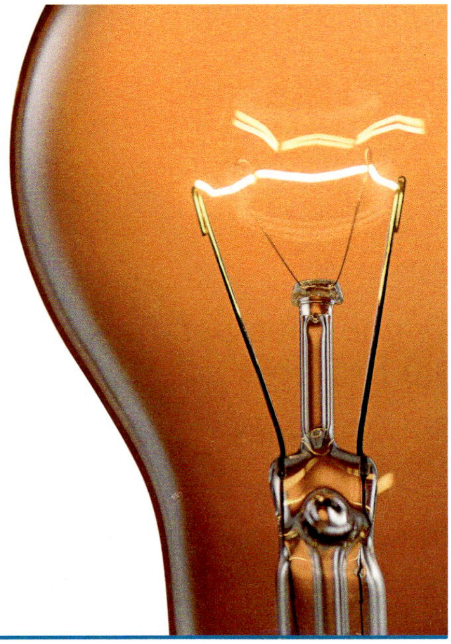

Magnetismus und Elektrizität im Alltag 66

Sehen und Hören 110

Anhang

Mit deinem Buch arbeiten

1

So etwas hast du schon einmal gesehen und vielleicht Fragen dazu.

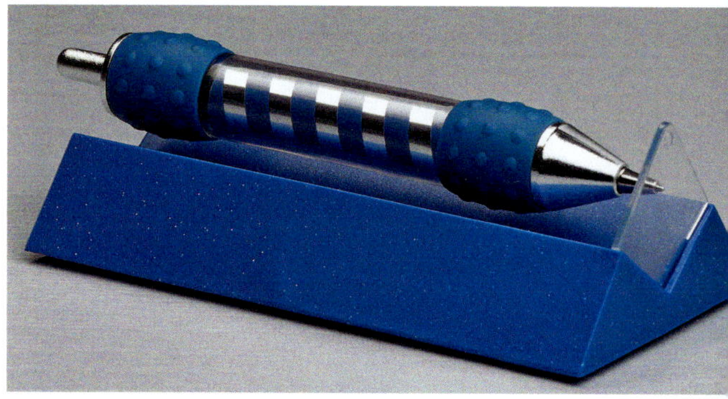

01 Warum schwebt der Stift?

Das Magnetfeld

Der Stift schwebt frei über der schwarzen Unterlage. Auf den ersten Blick ist das über-raschend. Aber vielleicht vermutest du ...

tische Wirkung: Entsprechend ... wird der Wagen mit ...

2

Versuche helfen dir, Antworten zu finden.

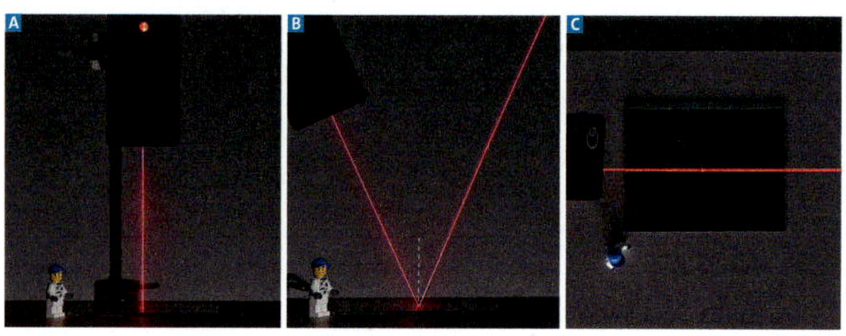

02 Reflexion von Licht: **A** bei senkrechtem Lichteinfall, **B** bei schrägem Lichteinfall, **C** Ansicht von oben

Im ersten Versuch richten wir den Laserstrahl senkrecht auf die Oberfläche des Spiegels (▸ Bild 02 A). Wir sehen keinen zweiten Lichtstrahl. Da wir wissen, dass der Spiegel das Licht nicht absorbiert, muss er es auf gleichem Weg senkrecht nach oben reflektieren.
Im zweiten Versuch fällt der Lichtstrahl nicht mehr senkrecht auf den Spiegel (▸ Bild 02 B). Je weiter wir den Laserstrahl zur Tischplatte absenken, desto weiter senkt sich auch der reflektierte Strahl. Wir vermuten, dass das einfallende Lichtbündel unter dem gleichen Winkel reflektiert wird, mit dem es auf den Spiegel trifft.
Unsere Vermutung überprüfen wir in ...

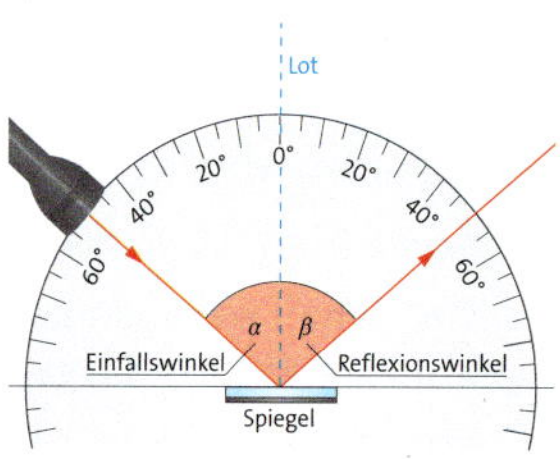

03 Messung von Einfalls- und Reflexionswinkel

Einfallswinkel α	Reflexionswinkel β
0°	0°
10°	10°
21°	20°
29°	30°
40°	
4…	

Einfallendes und reflektiertes Lichtbünd... liegen also in ein...

...ser. „Da bildet ... Blüten erfrieren erst ...

AGGREGATZUSTÄNDE UND ÜBERGÄNGE · Du weißt bereits, dass Stoffe fest, flüssig oder gasförmig sein können. Im Alltag kannst du häufig Übergänge zwischen diesen Aggregatzuständen beobachten.

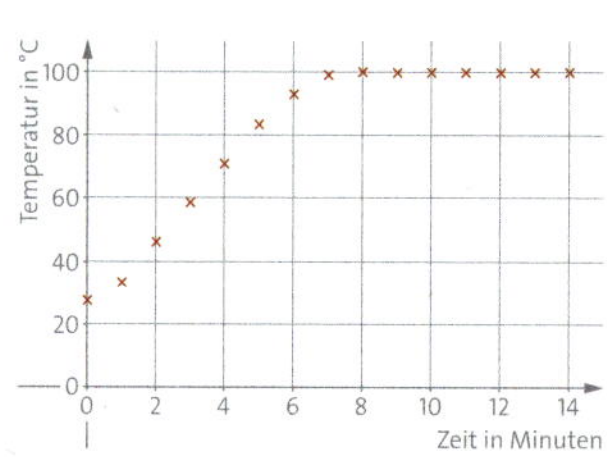

02 Gemessener Temperaturverlauf beim Erhitzen von Wasser

... aus Wasser Eiswürfel machen, indem man es in einer Schale ins Gefrierfach stellt. In einem Getränk schmelzen die Eiswürfel und werden dabei wieder zu Wasser. Beim Kochen in der Küche entsteht Wasserdampf, der sich an kalten Fensterscheiben als Wasser niederschlägt.
Auch andere Stoffe schmelzen und sieden, allerdings meistens bei anderen Temperaturen. So wird Butter bei ca. 32 °C flüssig, Kerzenwachs ab etwa 55 °C. Viele Metalle schmelzen erst bei sehr hohen Temperaturen. Speiseöl siedet bei ca. 200 °C.

SIEDEN UND SCHMELZEN IM EXPERIMENT · Um zu untersuchen, was beim Sieden passiert, erhitzen wir Wasser auf dem Herd und messen den Temperaturverlauf. Die Messergebnisse stellen wir in einem Diagramm dar (▸ Bild 02).
Zunächst steigt die Temperatur des Wassers von der Anfangstemperatur auf 100 °C an. Obwohl die Herdplatte eine viel höhere Temperatur als 100 °C hat, ändert sich die Tempe-

3

Die Versuchsergebnisse führen dich zu allgemeinen Erkenntnissen. Diagramme stellen die Versuchsergebnisse übersichtlich dar.

6

Hier kannst du selbst Versuche durchführen und mit Aufgaben deine Kenntnisse erweitern.

MATERIAL

VERSUCHE ▸ Leiter und Nichtleiter

In diesen Versuchen untersuchst du, wie gut Flüssigkeiten und du selbst den elektrischen Strom leiten.

V1 Stromleitung von Flüssigkeiten

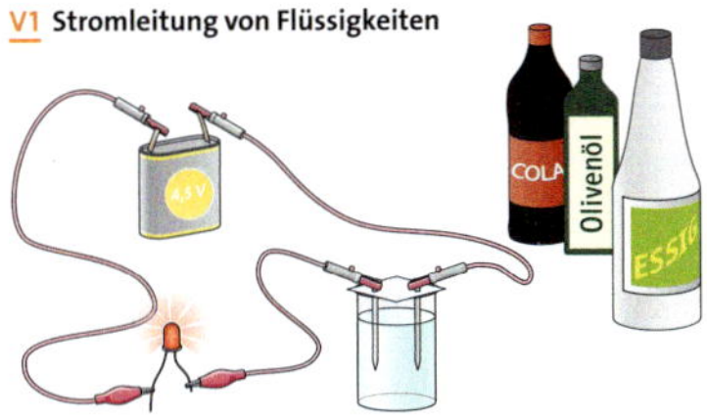

Material:
Flachbatterie, LED, Kabel mit Krokodilklemmen, Nägel, Pappe, Glas, Leitungswasser, Pflanzenöl, Essig, Cola

Durchführung:
Baue den Versuch wie im Bild oben auf. Achte darauf, dass das lange Bein der LED mit dem Pluspol der Batterie verbunden ist. Teste die Schaltung, indem du die Nägel aneinanderhältst.

Material A ▸ Lügendedektor

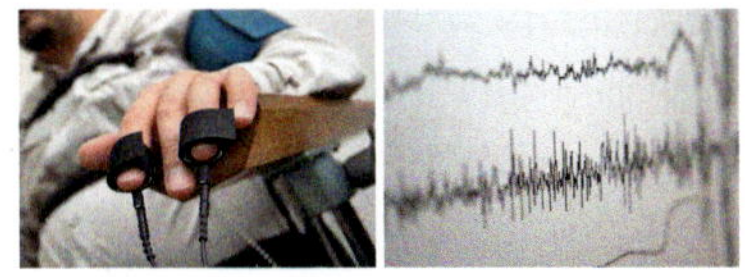

A1 Bei einem Lügendetektor wird ein Stromkreis geschlossen, indem einer Person elektrische Kontakte an die Finger gesetzt werden. Der Person werden dann Fragen gestellt. Lügt sie bei der Beantwortung, fließt mehr Strom als bei wahren Antworten. Erkläre, wie dies zustande kommt.

METHODE

Modelle in der Physik

01 Modelleisenbahn

02 Grundriss und Modellhaus

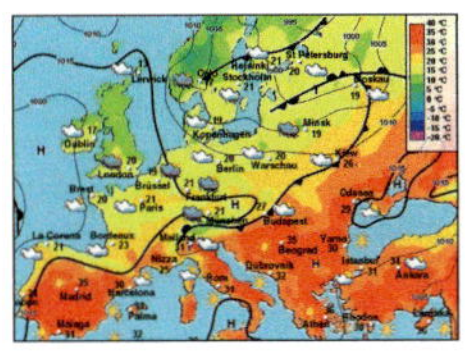

03 Wettersimulation

In der Physik sind Modelle wie das Teilchenmodell sehr wichtig. Im Alltag hast du das Wort „Modell" bestimmt schon gehört, z. B. bei einer Modelleisenbahn oder einem Modellauto. Sie sind verkleinerte und vor allem vereinfachte Nachbildungen von echten Zügen oder Autos. Es existieren natürlich auch vergrößerte Modelle der Wirklichkeit, wie das Modell einer Blüte im Biologieunterricht. Alle diese Modelle heißen gegenständliche Modelle.
So ähnlich ...

Warum benötigen wir überhaupt Modelle, wenn wir mit ihnen ohnehin nicht alles erklären können?
Ohne Modelle können wir die Welt nicht so gut verstehen. Außerdem können wir verschiedene Modelle für ein und dieselbe Erscheinung entwickeln, die jeweils verschiedene ihrer Eigenschaften gut beschreiben. Dadurch erhalten wir ein ... vollständiges ...

5

Im Methodenkasten lernst du die Arbeitsweisen der Physik kennen.

BLICKPUNKT

Energie von der Sonne

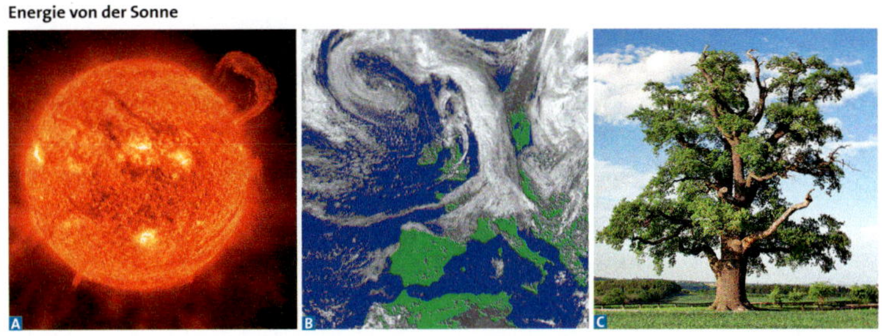

01 Die Energie der Sonne **(A)** treibt die Vorgänge in der Atmosphäre an **(B)** und lässt Pflanzen wachsen **(C)**.

Die Sonne ist eine riesige und extrem heiße Gaskugel. In ihrem Innern beträgt die Temperatur mehrere Millionen Grad Celsius. Von innen nach außen nimmt die Temperatur immer mehr ab. An der Oberfläche beträgt sie „nur" noch etwa 5500 °C. Aufgrund der hohen Te... tur strahlt die Sonne sehr viel Licht und W...

Erde. ▸ Bild 02 zeigt: Je tiefer die Sonne am Himmel steht, desto schräger fällt das Licht auf die Erdoberflä... che. Damit verteilt sich die gleiche Menge Licht auf ei... größere Fläche. Auf einen Quadratmeter Erdoberflä... fällt dahe...

4

Im Blickpunkt erfährst du, was das Thema mit dir und deiner Umwelt zu tun hat.

Die Natur aus der Sicht der Wissenschaften

Bis ins 16. Jahrhundert konnte ein Gelehrter das Wissen über die gesamte Natur überblicken. Doch je mehr Menschen die Natur untersuchten, desto umfangreicher wurde das Wissen. So bildeten sich nach und nach Wissenschaftszweige, die im Laufe der Zeit zu eigenständigen Wissenschaften wurden: Physik, Chemie, Biologie, Philosophie ... Jede Wissenschaft hat einen anderen Blick auf die Natur.
Die Natur, die du im Physik-, Chemie- oder Biologieunterricht betrachtest, ist stets dieselbe. Du setzt jedoch für jedes Fach gewissermaßen eine andere Brille auf, durch die du die gleichen Naturerscheinungen von einem anderen Standpunkt aus betrachtest. Auch Geisteswissenschaften wie Kunst oder Literatur sowie Sozialwissenschaften wie Politik oder Wirtschaft beschäftigen sich manchmal mit der Natur und betrachten sie aus ihren eigenen Blickwinkeln.

Betrachten wir am Beispiel des Wassers die verschiedenen Sichtweisen der Wissenschaften:

Die **Physik** untersucht, wie sich Wasser unter verschiedenen Bedingungen verhält, z.B. beim Erwärmen und Abkühlen.
Physikerinnen und Physiker prüfen auch, unter welchen Bedingungen Wasser elektrischen Strom leitet oder wie Körper beschaffen sein müssen, um auf Wasser schwimmen zu können.

Die **Chemie** untersucht die Eigenschaften des Wassers als Stoff. Sie beschreibt, wie sich Wasser gegenüber anderen Stoffen verhält.
So ist Wasser in der Chemie das häufigste Lösungsmittel. Die Chemie untersucht auch, wie Wasser aus anderen Stoffen gebildet wird.

Die **Biologie** erforscht das Zusammenspiel von Lebewesen und Wasser. Wasser stellt die Grundlage des Lebens dar, denn ohne Wasser ist kein Leben möglich. Biologinnen und Biologen untersuchen z.B. die Qualität von Trinkwasser und deren Auswirkung auf Lebewesen.

Die **Geografie** untersucht, wie Wasser die Landschaft formt und das Klima beeinflusst.
Politik und **Wirtschaft** beschäftigen sich mit dem Problem der Wasserknappheit, denn weltweit gehen die Trinkwasservorräte zurück, während der Bedarf an Wasser steigt.
In der **Literatur** steht Wasser häufig für Leben, Neubeginn oder Gefühle.

Physik und ihre Bedeutung

Physik beobachtet und erklärt Naturerscheinungen · Menschen haben sich schon seit Urzeiten Fragen zu Naturerscheinungen gestellt, die ihren Alltag begleitet haben. Sie wollten verstehen, wieso Wasser zu Eis wird, wie Mondphasen entstehen oder was Blitze sind. Aus dem Bedürfnis heraus, die Welt zu verstehen, entwickelte sich die Physik als ein Teil der Naturwissenschaften. Ihre Aufgabe ist, Naturerscheinungen zu beobachten und zu erklären. Die Erklärungen müssen in Experimenten überprüft werden.

Physik macht die Natur nutzbar · Die Menschen haben aber nicht nur Naturphänomene beobachtet und Erklärungen gesucht. Sie haben ihr so gewonnenes Wissen über die Natur auch verwendet, um diese nutzbar zu machen.
So führte zum Beispiel die Frage nach der Natur von Blitzen zur Untersuchung der Elektrizität. Infolgedessen kannst du heute überall elektrischen Strom benutzen.

Was bedeutet die Physik für dich? · Hast du dich auch schon über Erscheinungen aus deinem Alltag gewundert und dir Fragen wie im Bild unten gestellt? Solche Fragen kannst du mithilfe der Physik beantworten. Die Erklärungen zu Erscheinungen wie diesen findest du in diesem Buch.

METHODE

Physik – Wie Naturwissenschaft funktioniert

01 Philips Flaschengeisttrick

02 Überprüfung der Vermutung in einem Versuch

Du fragst dich vielleicht, wie Menschen Naturerscheinungen erklären können, die dir rätselhaft vorkommen. Naturwissenschaftler folgen dazu einer festgelegten Vorgehensweise. Experimente sind dabei besonders wichtig. Anhand von Philips Flaschengeisttrick (▸ Bild 01) erfährst du, wie Naturwissenschaft und insbesondere Physik funktioniert.

Staunen, Beobachten, Fragen stellen · Philip nimmt eine leere Flasche aus dem Kühlschrank und legt eine angefeuchtete Münze auf den Flaschenhals (▸ Bild 01). Anschließend umfasst er den Flaschenbauch mit seinen Händen. Nach einer Weile beginnt die Münze zu klappern. Philip wundert sich: Ist das Zauberei? Oder gibt es eine einfache Erklärung?
Die Physik beginnt nun mit einer genauen Beobachtung: Eine kalte Flasche wird mit den Händen umfasst. Kurz darauf wird die Münze angehoben und fällt auf den Flaschenhals zurück. Wir stellen die Frage: Was hebt die Münze an?

Vermutungen aufstellen · Du könntest vermuten, dass Philip zaubert. Diese Vermutung ist jedoch nicht nachprüfbar und daher aus physikalischer Sicht unbrauchbar. In der Physik gelten nur solche Vermutungen, die in Experimenten überprüft werden können. Wissenschaftler sprechen von Hypothesen.

Wir stellen für den Flaschengeisttrick eine wissenschaftliche Vermutung auf: Die kalte Luft in der Flasche wird durch die Hände erwärmt und steigt nach oben. Dadurch wird die Münze angehoben.

Experimente planen und Vorhersagen machen · Die Vermutung müssen wir nun mithilfe eines passenden Experiments überprüfen. Wenn die erwärmte Luft aufsteigt, müsste man dies auch an einem Luftballon sehen können, der über den Flaschenhals gezogen wird. Der Luftballon müsste sich mit der aufsteigenden Luft füllen.

Experimente durchführen und auswerten · Philip führt das Experiment durch (▸ Bild 02) und beobachtet, dass sich der Luftballon tatsächlich füllt. Unsere Vermutung wird also durch Philips Versuch bestätigt.
Philips Bruder möchte die Vermutung selbst überprüfen und wiederholt das Experiment. Doch er hält die Flasche zufällig anders: Die Öffnung zeigt nun nach unten (▸ Bild 03). Auch jetzt füllt sich der Luftballon mit Luft. Das ist merkwürdig, denn wir haben angenommen, dass sich der Luftballon aufbläht, weil die warme Luft nach oben steigt. Unsere Vermutung kann also so nicht stimmen: Sie wurde widerlegt.
Wir stellen daher eine weitere Vermutung auf: Die kalte Luft in der Flasche wird durch die Hände erwärmt und

03 Wiederholung des Versuchs widerlegt die Vermutung.

dehnt sich aus. Dadurch drückt sie die Münze nach oben. Im Experiment würde sich der Luftballon mit Luft füllen, unabhängig von der Richtung, in die die Flaschenöffnung zeigt. Genau dies beobachten wir in den Versuchen. Unsere zweite Vermutung wird also durch beide Experimente bestätigt. Wir haben nun eine physikalische Erklärung für Philips Flaschengeisttrick gefunden: Die warme Luft dehnt sich aus und drückt die Münze nach oben.

Die naturwissenschaftliche Vorgehensweise · Unsere Vorgehensweise beim Flaschengeisttrick folgt einer allgemeinen naturwissenschaftlichen Methode (▸ Bild 04). Zunächst beobachtest du das Phänomen genau und formulierst dazu eine Frage. Anschließend stellst du eine Vermutung auf. Bevor du deine Vermutung im Experiment überprüfst, überlegst du, wie sich diese im Experiment auswirken wird. Erst dann führst du das Experiment durch und vergleichst das Ergebnis mit deiner Vorhersage. Stimmen Ergebnis und Vorhersage überein, kannst du mit deiner Vermutung deine Beobachtungen erklären. Stimmen Ergebnis und Vorhersage nicht überein, ist deine Vermutung widerlegt und du musst dir eine neue Vermutung überlegen.
Manchmal stellen spätere Beobachtungen deine Erklärung erneut in Frage. Dann musst du wieder eine neue Vermutung aufstellen.

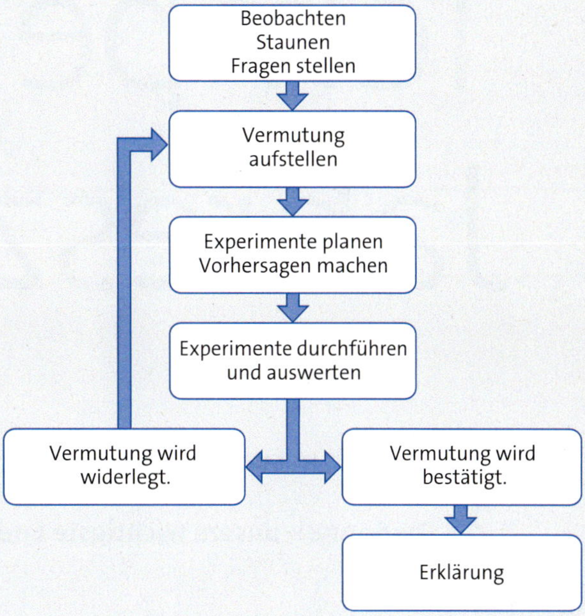

04 Wie Naturwissenschaft funktioniert

1 Funktioniert Philips Flaschengeisttrick auch, wenn die Flasche vorher nicht im Kühlschrank lag? Gehe wie ein Naturwissenschaftler vor.
a) Führe den Trick mit einer ungekühlten Flasche durch und beobachte genau.
b) Stelle eine Vermutung auf, die deine Beobachtung erklärt.
c) Überlege dir ein Experiment. Was müsstest du beobachten, wenn deine Vermutung richtig wäre?
d) Führe das Experiment durch und werte es aus.

2 Du hast sicherlich schon beobachtet, dass beim Kochen von Reis das Wasser immer weniger wird. Am Ende ist es ganz verschwunden. Versuche dich selbst einmal als Naturwissenschaftler:
a) Formuliere eine Frage zu dieser Beobachtung.
b) Stelle eine Vermutung auf.
c) Mache Vorhersagen und überprüfe sie.

Sonne – Temperatur – Jahreszeiten

In diesem Kapitel beschäftigst du dich mit

- der physikalischen Größe Temperatur und lernst sie von den Alltagsbegriffen warm und kalt zu unterscheiden. Du erfährst, dass Körper und Stoffe einige ihrer Eigenschaften verändern, wenn sich ihre Temperatur ändert. Du lernst, diese Veränderungen mithilfe eines Modells für den Aufbau von Körpern zu beschreiben.

- der wichtigen physikalischen Größe Energie. Du erhältst Einblick darin, weshalb die Energie in unserem Leben eine so große Rolle spielt. Du lernst, dass Energie in verschiedenen Formen auftreten, ihre Form ändern und sich als Wärme auf verschiedene Weise ausbreiten kann. Du erfährst aber auch, dass Energie weder erzeugt noch vernichtet werden kann, sie verliert nur an Wert für uns.

- dem verantwortungsvollen Umgang mit Energie. Du erfährst, welche Folgen die Nutzung der Energie hat und wie man mit Energie sorgsam umgeht.

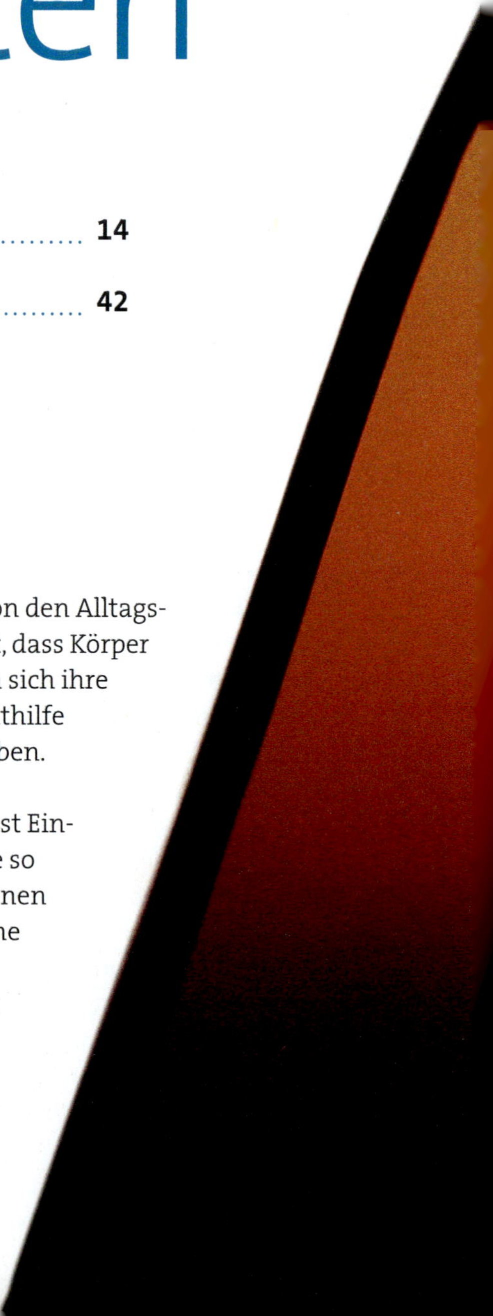

01 Das Wärmeempfinden kann sich stark unterscheiden.

Wärmeempfinden und Temperatur

„Brrr, ist das kalt", jammert Carl. „Ich weiß nicht, was du hast. Ist doch angenehm!", antwortet Sarah. Beide empfinden die gleiche Wassertemperatur unterschiedlich. Wie kann das sein?

UNSER WÄRMEEMPFINDEN · Wenn du einen Gegenstand berührst, dann nimmst du ihn als heiß, warm oder kalt wahr. Die Wahrnehmung von heiß oder kalt ist notwendig für uns, damit unser Körper seinen Wärmehaushalt regulieren kann. Außerdem schützt das Wärmeempfinden vor Verbrennungen und Erfrierungen. Bei Gegenständen, die ungefähr so warm sind wie unser Körper, können wir sehr feine Unterschiede erkennen. Eltern von Babys prüfen zum Beispiel mit der Wange, ob die Milchflasche zu heiß ist (▸ Bild 02). Aber obwohl uns das Wärmeempfinden in vielen Situationen schützt und wichtige Informationen gibt, liefert es nicht immer die gleichen Eindrücke (▸ Bild 01).
Wir nehmen dieselbe Temperatur unterschiedlich wahr, je nachdem, ob wir uns vorher in einer warmen oder kalten Umgebung aufgehalten haben. Um festzustellen, wie „warm" ein Gegenstand wirklich ist, benötigen wir ein Messgerät: das Thermometer.

02 Temperaturkontrolle beim Babyfläschchen

TEMPERATUREN VERGLEICHEN · Mit dem Thermometer können wir für jede Temperatur einen Zahlenwert bestimmen. So können wir die Temperaturen von Körpern nicht nur vergleichen, sondern auch feststellen, wie viel „wärmer" ein Körper ist als ein anderer. Das Thermometer hilft uns, einander über die wirkliche Temperatur zu informieren.

SKALA ZUM MESSEN VON TEMPERATUREN · Um die Temperatur anzugeben, nutzen wir eine Skala, die der schwedische Forscher ANDERS CELSIUS eingeführt hat. Dabei wird die Schmelztemperatur von Eis mit 0 °C („null Grad Celsius“) und die Siedetemperatur von Wasser mit 100 °C bezeichnet. Diese Temperaturen wählte CELSIUS aus, weil sie an allen Orten der Erde annähernd gleich sind. Deshalb nennt man sie **Fixpunkte.**

Wenn du ein Thermometer ohne Skala zunächst in Eiswasser und danach in siedendes Wasser hältst, dann kannst du diese Fixpunkte ebenfalls markieren. CELSIUS teilte für seine Skala den Abstand zwischen den Fixpunkten in einhundert gleiche Teile und ordnete den einzelnen Einteilungen die Temperaturen von 0 °C bis 100 °C zu.

Die Temperatur wird in der Einheit 1 °C angegeben. Eis schmilzt bei 0 °C, Wasser siedet bei 100 °C.

ANDERE TEMPERATURSKALEN · Es gibt auch andere Temperaturskalen. So verwendet man in englischsprachigen Ländern wie den USA die Fahrenheit-Skala. Der deutsche Physiker DANIEL FAHRENHEIT hatte schon vor CELSIUS eine Skala entwickelt und dabei die tiefste Temperatur im Winter 1708/09 in seiner Heimatstadt Danzig als Nullpunkt festgelegt. Als oberen Fixpunkt wählte er die Körpertemperatur des Menschen als 100 °F. Auf dieser Skala liegt die Gefriertemperatur von Wasser bei 32 °F. Allerdings waren die Fixpunkte schlecht gewählt. So schwankt zum Beispiel die Körpertemperatur selbst bei gesunden Menschen zwischen 35,8 °C und 37,2 °C und kann bei Fieber noch höher liegen. Deshalb wurden später neue und bessere Fixpunkte für die Fahrenheit-Skala festgelegt.

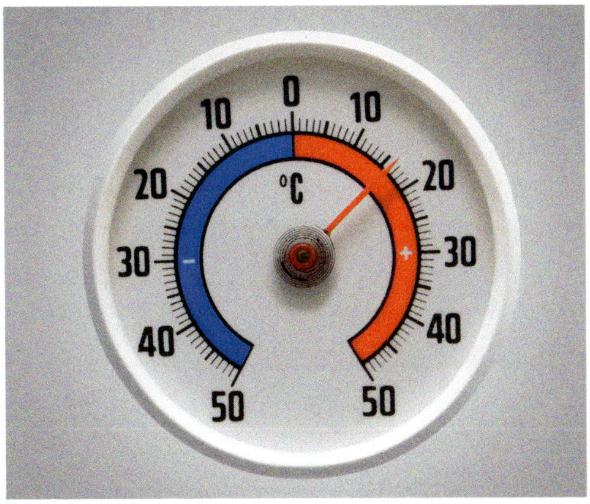

03 Bimetallthermometer

Es gibt auch Thermometer mit Celsius- und Fahrenheit-Skala (▸ Bild 04). Damit kann man die Temperatur gleichzeitig in den Einheiten Celsius und Fahrenheit ablesen und auch herausfinden, wie die Temperaturangaben miteinander zusammenhängen. Wichtige Eigenschaften kannst du in einem „Steckbrief“ des Thermometers zusammenfassen.

Bauart	Flüssigkeitsthermometer aus Holz mit roter Flüssigkeit im Glasröhrchen
Messbereich	−40 °C bis +60 °C −40 °F bis +140 °F
Genauigkeit	1 °C, 1 °F
Anwendung	z. B. Messung der Zimmertemperatur

04 „Steckbrief“ eines Thermometers

1 Untersuche, welche Thermometer bei dir zu Hause verwendet werden, und erstelle weitere „Steckbriefe“ von Thermometern wie in ▸ Tabelle 04.

2 Lies aus dem Thermometer mit der Doppelskala in ▸ Bild 04 ab, welche Temperaturen in Grad Fahrenheit zu folgenden Temperaturen in Grad Celsius gehören: −40 °C; 38 °C; 60 °C.

05 Flüssigkeitsthermometer

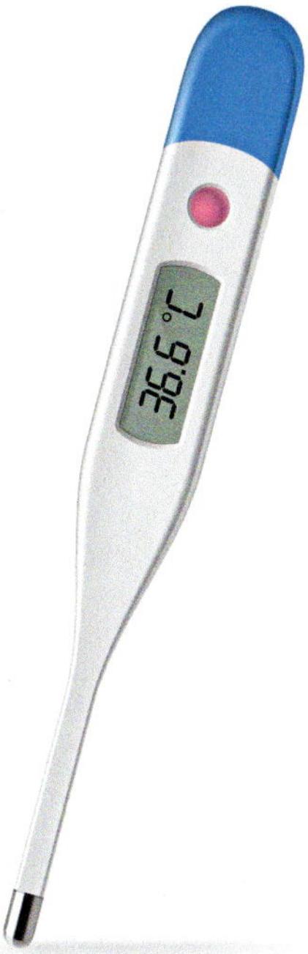

06 Digitales Fieberthermometer

DAS RICHTIGE THERMOMETER WÄHLEN · Um Temperaturen richtig zu messen, musst du einiges beachten, denn Temperaturen unterscheiden sich stark (▸ Tabelle 01): Ein Fieberthermometer mit einen Messbereich von 36 °C bis 42 °C ist nicht geeignet, um zum Beispiel die Temperatur von siedendem Wasser zu messen. Das Thermometer würde dabei sogar kaputtgehen.

Auch auf die Genauigkeit kommt es an. Beim Fiebermessen ist es wichtig, die Temperatur auf 0,1 °C genau zu messen. Ein normales Haushaltsthermometer ist dafür nicht brauchbar, weil du darauf die Temperatur nicht so genau ablesen kannst.

Pass auf!
Wenn ein Quecksilberthermometer zerbricht, dann entweichen giftige Dämpfe. Quecksilber ist ein Metall und bei Raumtemperatur flüssig. Früher wurde es oft in Thermometern verwendet.

Auf der Sonnenoberfläche	ca. 5500 °C
In der blauen Flamme des Bunsenbrenners	ca. 1000 °C
Wasser siedet bei	100 °C
Höchste auf der Erde gemessene Tagestemperatur	71 °C
Normale Körpertemperatur des Menschen	ca. 37 °C
Eis schmilzt bei	0 °C
In der Tiefkühltruhe (***)	−18 °C
Tiefste auf der Erde gemessene Lufttemperatur	−89 °C

01 Ausgewählte Temperaturen

METHODE

Richtig messen mit dem Thermometer

Um mit dem Thermometer richtig zu messen und Messfehler und Schwierigkeiten zu vermeiden, musst du einige Regeln befolgen:

1. Das Thermometer muss für den Messbereich geeignet sein, in dem du die Temperatur messen möchtest.
2. Das Thermometer muss für die Messung genau genug sein.
3. Du musst so lange mit dem Ablesen warten, bis sich die Anzeige des Thermometers nicht mehr ändert. Das Thermometer benötigt einige Zeit, bis es die gleiche Temperatur angenommen hat wie die Umgebung (▸ Bild 02).
4. Wenn du die Temperatur einer Flüssigkeit bestimmen willst, die gerade erhitzt oder abgekühlt wird, dann solltest du die Flüssigkeit während des Messens umrühren.
5. Beim Flüssigkeitsthermometer: Schaue beim Ablesen am oberen Ende der Flüssigkeitssäule senkrecht auf das Thermometer (▸ Bild 03). Wenn du schräg auf die Temperaturskala blickst, dann liest du falsche Werte ab.

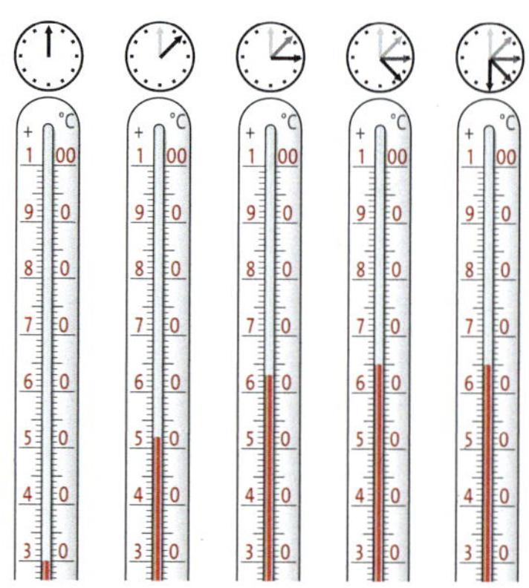

02 Die Temperatur beträgt 65 °C.

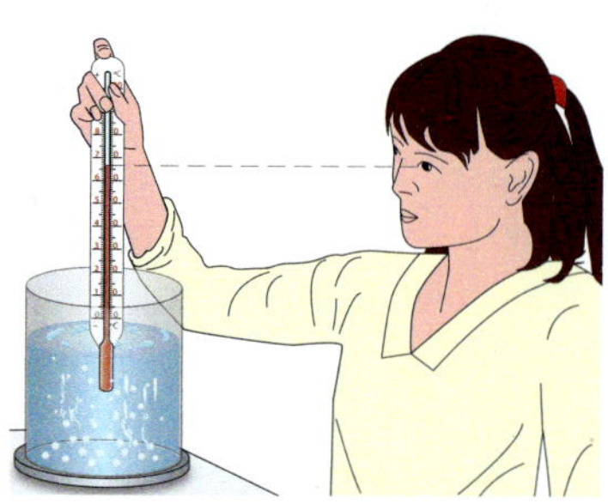

03 Richtiges Ablesen der Temperatur

VERSUCHE ▸ Ist das menschliche Wärmeempfinden wirklich zuverlässig?

04 Experiment zum Wärmeempfinden

V1 Heißkalt

Material:

drei Gefäße: mit heißem Wasser, mit kaltem Wasser und mit lauwarmem Wasser

Durchführung:

Fülle in das erste Gefäß sehr kaltes Wasser, in das zweite Gefäß Wasser mit Zimmertemperatur und in das dritte Gefäß heißes Wasser. Das Wasser darf natürlich nicht so heiß sein, dass du dich verbrühen kannst! Jetzt hältst du mindestens 30 Sekunden lang eine Hand ins kalte Wasser und die andere Hand ins heiße Wasser. Danach tauchst du beide Hände gleichzeitig in das Wasser mit Zimmertemperatur.

a) Beschreibe, was du feststellen kannst.

b) Nenne weitere Beispiele, bei denen das menschliche Wärmeempfinden unzuverlässig ist.

Material A ▸ Temperaturskalen

A1 In einem Reisebericht aus den USA schreibt ein Reisender, die Außentemperaturanzeige in seinem Mietwagen habe 72 °F angezeigt. Zunächst habe er eine Fehlfunktion vermutet, denn heiß war es nicht.
a) In einem Reiseführer fand er dann für die Umrechnung von Fahrenheit in Celsius:
Temperatur in °C = (Temperatur in °F −32) · 5 : 9.
Berechne damit die Temperatur in der Einheit °C.
b) Stelle die Formel für die Umrechnung von °C in °F auf.

A2 In einer Schublade wurde das rechts abgebildete Thermometer gefunden, bei dem die Skala abgerieben und nicht mehr zu erkennen ist.
a) Entscheide, was man mit einem solchen Thermometer noch feststellen kann und was nicht.
b) Finde heraus, welche Bedeutung die beiden Markierungen auf dem Thermometer haben könnten.
c) Ermittle die Temperatur, die das Thermometer deiner Meinung nach anzeigt.

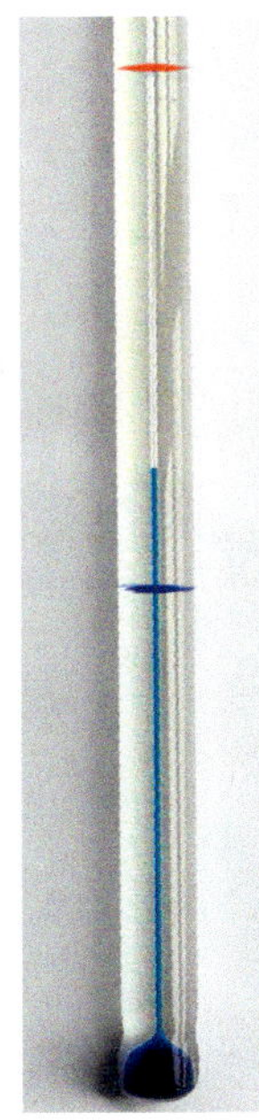

Material B ▸ Wetter

Ortszeit (CEST)	02:00	05:00	08:00	11:00	14:00	17:00	20:00	23:00
Wetterzustand								
Temperatur (°C)	7	5	5	7	10	12	10	7
Gefühlte Temperatur (°C)	4	2	2	5	8	12	10	4

B1 Die Wettervorhersage spricht bei starkem Wind von der Temperatur und der „gefühlten Temperatur“. Überlege mit einem Partner, was damit gemeint sein könnte. Einigt euch darauf, was ihr von dem Begriff haltet und präsentiert eure Bewertung der Klasse.

01 Vorratsgefäß, Steigröhrchen und Skala eines Flüssigkeitsthermometers

Flüssigkeiten dehnen sich aus

Mit dem Flüssigkeitsthermometer können wir die Temperatur messen. Wird das Vorratsgefäß des Thermometers erwärmt, steigt die Flüssigkeit im Glasröhrchen und wir können auf der Skala die Temperatur ablesen. Aber wie funktioniert das?

WAS PASSIERT IM THERMOMETER? · Wie kann die Flüssigkeit im Röhrchen steigen, obwohl das Vorratsgefäß nicht leerer wird und keine Flüssigkeit von außen hinzukommt? Es gibt nur eine Möglichkeit: Die Flüssigkeit dehnt sich aus. Und da der Raum im Vorratsgefäß begrenzt ist, weicht sie ins Röhrchen aus.

02 Benzin dehnt sich stärker aus als Wasser.

Die Skala des Thermometers ist genau an die Ausdehnung der Flüssigkeit angepasst. So kann man anhand der Steighöhe der Flüssigkeit im Röhrchen die Temperatur ablesen. Die Anpassung der Thermometerskala nennt man **Kalibrierung.** Fieberthermometer werden vom Eichamt kalibriert („geeicht“), um eine fehlerfreie Funktion zu gewährleisten.

Aber dehnen sich alle Flüssigkeiten aus, wenn sie wärmer werden? Wovon hängt es ab, wie sich Flüssigkeiten bei Erwärmung verhalten? Das werden wir durch einige Versuche klären. In einem ersten Schritt vergleichen wir die Ausdehnung verschiedener Flüssigkeiten miteinander.

VERSCHIEDENE FLÜSSIGKEITEN · Im ersten Versuch werden jeweils gleiche Mengen Wasser, Öl und Benzin in drei gleiche Gefäße gefüllt. Alle drei Flüssigkeiten haben die gleiche Temperatur. Werden die Gefäße in ein heißes Wasserbad gestellt, dehnen sich die Flüssigkeiten aus. Allerdings dehnt sich Benzin stärker aus als Öl und Öl stärker als Wasser (▸ Bild 02).

Wenn die Flüssigkeiten auf Zimmertemperatur abgekühlt sind, nehmen sie wieder ihr Anfangsvolumen ein.

Wenn Flüssigkeiten ihre Temperatur ändern, dann ändert sich auch ihr Volumen. Die meisten Flüssigkeiten dehnen sich bei Temperaturerhöhung aus.
Wie stark das Volumen zunimmt, hängt von der Art der Flüssigkeit ab.

EINFLUSS DER TEMPERATUR · In einem weiteren Versuch wollen wir die Abhängigkeit der Volumenzunahme vom Temperaturanstieg überprüfen: Wir erwärmen eine Flüssigkeit schrittweise von 20 °C auf 80 °C. Dabei beobachten wir, dass die Ausdehnung umso größer ist, je höher die Temperatur steigt: Bei der Erwärmung von 20 °C auf 60 °C ist die Ausdehnung doppelt so groß wie von 20 °C auf 40 °C. Von 20 °C auf 80 °C ist die Ausdehnung dreimal so groß wie von 20 °C auf 40 °C. Für die meisten Flüssigkeiten gilt:

Je größer die Temperaturerhöhung ist, desto stärker dehnt sich die Flüssigkeit aus.

EINFLUSS DES ANFANGSVOLUMENS · Wie die Ausdehnung vom Anfangsvolumen abhängt, klären wir in einem ähnlichen Versuch: Wir füllen verschieden große Gefäße mit der gleichen Flüssigkeit. Die Behälter haben wieder die gleiche Anfangstemperatur. Stellen wir sie in ein heißes Wasserbad, beobachten wir, dass die Flüssigkeitssäule umso stärker ansteigt, je größer das Anfangsvolumen war. Die Volumenzunahme hängt also vom Anfangsvolumen ab.

Je größer das Anfangsvolumen einer Flüssigkeit ist, desto stärker wächst das Volumen bei steigender Temperatur.

03 Geplatzte Wasserflaschen auf dem Balkon

AUSNAHME WASSER · Bisher haben wir vorsichtig formuliert: „Die meisten Flüssigkeiten ..." Tatsächlich zeigt Wasser in ▸ Bild 03 eine ganz merkwürdige Eigenschaft. Die Wasserflaschen auf dem winterlichen Balkon sind geplatzt. Wie kann das sein? Wir haben doch gezeigt, dass sich Flüssigkeiten bei Temperatursenkung zusammenziehen! Wasser bildet eine zweifache Ausnahme: Kühlt man es ab, dehnt es sich zwischen 4 °C und 0 °C ein wenig aus. Gefriert es, steigt sein Volumen sogar sprunghaft an. Die Flasche kann dabei platzen.

1 Saft wird nach dem Abkochen heiß abgefüllt. Dabei werden die Flaschen fast vollständig gefüllt und verschlossen. Beschreibe, wie sich der Füllstand in den Flaschen mit der Zeit ändert (▸ Bild 04).

2 ▸ Bild 05 zeigt das Ausdehnungsgefäß einer Zentralheizung in einem Einfamilienhaus. Begründe, dass diese Vorsichtsmaßnahme unbedingt notwendig ist.

3 Ein Automotor wird üblicherweise mit Wasser gekühlt, damit er nicht überhitzt. Erkläre, warum dem Wasser im geschlossenen Kühlsystem ein Frostschutzmittel beigemischt wird.

04 Füllhöhe in Saftflaschen

05 Ausdehnungsgefäß einer Zentralheizung

METHODE

Anfertigen eines Protokolls

Auf den vorherigen Seiten hast du bereits viele Anregungen für Versuche erhalten und diese vielleicht schon selbst ausprobiert. Damit ein Versuch für dich und andere später nachvollziehbar ist, solltest du schriftlich festhalten, wie du dabei vorgehst. Man nennt dies das Protokollieren eines Versuchs.

Zu einem Protokoll gehören:

Fragestellung
Die Fragestellung wird von der Lehrerin oder dem Lehrer vorgegeben oder ergibt sich, wenn du etwas Ungewöhnliches beobachtest und es genauer untersuchen willst. Formuliere deine Frage möglichst genau.

Material und Skizze
Liste alle verwendeten Materialien auf und fertige eine Skizze vom Versuchsaufbau an.

Durchführung
Beschreibe die wesentlichen Schritte des Versuchs möglichst genau.

Beobachtungen
Notiere, was du beobachtest, aber zunächst ohne es zu erklären oder zu deuten.

Auswertung
Beantworte die Fragestellung ausgehend von deinen Beobachtungen und deinem Vorwissen. Beschreibe auch Probleme, die vielleicht bei der Versuchsdurchführung aufgetreten sind.

Protokoll — 20. Juni 20...

Fragestellung:
Dehnen sich alle Flüssigkeiten bei Erwärmung gleich stark aus?

Material und Skizze:
- Wasserbad mit heißem Wasser
- drei gleiche Gefäße
- drei Stopfen mit Loch
- drei Glasröhrchen
- Öl, Wasser, Benzin

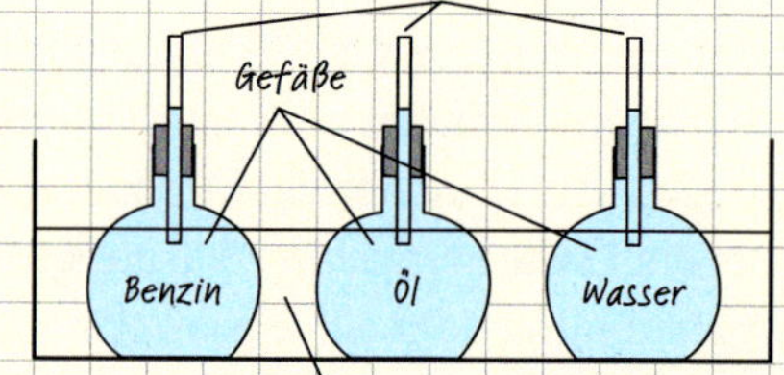

Durchführung:
Drei gleiche Gefäße werden bis zum Rand mit gleichen Mengen an Öl, Wasser und Benzin gefüllt. Die Gefäße werden jeweils mit Stopfen verschlossen, durch die Glasröhrchen laufen. Alle drei Gefäße werden in das heiße Wasserbad gestellt.

Beobachtungen:
Alle drei Flüssigkeiten steigen in die Glasröhrchen. Benzin steigt höher als Öl und Öl höher als Wasser.

Auswertung:
Die Flüssigkeiten steigen in die Röhrchen, weil sie sich bei Erwärmung ausdehnen. Offensichtlich dehnen sich die drei Flüssigkeiten unterschiedlich stark aus.
Vielleicht dehnen sich alle Flüssigkeiten bei Erwärmung aus. Allerdings kann man das nur für die drei untersuchten Flüssigkeiten mit Sicherheit sagen.
Es war schwierig, die Gefäße randvoll zu füllen und mit den Stopfen zu verschließen. Trotzdem war die unterschiedliche Steighöhe der Flüssigkeiten deutlich sichtbar.

VERSUCHE ▸ Volumenänderung von Flüssigkeiten

Du untersuchst, wie sich heißes Wasser beim Abkühlen verhält.

V1 Heißes Wasser im Kühlschrank

Material:

Glasflasche, Folienschreiber, heißes Wasser, Kühlschrank

Durchführung:

Fülle die Flasche mit heißem Wasser aus dem Wasserhahn und verschließe sie. Stelle sie auf den Tisch und markiere den Wasserspiegel am Flaschenhals (▸ Bild rechts). Stelle die gefüllte Flasche in den Kühlschrank, bis sie sich abgekühlt hat.
Wie hat sich der Wasserspiegel verändert? Beschreibe und erkläre deine Beobachtungen.

Material A ▸ Ausdehnung erwünscht und unerwünscht

01 Eine Sprinkleranlage in Aktion

A1 Die Fotos (▸ Bild 01) zeigen eine Sprinkleranlage, aufgenommen mit einer Hochgeschwindigkeitskamera. Der Löschvorgang wird ausgelöst, wenn eine bestimmte Temperatur in der Umgebung der Anlage überschritten wird. Beschreibe Aufbau und Funktionsweise einer solchen Sprinkleranlage.

02 Frostschaden am Straßenbelag

A2 Nach dem Winter zeigen sich oft Straßenschäden, wo vor dem Winter noch keine waren (▸ Bild 02). Erkläre, warum gerade zu diesem Zeitpunkt gehäuft Schlaglöcher auftreten können.

03 Ein Tanklastfahrzeug

A3 Ein vollbeladenes Tanklastfahrzeug (▸ Bild 03) beginnt an einem heißen Tag seine Tour. Wenn man einen Liter Benzin um 1 °C erwärmt, dann nimmt sein Volumen um etwa 1 mℓ zu.

a) Das Tankfahrzeug hat 24 000 ℓ geladen. Es wurde am frühen Morgen bei ca. 15 °C betankt. Berechne, wie das Volumen zunimmt, wenn das Fahrzeug bei 30 °C zu seinem Bestimmungsort fährt.

b) Berechne, wie groß der Tank mindestens sein muss, damit er nicht überläuft oder platzt.

c) Auslaufendes Benzin ist gefährlich und belastet die Umwelt. Formuliere eine Regel für das Betanken von Fahrzeugen.

01 Schienen verformen sich an einem heißen Sommertag.

Festkörper und Gase dehnen sich aus

An einem sehr heißen Sommertag haben sich die Straßenbahnschienen verbogen. Was ist passiert?

FESTKÖRPER DEHNEN SICH AUS · Das wollen wir weiter untersuchen: Anstatt der Schienen schauen wir uns eine Stahlkugel an, die bei Zimmertemperatur gerade noch durch ein kreisförmiges Loch in einem Blech passt (▸ Bild 02). Erhitzen wir nun die Kugel, bleibt sie im Loch stecken. Wenn sie sich nach einiger Zeit abgekühlt hat, passt sie wieder hindurch.

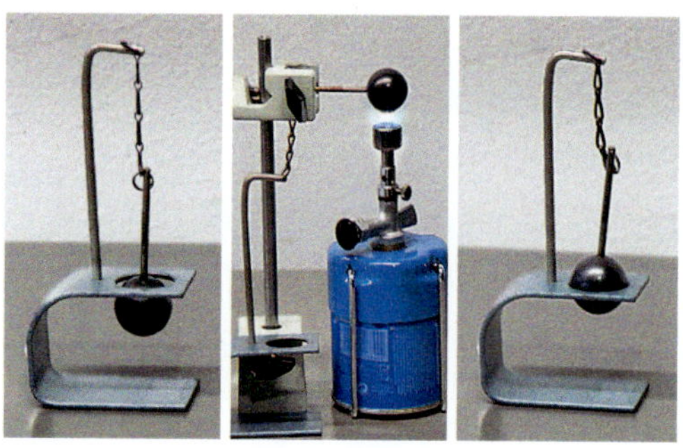

02 Passt die Kugel durch das Loch?

Wenn sich die Temperatur eines Festkörpers ändert, dann ändert sich auch sein Volumen. Die meisten Festkörper dehnen sich bei steigender Temperatur aus. Die Ausdehnung erfolgt in alle Richtungen.

BESTIMMUNG DER AUSDEHNUNG · Das Beispiel der verbogenen Schienen zeigt, wie wichtig es ist, die temperaturabhängige Ausdehnung zu beachten. In einem Experiment wie in ▸ Bild 03 können wir die Längenausdehnung eines dünnen Rohrs messen, während wir heißes Wasser oder Dampf durch das Rohr leiten.
Die Längenänderung ist kaum sichtbar. Mithilfe des Zeigers können wir aber die Änderung auf der Skala ablesen. Beim Erwärmen des 1 m langen Rohrs von 20 °C auf 60 °C wird das Rohr 0,5 mm länger. Wenn wir 100 °C heißen Dampf durch das Rohr leiten, dehnt es sich um 1 mm aus. Bei höheren Temperaturen ist die Ausdehnung noch größer.

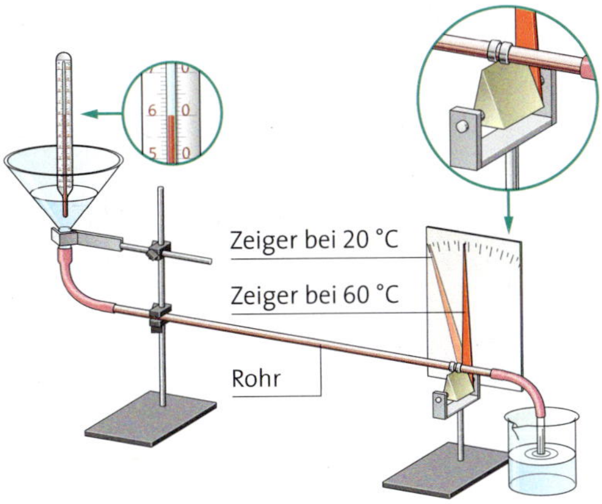

03 Ausdehnung eines Rohrs bei Erwärmung

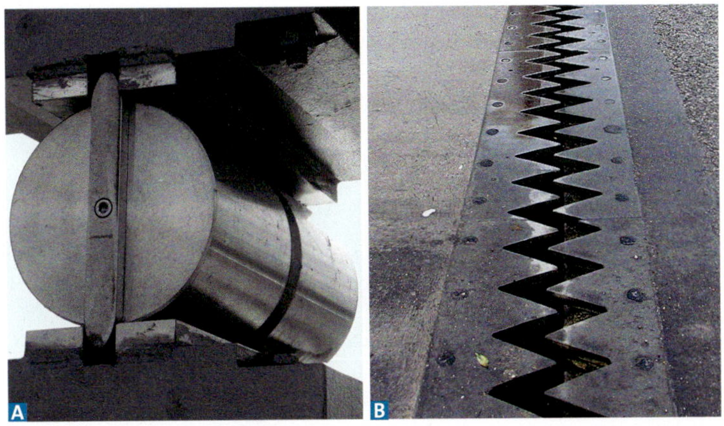

04 **A** Rollenlager; **B** Dehnungsfuge einer Brücke.

Andere Festköper verhalten sich ähnlich. Für sie gilt also:

Je größer die Temperaturerhöhung eines Festkörpers ist, desto größer ist seine Ausdehnung.

EINFLUSS DER GRÖSSE EINES KÖRPERS · Wie bei den Flüssigkeiten hängt die Stärke der Ausdehnung vom Anfangsvolumen des Körpers ab. Die Eisenbahnschienen sind viele Meter lang, daher kann die Erwärmung auf 60 °C an einem sehr heißen Tag schon zu einigen Zentimetern Längenänderung führen. Dadurch stoßen die Schienen zusammen und verformen sich.

SCHÄDEN VERHINDERN · Damit solche Schäden nicht entstehen, gibt es Dehnungsfugen. So können sich die Schienen ungehindert ausdehnen.

Ähnliches finden wir auch bei Gebäuden oder Brücken. Letztere liegen zusätzlich auf Rollen- oder dehnbaren Kunststofflagern, damit sich die Fahrbahn ungehindert ausdehnen kann (▸ Bild 04). Wird an ein Gebäude ein Anbau angefügt, lässt man dazwischen Dehnungsfugen frei.

WELCHEN EINFLUSS HAT DER STOFF? · Mit dem gleichen Versuchsaufbau wie in ▸ Bild 03 kann die Längenänderung von Rohren aus verschiedenen Stoffen untersucht werden. Dabei zeigen sich große Unterschiede. ▸ Tabelle 05 gibt Beispiele für die Ausdehnung einiger Materialien.

Die Ausdehnung eines Festkörpers bei Erwärmung hängt von dem Stoff ab, aus dem der Festkörper besteht.

Es existieren allerdings einige Ausnahmen. So schrumpfen manche speziellen Keramikwerkstoffe bei Erwärmung.

Zink	3,6 mm
Aluminium	2,3 mm
Beton	1,2 mm
Stahl	1,2 mm
Fensterglas	1,0 mm
Porzellan	0,4 mm

05 Längenänderung eines 1 m langen Stabes bei Erwärmung von 0 °C auf 100 °C

1 In Gebäuden werden oft Stahl und Beton zu „Stahlbeton" kombiniert. Erkläre, warum diese Stoffe gut zusammenpassen.

2 Im „Kugel-und-Loch-Versuch" wird anstelle der Kugel nur das Blech mit Loch erwärmt. Dehnt sich das Loch aus oder wird es kleiner? Begründe.

3 Die Fuge zwischen einer Badewanne und den Wandfliesen wird mit Silikon und nicht mit Fugenmörtel gefüllt. Erkläre, warum man so vorgeht.

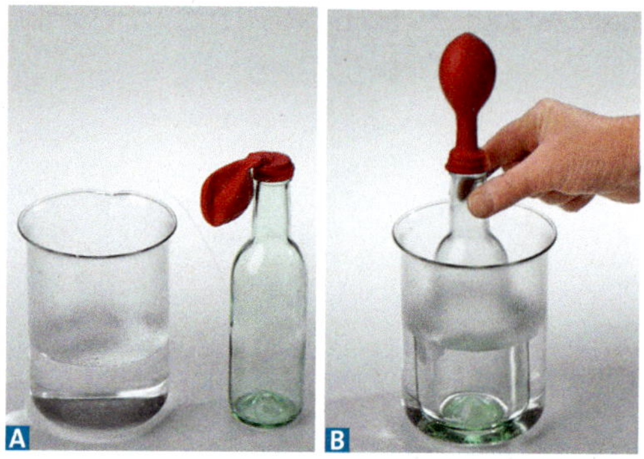

01 Eingeschlossene Luft wird im Wasserbad erwärmt.

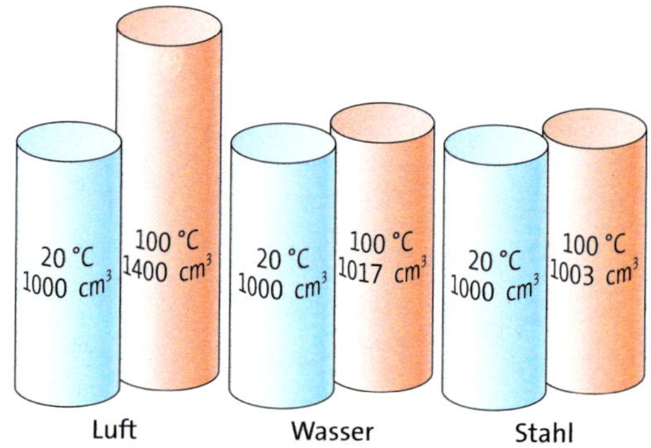

02 Wärmeausdehnung von Luft, Wasser und Stahl

GASE DEHNEN SICH AUS · Die meisten Flüssigkeiten und Festkörper dehnen sich bei Erwärmung aus. Ist das bei Gasen auch so oder verhalten sie sich anders?

Mit Luft, dem Gas, in dem wir leben, lassen sich hierzu einfache Versuche machen. In ▸ Bild 01A ist ein Luftballon über eine Glasflasche gezogen, in der sich Luft bei Zimmertemperatur befindet. Wenn wir diese Luft durch ein heißes Wasserbad erwärmen (▸ Bild 01B), beginnt der Luftballon sich aufzurichten.

In einem anschließenden Versuch wollen wir prüfen, wie sich Luft beim Abkühlen verhält. Dazu stellen wir die Flasche mit dem aufgerichteten Luftballon für einige Minuten in den Kühlschrank. Wenn wir sie wieder herausnehmen, hängt der Luftballon schlaff herab. Die in Luftballon und Flasche eingeschlossene Luft hat sich wieder zusammengezogen. Ihr Volumen ist kleiner geworden.

GASE MACHEN KEINE AUSNAHME · So wie Luft verhalten sich auch alle anderen Gase: Alle Gase dehnen sich bei Erwärmung nahezu gleich stark aus. Eine Ausnahme wie Wasser bei den Flüssigkeiten gibt es für Gase also nicht! Außerdem nimmt das Volumen von Gasen viel stärker zu als das von Flüssigkeiten und Festkörpern. ▸ Bild 02 zeigt einen Vergleich der Zunahme jeweils gleicher Volumina von Luft, Wasser und Stahl bei einer Erwärmung von 20 °C auf 100 °C.

Alle Gase dehnen sich bei Erwärmung nahezu gleich aus.
Die Volumenzunahme von Gasen ist größer als die Zunahme des Volumens einer Flüssigkeit oder eines Festkörpers.

1 Die Ausdehnung von Gasen musst du in manchen Alltagssituationen beachten. Erkläre, welche Probleme bei der Verwendung von aufblasbaren Kanus (▸ Bild 03) im Sommer auftreten können.

03 Schlauchbootvergnügen – Vorsicht bei großer Hitze!

VERSUCHE ▸ Ausdehnung von Festkörpern und Gasen

V1 Modell eines Bimetalls

04 Modell eines Bimetallstreifens

In einem Bimetallstreifen sind zwei Streifen unterschiedlicher Metalle fest miteinander verbunden. Ein Bimetallthermometer besteht aus einem aufgerollten Bimetallstreifen mit Zeiger und einer Skala. Hier baust du ein Modell eines solchen Bimetallstreifens (▸ Bild 04).

Material:

Papier, Alufolie, Schere, Alleskleber, Kerze, Eisfach

Durchführung:

a) Klebe mit Alleskleber zwei gleich große Streifen aus Papier und Alufolie zusammen. Lasse sie gut trocknen.
b) Bringe den geklebten Streifen in die Nähe der Kerzenflamme. Gehe mit dem Streifen nicht zu nahe an die Flamme, sonst entzündet er sich! Beschreibe, was du beobachtest.
c) Lege den Streifen für eine Weile in das Eisfach. Beschreibe und erkläre nach dem Herausnehmen die Veränderungen.
d) Rolle den Streifen jetzt zu einer Spirale auf. Halte ihn in die Nähe der Kerzenflamme. Wickle den Streifen dann andersherum auf und halte ihn wieder in die Nähe der Flamme. Beschreibe und erkläre deine Beobachtungen.
e) Erkläre die Funktionsweise eines Bimetallthermometers auf Seite 15.

V2 Tischtennisbälle reparieren

05 Sind diese Bälle noch zu retten?

In diesem Versuch reparierst du Tischtennisbälle mithilfe der Physik!

Material:

Verbeulte Tischtennisbälle ohne Löcher, heißes Wasser

Durchführung:

a) Lege die Tischtennisbälle ins heiße Wasser und beschreibe deine Beobachtungen.
b) Erkläre, wie die Reparatur funktioniert.

Material A ▸ Glas kann zerspringen

Wenn du ein heißes Getränk, z. B. frisch gebrühten Tee, in ein einfaches Glas oder eine Glasflasche gießt, dann kann es passieren, dass das Glas direkt nach dem Eingießen zerspringt.

A1 Was vermutest du über die Ausdehnung des Glases an Innen- und Außenseite gleich nach dem Eingießen? Begründe, warum das Glas zerspringt.

A2 Porzellantassen halten Heißgetränke besser aus. Gib einen Grund dafür an. Nutze dazu ▸ Tabelle 05 auf Seite 23.

Material B ▸ Oberleitungen

Die Oberleitungen für die Eisenbahn müssen einen festen Abstand zum Boden haben. Dazu werden die Halteseile an den Masten mithilfe von Gewichten über Umlenkrollen gespannt.

B1 a) Begründe, warum Spannvorrichtungen nötig sind.
b) Beschreibe, wie sich die Lage der Gewichte im Jahresverlauf ändert.

01 Eis, Dampf und flüssiges Wasser: drei Erscheinungsformen desselben Stoffs

Teilchenmodell und Aggregatzustände

Ob Eis, Dampf oder Flüssigkeit, der Stoff ist immer derselbe: Wasser. Aber wie unterscheiden sich diese drei Erscheinungsformen?
Um das zu klären, müssen wir wissen, woraus alles besteht.

WIE SIND STOFFE AUFGEBAUT? · Schon seit der Antike machen sich Menschen Gedanken darüber, woraus Stoffe aufgebaut sind. Inzwischen ist unser Wissen über den Aufbau der Materie relativ kompliziert und noch heute wird auf diesem Gebiet viel geforscht.

Obwohl die Frage nach dem Aufbau der Stoffe noch nicht endgültig beantwortet ist, kann man etwas darüber aussagen. Dabei hilft es, sich eine vereinfachte Vorstellung zu machen. In der Physik nennt man solche vereinfachten Vorstellungen **Modelle.**

Seit mehr als zwei Jahrhunderten bewährt sich in der Naturwissenschaft für den Aufbau der Stoffe das **Teilchenmodell:** Alle Stoffe bestehen demnach aus kleinen Teilchen. Die Idee ist aber viel älter. Schon etwa 400 v. Chr. vermutete der griechische Philosoph Demokrit, dass Materie aus winzigen Teilchen aufgebaut sein könnte.

Alle Stoffe bestehen aus kleinen Teilchen.

DIE DARSTELLUNG DER TEILCHEN · Auf den kommenden Seiten erklären wir einige Erscheinungen in der Natur mit dem Teilchenmodell. Hierbei ist es oft hilfreich, die Teilchenvorstellungen mit Bildern zu veranschaulichen (▸ Bild 02 B, 03 B und 04 B). Hier zeichnen wir die Teilchen als Kringel. Für das, was wir erklären wollen, spielt die Form der Teilchen aber keine Rolle.

DIE AGGREGATZUSTÄNDE · Stoffe, wie z.B. Wasser, können fest, flüssig und gasförmig sein. Man bezeichnet diese Zustände als Aggregatzustände. Mithilfe des Teilchenmodells können wir diese Zustände erklären.

Wenn du z.B. mit der Faust auf einen Tisch schlägst, dann behält der **Festkörper** Tisch seine Form (▸ Bild 02 A). Im Teilchenmodell stellen wir uns vor, dass bei Festkörpern die Teilchen eng beieinanderliegen (▸ Bild 02 B). Zwischen den Teilchen besteht ein starker Zusammenhalt. Die Tischplatte ist daher fest und deine Faust kann nicht in sie eindringen.

Im Gegensatz dazu fällt es dir leicht, deine Hand in eine **Flüssigkeit,** z.B. Wasser, einzutauchen (▸ Bild 03 A). Bei Flüssigkeiten liegen die Teilchen ebenfalls dicht beieinander. Aber sie sind gegeneinander verschiebbar, der Zusammenhalt ist nicht so stark (▸ Bild 03 B). Daher weicht Wasser deiner Hand aus.

Noch leichter als durch flüssiges Wasser kannst du deine Hand durch das **Gas** Luft bewegen (▸ Bild 04 A). In Gasen befinden sich die Teilchen ohne jeden Zusammenhalt in deutlich größerem Abstand voneinander (▸ Bild 04 B). Zwischen den Teilchen befindet sich nichts, auch keine Luft. Wir können festhalten:

In **Festkörpern** liegen die Teilchen dicht beieinander und haben einen starken Zusammenhalt.
In **Flüssigkeiten** liegen die Teilchen dicht beieinander, sind aber gegeneinander verschiebbar.
Bei **Gasen** befinden sich die Teilchen in deutlich größerem Abstand voneinander, ohne jeden Zusammenhalt.
Zwischen den Teilchen befindet sich leerer Raum.

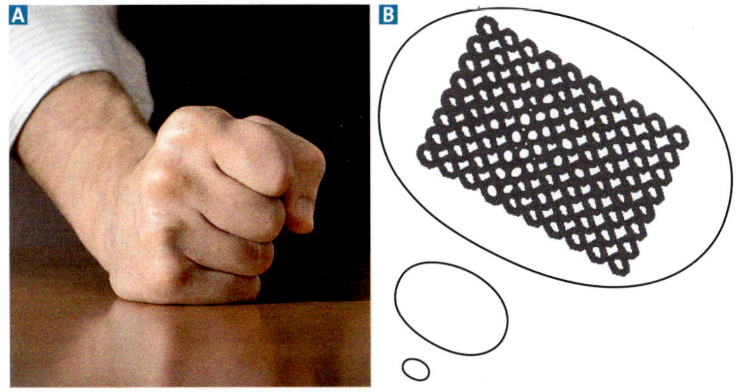

02 **A** Die Faust durchdringt den Tisch nicht. **B** Festkörper im Teilchenmodell

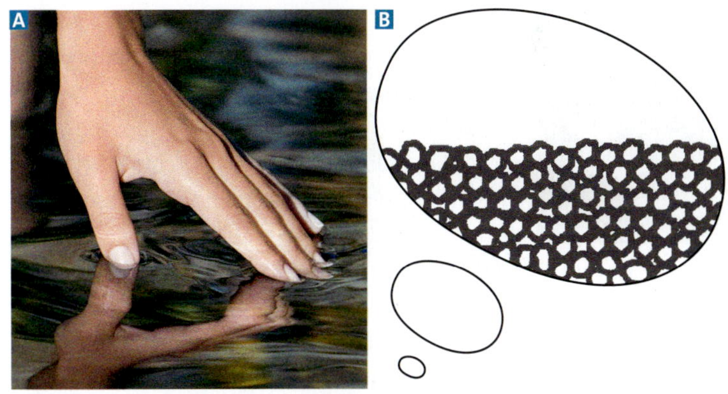

03 **A** Die Hand taucht ins Wasser. **B** Flüssigkeit im Teilchenmodell

04 **A** Die Hand bewegt sich leicht in Luft. **B** Gas im Teilchenmodell

1 Erläutere was geschieht, wenn du versuchst, einen Festkörper, eine Flüssigkeit oder ein Gas zusammenzupressen.

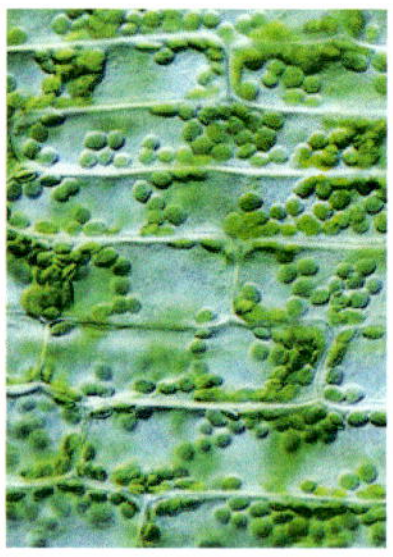

01 Eine Zelle kann man sehen, Teilchen nicht!

02 Mehr als 1000 000 000 000 000 000 000 000 Wasserteilchen!

WIE GROSS SIND DIE TEILCHEN? · Mit dem Mikroskop kannst du die Zellen sehen, aus denen ein Pflanzenblatt besteht (▸ Bild 01). Aber die Teilchen, aus denen eine Zelle aufgebaut ist, sind noch tausendmal kleiner als alles, was man mit einem Mikroskop erkennen kann: Ein Teilchen hat den Durchmesser von etwa einem millionstel Millimeter!
Die Teilchen sind so klein, dass jeder Körper aus unvorstellbar vielen dieser Teilchen besteht. Schon ein Tropfen Wasser (▸ Bild 02) enthält mehr als tausend Milliarden Milliarden von ihnen – das ist eine Zahl mit 22 Stellen. Wenn ein Teilchen so groß wäre wie du, dann wäre der Wassertropfen so groß wie die Erde!

/// Ein Teilchen hat einen Durchmesser von etwa einem millionstel Millimeter.

DIE TEILCHEN BEWEGEN SICH · Die Teilchen sind ständig in ungeordneter Bewegung. Um das zu nachzuweisen, geben wir einen Tropfen Milch in etwas Wasser und betrachten diese Mischung unter dem Mikroskop (▸ Bild 03). Viele Flecke bewegen sich langsam durch unser Blickfeld. Sie ändern dabei ständig die Bewegungsrichtung, ohne dass sie etwas Sichtbares anstößt.

In ▸ Bild 04 ist die Bahn eines Flecks vergrößert dargestellt. Aber was sind das für Flecke? Die Teilchen selbst können es nicht sein; sie sind viel zu klein.
Die Flecke sind Fetttröpfchen aus der Milch, die sich durch das Wasser bewegen. Wenn wir annehmen, dass sich die Teilchen heftig und ungeordnet bewegen, dann entsteht die Bewegung der Fetttröpfchen durch zufällige Stöße mit den Wasserteilchen.
Ähnliche Bewegungen wie die der Fetttröpfchen beobachtet man auch bei Staubkörnern in der Luft. Das heißt, dass sich die Teilchen auch in einem Gas ungeordnet bewegen.
Selbst die Teilchen in einem Festkörper bewegen sich. Da sie ihren Platz nicht verlassen können, schwingen sie aber nur hin und her.

DIFFUSION · Wenn jemand in der Ecke des Physikraums etwas Parfüm versprüht, dann riechst du den Duftstoff bald überall. Mit dem Teilchenmodell können wir diese Beobachtung erklären: Die Teilchen des Duftstoffs und der Luft vermischen sich durch ihre ständige Bewegung. Dadurch verteilt sich das Parfüm im Raum. Das Vermischen und Verteilen durch die Teilchenbewegung nennt man Diffusion. Dieser Prozess ist auch bei der Atmung und bei der Reinigung des Bluts durch die Nieren sehr wichtig.

DIE BEWEGUNG HÖRT NIE AUF · Im Alltag bist du gewohnt, dass ohne Antrieb alle Bewegungen durch Reibung langsamer werden. Die Bewegung der Fetttröpfchen in der Milch dagegen hört auch nach Stunden und Tagen nicht auf. Die Teilchenbewegung lässt nicht nach.

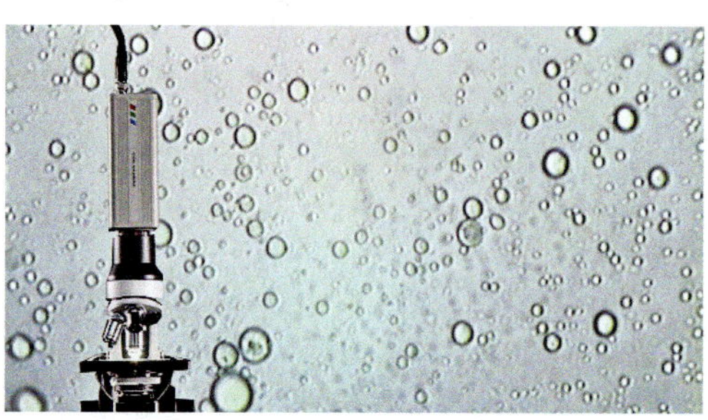

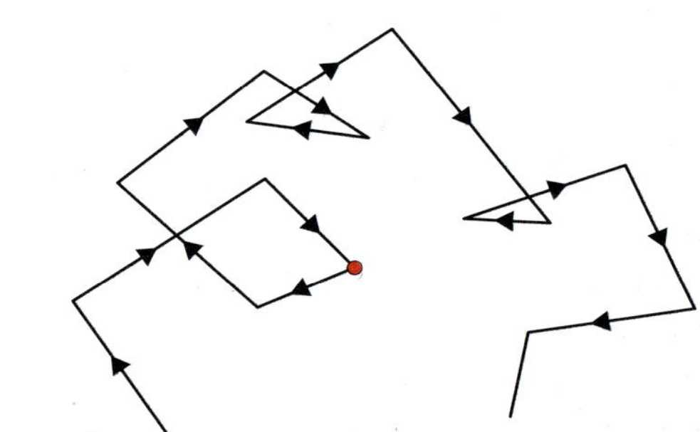

03 Ein Tropfen Milch unter dem Mikroskop

04 Zickzack-Bewegung eines Fetttröpfchens

05 Tinte in:
A kaltem Wasser
B warmem Wasser

BEWEGUNG UND TEMPERATUR · Wenn wir einen Tropfen Tinte in ein Becherglas mit kaltem Wasser geben, dann vermischt er sich durch Diffusion mit dem Wasser (▸ Bild 05 A). Wenn wir den Versuch mit heißem Wasser wiederholen, dann geht dies schneller (▸ Bild 05 B). Die Geschwindigkeit der Diffusion steigt also mit der Temperatur.
Wenn aber die Diffusion von der Temperatur abhängt, dann muss das auch für die Bewegung der Teilchen im Teilchenmodell gelten:

/// Je höher die Temperatur eines Stoffs ist, desto heftiger bewegen sich die Teilchen, aus denen er besteht.

TEMPERATUR UND AUSDEHNUNG · Durch ihre stärkere Bewegung bei höheren Temperaturen benötigen die Teilchen eines Stoffs mehr Platz: Der Stoff dehnt sich aus. Mit dem Teilchenmodell können wir also die Ausdehnung von Flüssigkeiten, Gasen und Festkörpern erklären.

DER ABSOLUTE NULLPUNKT · Was passiert eigentlich, wenn man einen Stoff immer weiter abkühlt? Die Teilchen werden immer langsamer, bis sie bei einer bestimmten Temperatur praktisch zum Stillstand kommen. Diese Temperatur liegt bei −273,15 °C und wird als der absolute Nullpunkt bezeichnet. Niedrigere Temperaturen sind nicht möglich, denn langsamer können die Teilchen nicht werden!

/// Am absoluten Nullpunkt stehen die Teilchen praktisch still. Er liegt bei −273,15 °C.

DIE KELVIN-SKALA · Wir wissen also jetzt: Die Teilchenbewegung ist ein Maß für die Temperatur und die Temperatur hat einen absoluten Nullpunkt.
Damit können wir eine neue Temperaturskala einführen, die unabhängig ist von bestimmten Stoffen wie z. B. dem Wasser bei der Celsius-Skala. Diese Temperaturskala heißt Kelvin-Skala. Ihre Einheit ist das Kelvin (abgekürzt K, gesprochen ohne „Grad" davor). Ihr Nullpunkt ist der absolute Nullpunkt und liegt somit bei null Kelvin (abgekürzt 0 K). Die Abstände der Skalenwerte entsprechen praktischerweise denen der Celsius-Skala. So sind Umrechnungen von Temperaturen zwischen beiden Skalen sehr einfach. Der Gefrierpunkt von Wasser liegt also bei 0 °C bzw. 273,15 K.

Benannt ist die Kelvin-Skala nach ihrem Entwickler LORD KELVIN, einem britischen Physiker des 19. Jahrhunderts.

1 Rechne die Körpertemperatur des Menschen (37 °C) in Kelvin um.

2 Wenn man Käse neben einem Stück Sahnetorte im Kühlschrank stehen lässt, dann schmeckt die Torte bald nach Käse. Erkläre mit dem Teilchenmodell.

METHODE

Modelle in der Physik

01 Modelleisenbahn

02 Grundriss und Modellhaus

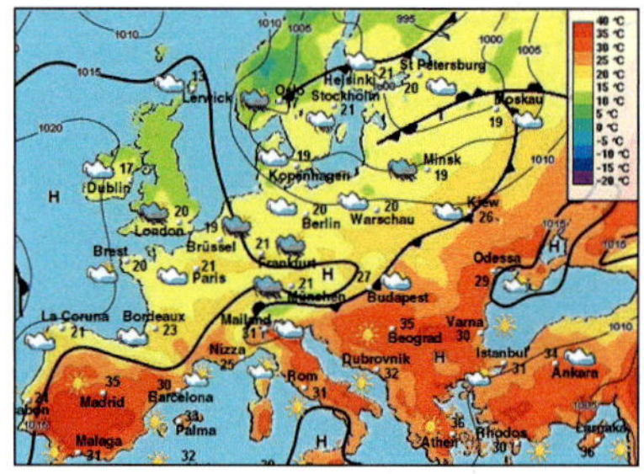

03 Wettersimulation

In der Physik sind Modelle wie das Teilchenmodell sehr wichtig. Im Alltag hast du das Wort „Modell" bestimmt schon gehört, z. B. bei einer Modelleisenbahn oder einem Modellauto. Sie sind verkleinerte und vor allem vereinfachte Nachbildungen von echten Zügen oder Autos. Es existieren natürlich auch vergrößerte Modelle der Wirklichkeit, wie das Modell einer Blüte im Biologieunterricht. Alle diese Modelle heißen gegenständliche Modelle.

So ähnlich ist es mit dem Teilchenmodell: Es ist auch eine vereinfachte Vorstellung der Wirklichkeit. Allerdings kannst du diese Teilchen nicht sehen oder anfassen wie ein Modellauto. Die Teilchen sind nur ein Bild, was man sich im Kopf von der Wirklichkeit macht. Deswegen nennt man das Teilchenmodell ein gedankliches Modell. In der Physik beschreibt man die Natur immer mit solchen gedanklichen Modellen, auch wenn man das nicht jedes Mal direkt erwähnt.

Manchmal beschränken sich Modelle auf sehr wenige Eigenschaften des Originals oder stellen diese übertrieben dar. Dadurch wird dieses spezielle Merkmal besonders verdeutlicht.

Weil Modelle wie das Teilchenmodell vereinfachte Vorstellungen sind, können sie niemals alle Eigenschaften der Wirklichkeit erfassen. Warum z. B. Wasser durchsichtig, aber Schnee weiß ist, können wir mit dem Teilchenmodell nicht begründen. Aber obwohl das Teilchenmodell sehr einfach ist, lassen sich damit schon viele Eigenschaften von Stoffen erklären.

Warum benötigen wir überhaupt Modelle, wenn wir mit ihnen ohnehin nicht alles erklären können?

Ohne Modelle können wir die Welt nicht so gut verstehen. Außerdem können wir verschiedene Modelle für ein und dieselbe Erscheinung entwickeln, die jeweils verschiedene ihrer Eigenschaften gut beschreiben. Dadurch erhalten wir ein recht vollständiges Bild von der Realität. So kann z. B. ein Haus entweder als zweidimensionaler Grundriss oder auch als dreidimensionales Bild dargestellt werden, je nachdem, welche Ansicht gerade von Interesse ist.

Ein Modell ist also nie richtig oder falsch, sondern mehr oder weniger geeignet für einen bestimmten Zweck. Außerdem ermöglichen Modelle Vorhersagen für die Zukunft. Das Wetter z. B. ist ein unglaublich kompliziertes System, das kein Mensch oder Computer vollständig beschreiben kann. Aber mit vereinfachten Modellen, d. h. mit den Mitteln der Physik und Mathematik, kann man das Wetter heute für einige Tage mit relativ hoher Genauigkeit vorhersagen.

1 Eine Modelleisenbahn hat einen echten Zug als Vorbild. Präsentiere der Klasse Gemeinsamkeiten und Unterschiede von Modell und Original.

2 Nenne drei Modelle, die dir im Alltag begegnen. Nenne auch Merkmale, in denen sie die Realität gut bzw. schlecht oder gar nicht beschreiben.

VERSUCHE ▸ Das Teilchenmodell

In diesem Versuch stellen deine Klassenkameraden und du Teilchen eines Festkörpers dar, der erwärmt wird.

V1 Schüler als Teilchen

04 Schüler als Teilchen

Material:

16 Schüler, Markierungen (z. B. Kreide), viel Platz

Durchführung:

Stellt euch dicht gedrängt in einem viermal vier Schüler großen Quadrat auf. Fasst zwei eurer Nachbarn locker an, z. B. an der Schulter, sodass ihr alle untereinander verbunden seid. Lasst einen Schüler die Außengrenzen eures Quadrats markieren.

a) Fangt an, auf der Stelle leicht hin und her zu wackeln.

b) Bewegt euch nun immer stärker hin und her.

c) Beschreibt eure Beobachtungen. Vergleicht das Verhalten der „Schülerteilchen" mit dem Verhalten der Teilchen eines Festkörpers, einer Flüssigkeit und eines Gases. Achtet dabei besonders auf die Außengrenzen eures Quadrats und den Zusammenhalt der „Teilchen".

Material A ▸ Festkörper, Flüssigkeiten, Gase

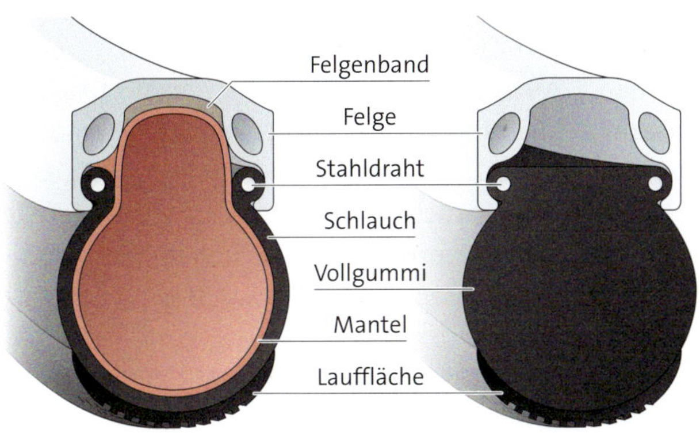

05 Ein Vollgummi- und ein Luftreifen im Querschnitt

A1 a) Früher hatten Fahrräder Reifen, die vollständig aus Gummi bestanden. Heutzutage sind die Reifen mit Luft gefüllt. Für den Federungskomfort sind Luftreifen besser. Erkläre dies mit dem Teilchenmodell.

b) Begründe mit dem Teilchenmodell, ob es sinnvoll ist, die Reifen mit einer Flüssigkeit zu füllen.

Material B ▸ Billardkugeln und Teilchen

06 Billardkugeln – ein Modell für Teilchen?

B1 Lisa sagt: „Die Teilchen haben genau die gleichen Eigenschaften wie Billardkugeln. Sie sind einfach nur viel kleiner."
Hat Lisa recht? Begründe deine Antwort. Nutze dabei folgende Begriffe: Zusammenhalt, Bewegung, Zusammenstöße, Rand.

01 Obstblüten mit Eiszapfen

Mal fest, mal flüssig, dann ein Gas

Tritt im Frühjahr noch mal Nachtfrost auf, besprühen die Obstbauern die Blüten ihrer Obstbäume abends mit Wasser. „Da bildet sich doch Eis und die Blüten erfrieren erst recht“, meint Carl.

AGGREGATZUSTÄNDE UND ÜBERGÄNGE · Du weißt bereits, dass Stoffe fest, flüssig oder gasförmig sein können. Im Alltag kannst du häufig Übergänge zwischen diesen Aggregatzuständen beobachten.

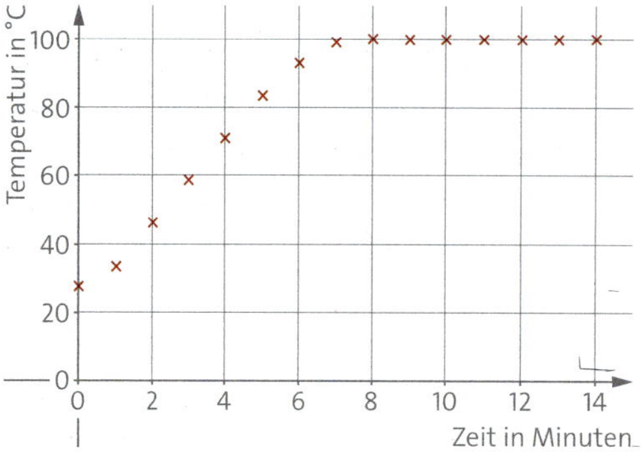

02 Gemessener Temperaturverlauf beim Erhitzen von Wasser

So kann man aus Wasser Eiswürfel machen, indem man es in einer Schale ins Gefrierfach stellt. In einem Getränk schmelzen die Eiswürfel und werden dabei wieder zu Wasser. Beim Kochen in der Küche entsteht Wasserdampf, der sich an kalten Fensterscheiben als Wasser niederschlägt.
Auch andere Stoffe schmelzen und sieden, allerdings meistens bei anderen Temperaturen. So wird Butter bei ca. 32 °C flüssig, Kerzenwachs ab etwa 55 °C. Viele Metalle schmelzen erst bei sehr hohen Temperaturen. Speiseöl siedet bei ca. 200 °C.

SIEDEN UND SCHMELZEN IM EXPERIMENT · Um zu untersuchen, was beim Sieden passiert, erhitzen wir Wasser auf dem Herd und messen den Temperaturverlauf. Die Messergebnisse stellen wir in einem Diagramm dar (▸ Bild 02).
Zunächst steigt die Temperatur des Wassers von der Anfangstemperatur auf 100 °C an. Obwohl die Herdplatte eine viel höhere Temperatur als 100 °C hat, ändert sich die Tempe-

ratur des siedenden Wassers danach nicht mehr.
Ähnliches geschieht beim Schmelzen: Erwärmt man das Eis, so steigt seine Temperatur bis 0 °C an. Dann schmilzt es und obwohl wir weiter Wärme zuführen, bleibt die Temperatur gleich. Erst wenn das Eis geschmolzen ist, erhöht sich die Temperatur des Wassers wieder. Wie können wir das erklären?

ERKLÄRUNG MIT DEM TEILCHENMODELL · Im Eis liegen die Teilchen dicht beieinander und haben einen festen Zusammenhalt. Wenn man das Eis erwärmt, dann schwingen die Teilchen immer schneller, bis die Temperatur von 0 °C erreicht wird. Bei 0 °C wird die zugeführte Wärme nur dazu verwendet, die Teilchen aus dem festen Verbund herauszulösen. Dadurch werden sie gegeneinander verschiebbar. Es entsteht Wasser.
Wenn alle Teilchen aus dem festen Verbund herausgelöst sind, bewegen sich die Teilchen wieder zunehmend schneller, bis eine Temperatur von 100 °C erreicht wird. Weitere Wärmezufuhr löst den Zusammenhalt zwischen den Teilchen auf; sie können sich nun frei bewegen. Es ist Dampf entstanden.
Bei den umgekehrten Vorgängen, also beim Erstarren und beim Kondensieren, wird die Wärme wieder an die Umgebung abgegeben.

Beim Schmelzen und Verdampfen nehmen Stoffe Wärme auf, ohne dass sich ihre Temperatur ändert. Beim Erstarren und Kondensieren wird diese Wärme wieder abgegeben.

Deshalb sprühen Bauern die Blüten vor einem Nachtfrost mit Wasser ein: Wenn das Wasser bei 0 °C erstarrt, dann wird Wärme abgegeben, die eine Zeit lang verhindert, dass die Temperatur weiter sinkt und die Blüten erfrieren.

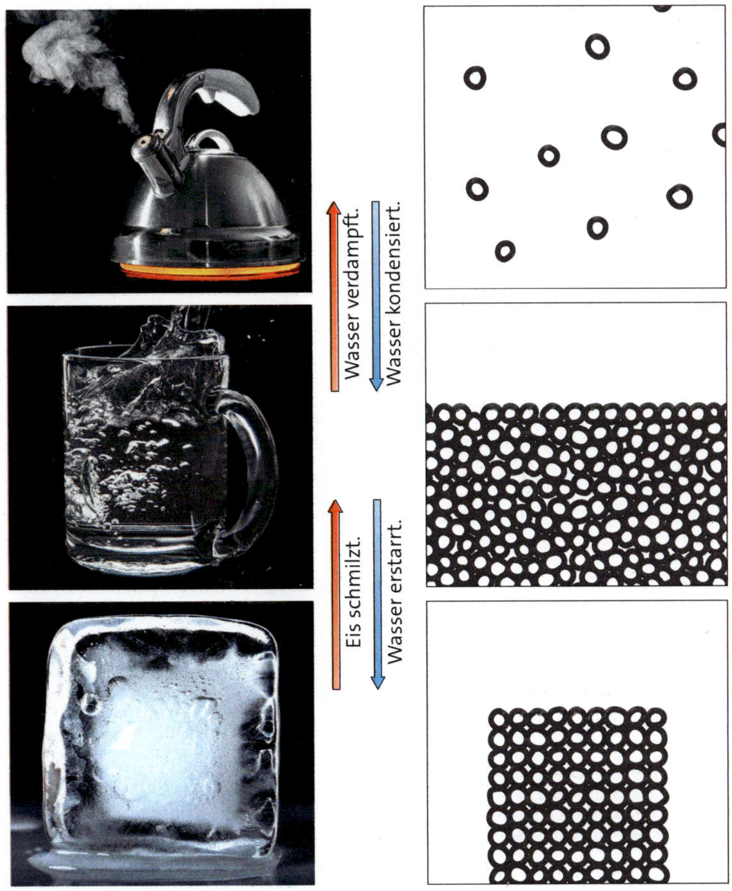

03 Übergänge der Aggregatzustände bei Wasser

VERDUNSTEN · Im Sommer kannst du häufig beobachten, dass nach einem Regen Dachziegel oder Steine schnell wieder trocknen, obwohl die Dachziegel und Steine sicher keine Temperatur von 100 °C haben. Wasser kann also auch schon unter 100 °C in den gasförmigen Zustand übergehen. Dies nennen wir Verdunsten.

Mit dem Teilchenmodell erklären wir das so: Die Teilchen an der Oberfläche sind nicht von allen Seiten von anderen Teilchen umgeben. Dadurch ist der Zusammenhalt weniger stark und es ist weniger Wärme nötig, damit diese Teilchen frei beweglich werden und die Flüssigkeit verlassen können.

01 Trockeneis sublimiert.

SUBLIMIEREN · Wenn es im Winter längere Zeit friert, kannst du beobachten, dass Schnee langsam verschwindet ohne zu schmelzen. Das liegt daran, dass Wasser und einige andere Stoffe auch vom festen Aggregatzustand (Eis) direkt zu Gas werden können. Diesen Vorgang nennt man Sublimieren.

Er lässt sich gut bei „Trockeneis" beobachten (▸ Bild 01). Trockeneis ist gefrorenes Kohlenstoffdioxid und hat eine Temperatur von unter −78 °C. Bei höheren Temperaturen wird es nicht flüssig, sondern geht sofort in den gasförmigen Zustand über. Wenn umgekehrt ein Gas direkt fest wird, **resublimiert** es.

METHODE

Messwerte aufnehmen und im Diagramm darstellen

Im Diagramm lassen sich Messwerte übersichtlich darstellen. Wie das funktioniert, klären wir am Beispiel einer Temperaturmessung. Wir messen die Wassertemperatur in einem Topf nach Einschalten der Herdplatte 15 Minuten lang jede Minute und erstellen aus den Messwerten ein Diagramm.

1. Wir sammeln die Messwerte zunächst in einer Messwertetabelle (▸ Tabelle 02). Dabei ist wichtig, die physikalischen Einheiten zu den Messgrößen in der Tabelle zu notieren. Hier sind das „Minuten" für die Zeit und „°C" für die Temperatur.
2. Um den Temperaturverlauf übersichtlich im Diagramm darzustellen, zeichnest du ein Koordinatensystem. Es sollte mindestens 10 cm × 10 cm groß sein. Die Zeit wird auf der *x*-Achse und die Temperatur auf der *y*-Achse aufgetragen. Die Einteilung der Achsen musst du so wählen, dass alle Werte ins Diagramm passen.
3. Trage die Messwerte ins Diagramm ein. Dazu suchst du zu jedem Zeitpunkt die passende Temperatur und markierst den Messpunkt mit einem Kreuz.
4. Überlege dir, wie der Temperaturverlauf aussehen würde, wenn du nicht ein Mal in der Minute, sondern öfter gemessen hättest. Diesen Verlauf kannst du mit Bleistift einzeichnen.

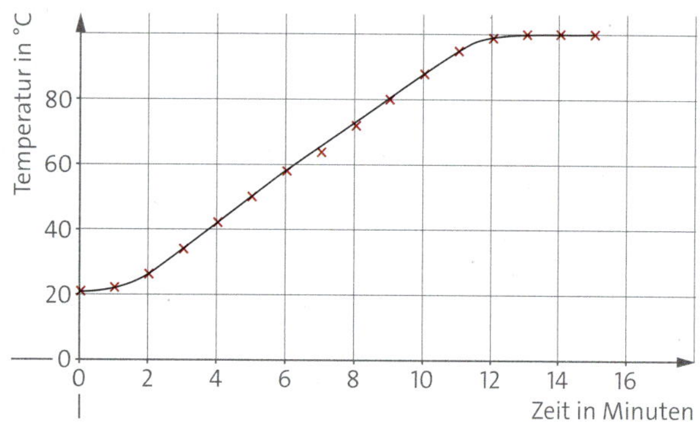

03 Zeit-Temperatur-Diagramm

1 Fertige ein Diagramm für die Messwerte auf einem Blatt Millimeterpapier an. Verwende dabei folgende Einteilungen:
x-Achse: 1 cm ≙ 1 Minute; *y*-Achse: 1 cm ≙ 10 °C
Benenne die Vorteile eines Diagramms auf Millimeterpapier.

2 Dem Diagramm kannst du auch Informationen entnehmen, die du nicht gemessen hast.
a) Bestimme die Temperatur des Wassers nach 10,5 Minuten.
b) Ermittle, wie lange es dauert, das Wasser von 30 °C auf 90 °C zu erwärmen.

Zeit in Minuten	0	1	2	3	4	5	6	7	8	9	10	11	12	13	14	15
Temperatur in °C	21	22	26	34	42	50	58	64	72	80	88	95	99	100	100	100

02 Messwerte zum Temperaturverlauf

VERSUCHE ▸ Aggregatzustandsübergänge

Du untersuchst, wie Wärmezufuhr, Wärmeabgabe und Aggregatzustände zusammenhängen.

V1 Frostschutz

Material:
zimmerwarmes Thermometer, das Temperaturen bis −20 °C anzeigen kann; Löschpapier, Gefrierfach.

Durchführung:
Lege das Thermometer in das Gefrierfach und miss die Temperatur nach 5 min und nach 15 min. Führe den Versuch noch einmal durch, umwickle das Thermometer aber vorher mit einem feuchten Löschpapier.
Vergleiche deine Ergebnisse und erkläre sie.

V2 „Verdunstungskälte“

Material:
Thermometer, Stückchen Watte, etwas Brennspiritus oder Alkohol

Durchführung:
Tränke die Watte mit etwas Alkohol und umwickle das Thermometer mit der Watte. Beobachte die Temperaturanzeige in den nächsten Minuten.
Erkläre das Ergebnis dieses Experiments. Führe den Versuch noch mal durch und puste auf die Watte. Beschreibe, was sich ändert.

V3 Eiseskälte

Material:
Plastikbecher, Digitalthermometer mit Temperaturfühler, Wasser, Gefrierfach

Durchführung:
Gib Wasser in den Plastikbecher, tauche den Temperaturfühler ein und stelle das Ganze ins Gefrierfach. Wenn das Wasser gefroren ist, gib den Becher in ein großes, warmes Wasserbad. Miss die Temperatur des Eises, bis das Eis ganz geschmolzen ist. Fertige eine Messtabelle an und erstelle ein Diagramm.

Material A ▸ Taschenwärmer

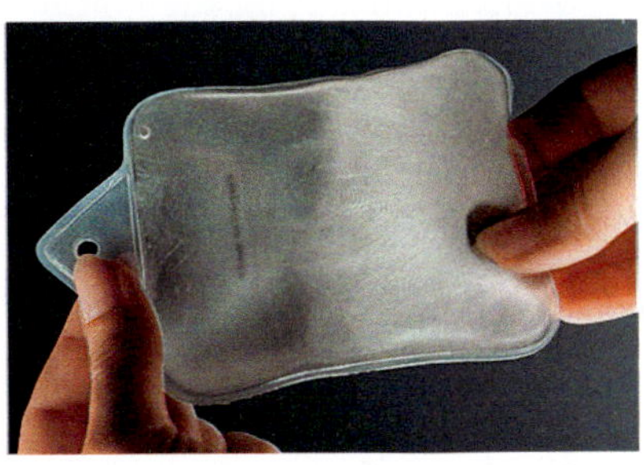

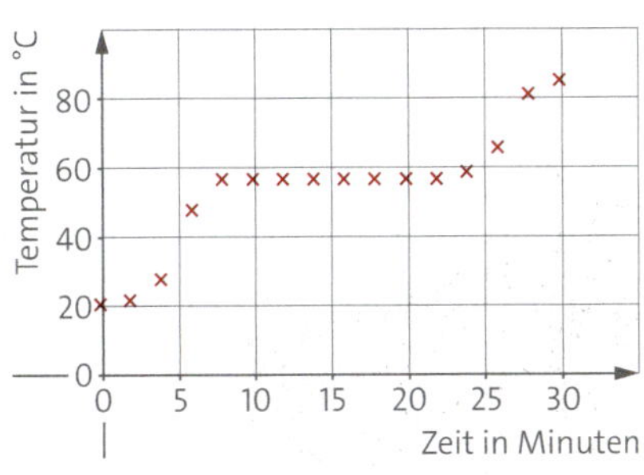

A1 Im Winter werden Taschenwärmer verkauft. Sie bestehen aus einem Päckchen mit einem Salz, das zunächst im heißen Wasserbad geschmolzen wird. Dabei wurde der Temperaturverlauf des Salzes gemessen.
a) Entnimm dem Diagramm die Schmelztemperatur des Salzes.
b) Ermittle die Zeit, bis diese Temperatur erreicht wurde.
c) Vergleiche die Dauer des Erhitzens bis zur Schmelztemperatur mit der Dauer des Schmelzvorgangs und entscheide, wofür mehr Wärme benötigt wird.
d) Beim Abkühlen „vergisst“ das Salz, wieder fest zu werden. Erst wenn man ein Plättchen im Taschenwärmer knickt, beginnt das Erstarren. Erkläre, warum dabei Wärme abgegeben wird.

Material B ▸ Aus dem Alltag

B1 In der Sauna
In der Sauna kann die Temperatur über 100 °C betragen. Erkläre, warum man diese Temperatur dort einige Minuten gut aushalten kann.

B2 Reif in der Tiefkühltruhe
Auf winterlichen Wiesen oder in Tiefkühltruhen setzen sich oft kleine Eiskristalle ab. Dieser sogenannte Reif bildet sich besonders dann, wenn feuchte Luft über kalte Gegenstände streicht – wie beim Öffnen der Tiefkühltruhentür. Der Reif kann im Laufe der Zeit eine dicke Eisschicht bilden. Beschreibe, um welchen Übergang es sich handelt, und nenne den Fachbegriff.

01 Afrikanischer Elefant in sengender Hitze

Leben bei verschiedenen Temperaturen

Afrikanische Elefanten leben in Savannen bei hohen Temperaturen. Dabei sind sie tagaktiv und ruhen nur um die Mittagszeit. Um nicht zu überhitzen, müssen sie viel Wärme an ihre Umgebung abgeben. Wie schaffen sie das?

ABGABE VON KÖRPERWÄRME · Wenn dir zu warm wird, dann schwitzt du. Während der Schweiß verdunstet, gibt dein Körper die dafür erforderliche Wärme ab. Du kühlst ab.

Elefanten haben aber keine Schweißdrüsen. Dennoch müssen auch sie Wärme abgeben. Physikalisch gesehen gibt es drei Arten des Wärmetransports, die hier alle eine Rolle spielen: die Wärmemitführung, die Wärmeleitung und die Wärmestrahlung.

WÄRMEMITFÜHRUNG · Diese Art des Wärmetransports lässt sich gut bei Bienen beobachten. Damit ihr Bienenstock an heißen Tagen nicht überhitzt, fächeln Arbeiterinnen

02 Bienen fächeln Frischluft in den Stock.

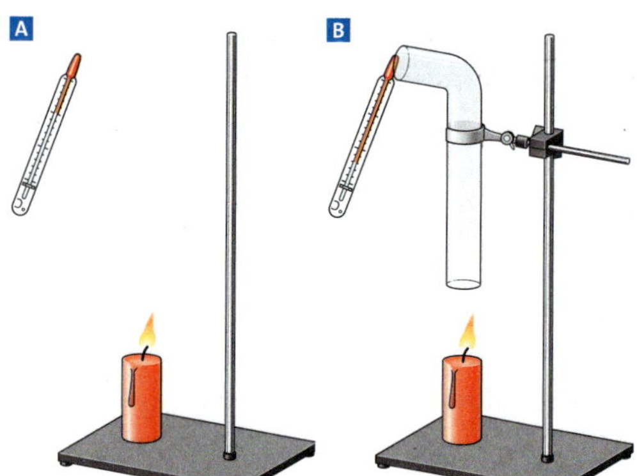

03 Wärmemitführung im Experiment

frische Luft in den Stock (▸ Bild 02). Es entsteht ein Luftstrom durch den Stock, der ständig kühle Luft hineinbringt und warme Luft nach draußen transportiert.

Der Versuch in ▸ Bild 03 zeigt, dass der Luftstrom tatsächlich Wärme mitführt. Wenn du die Kerze anzündest (▸ Bild 03 A), dann misst das Thermometer zunächst keine Temperaturänderung. Bringst du aber das gebogene Rohr zwischen Kerze und Thermometer, dann steigt die gemessene Temperatur zügig an. Das liegt daran, dass die von der Flamme erwärmte Luft aufsteigt und durch das Glasrohr strömt. Dabei führt sie die Wärme mit.

Bei der Wärmemitführung wird ein warmer Stoff transportiert. Mit ihm gelangt die Wärme an einen anderen Ort.

WÄRMELEITUNG · Viele Säugetiere sind am Bauch weniger stark behaart als am restlichen Körper. So schützt sie ihr Fell am Rücken und an den Seiten gegen die Sonneneinstrahlung. Gleichzeitig können sie aber bei Bedarf am Bauch relativ viel Wärme abgeben. Hunde nutzen dies zur direkten Abkühlung, indem sie sich mit dem Bauch auf kühle Fliesen oder Steine legen. So wird Wärme direkt über die Haut an die Fliesen abgeleitet.

04 Der Hund leitet Wärme an die Fliesen ab.

05 Wärmeleitung im Experiment

Die Wärmeleitung kannst du mit dem Versuch in ▸ Bild 05 auch in einem Metallstab nachweisen. Erhitzt du ein Ende des Metallstabs mit einem Teelicht, fallen die drei Wachskugeln nacheinander herunter, zuletzt die Kugel auf der vom Teelicht abgewandten Seite. Der Metallstab leitet also die Wärme weiter, ohne dass er sich selbst bewegt.
Verwendest du Stäbe aus unterschiedlichen Materialien, stellst du fest, dass diese die Wärme unterschiedlich schnell weiterleiten (▸ Bild 06).

Bei der Wärmeleitung wird Wärme innerhalb eines Stoffs transportiert. Der Stoff selbst bewegt sich dabei nicht.

1 Erläutere, was passiert, wenn du heiße Suppe mit einem Metalllöffel umrührst.

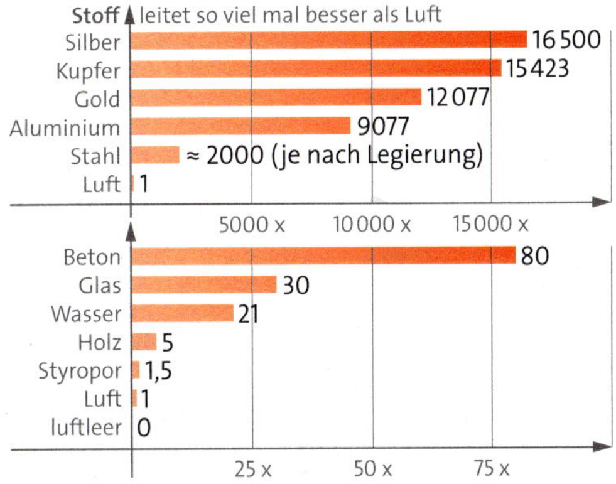

06 Luft leitet Wärme kaum.

01 Eidechse beim Sonnenbad

WÄRMESTRAHLUNG · Diese Form des Wärmetransports nutzen z.B. Eidechsen (▸ Bild 01), um sich in der Vormittagssonne aufzuwärmen. Wie Schlangen müssen sie nach einer kühlen Nacht erst wieder warm werden, um sich bewegen zu können. Da sie ihre Körpertemperatur aber nicht eigenständig regulieren können, benötigen sie dafür die Wärmestrahlung der Sonne.

Um die Eigenschaften der Wärmestrahlung genauer zu untersuchen, führen wir den in ▸ Bild 02 dargestellten Versuch durch. Die heiße Kochplatte strahlt Wärme ab. Gehst du langsam um die Kochplatte herum, spürst du die Wärme immer dann besonders gut im Gesicht, wenn du die schwarze Fläche der Kochplatte sehen kannst. Die Wärmestrahlung breitet sich also geradlinig von der Platte zu dir hin aus.

Du kannst außerdem feststellen, dass die Kochplatte umso mehr Wärme abstrahlt, je wärmer sie selbst ist.
Halte jetzt zwei Thermometer in Hüllen aus schwarzem Tonpapier bzw. Alufolie in gleichem Abstand vor die heiße Kochplatte (▸ Bild 02 A). Das Thermometer in der schwarzen Hülle zeigt nach kurzer Zeit eine höhere Temperatur an als das in der Alufolie. Dunkle, raue Körper nehmen die Wärmestrahlung viel besser auf als helle, spiegelnde Körper, die die Wärme wieder zurückwerfen. Dabei benötigt die Strahlung keinen Stoff, um sich auszubreiten. Sie geht auch durch den luftleeren Raum (▸ Bild 02 B).

Die Wärmestrahlung breitet sich auch im luftleeren Raum aus. Dunkle Flächen nehmen sie besser auf als helle Flächen. Die Wärmestrahlung breitet sich geradlinig aus.

TRANSPORTBEDINGUNGEN · Weitere Versuche zeigen, dass Wärme von selbst immer nur von Orten höherer Temperatur zu Orten niedrigerer Temperatur transportiert wird. Je größer dabei der Temperaturunterschied ist, desto schneller erfolgt der Wärmetransport.

Wärme wird von selbst nur von Orten höherer Temperatur zu Orten niedrigerer Temperatur transportiert.

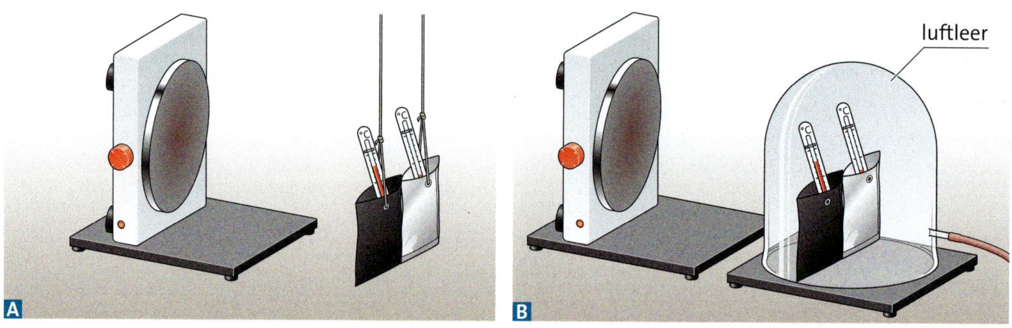

02 Wärmestrahlung im Experiment

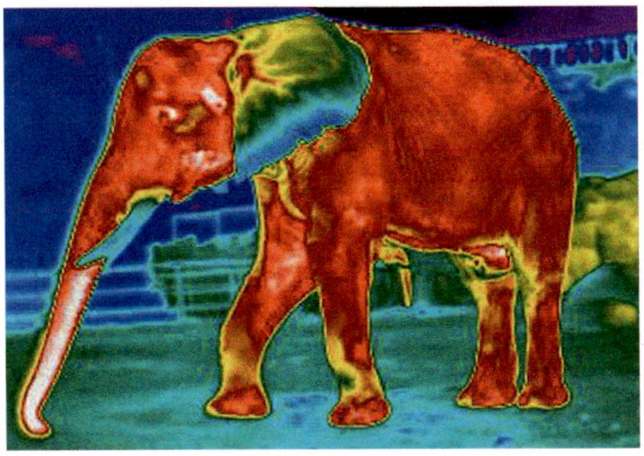

03 Wärmebild eines Afrikanischen Elefanten

04 Wacholderdrosseln: **A** schlank, **B** aufgeplustert

WÄRMETRANSPORT BEIM ELEFANTEN · Die gute Durchblutung der Haut sorgt beim Elefanten dafür, dass ständig Wärme aus dem Körperinneren an die Körperoberfläche mitgeführt wird. Dort wird die Wärme dann abgegeben.

Ein Großteil dieser Wärmeabgabe erfolgt durch Wärmestrahlung. Die Hautfläche des Elefanten reicht aber nicht aus, um genug Wärme abzustrahlen. Dies gleicht der Afrikanische Elefant über seine großen Ohren aus. Die Ohren machen etwa ein Sechstel seiner Körperoberfläche aus und sind besonders gut durchblutet. Daher strahlen sie sehr viel Wärme ab und das Blut kühlt stark ab (▸ Bild 03).

Zusätzlich wedeln die Elefanten mit ihren großen Ohren. Dadurch bewegen sie die Luft in ihrer Umgebung und verstärken so die Wärmemitführung. Kühlere Luft gelangt an die Haut und besonders an die Ohren der Elefanten. Es entsteht ein größerer Temperaturunterschied zwischen der Haut und der Luft. Der Wärmetransport verbessert sich.

Wenn möglich baden Elefanten auch sehr gerne und bespritzen sich mit Wasser. Dabei wird weitere Wärme über Wärmeleitung und Wärmemitführung abgegeben.

WÄRMEDÄMMUNG · Eine Wärmeabgabe ist natürlich nicht immer erwünscht. Vögel haben beispielsweise mit 38 bis 42 °C eine sehr hohe Körpertemperatur. Daher würden sie bei uns ohne einen Schutz vor Wärmeabgabe auskühlen. Das Gefieder der Vögel sorgt dafür, dass kein Luftzug direkt über ihre Haut streicht. Die Wärmemitführung wird also weitgehend verhindert.

Im Winter plustern sich viele Vögel zusätzlich auf (▸ Bild 04). Dann befindet sich viel Luft zwischen ihren Federn. Der Wärmetransport durch das Gefieder ist dadurch stark vermindert, denn Luft ist ein ausgesprochen schlechter Wärmeleiter. Eine winterliche Fettschicht unter dem Gefieder verringert zudem die Wärmeleitung durch die Haut. Damit gibt der Vogel ebenfalls weniger Wärme an seine Umgebung ab.

1 Erläutere möglichst genau, wie der Elefant beim Baden Wärme abgibt.

2 Damit Unfallopfer nicht auskühlen, deckt man sie mit Rettungsdecken zu. Diese bestehen aus einer dünnen Folie mit Aluminiumbeschichtung. Begründe die Eignung der Folien.

3 Häuser werden mit porösen Materialien wie Styropor gedämmt. Begründe.

VERSUCHE ▸ Wärmetransport im Experiment

V1 Erwärmen von Wasser

Mit einem Tauchsieder untersuchst du, welche Rolle Wärmeleitung und Wärmemitführung beim Erwärmen von Wasser spielen.

Material:

Becherglas mit Wasser, Tauchsieder, zwei Thermometer, Stativmaterial

Durchführung:

Befestige den Tauchsieder so am Stativmaterial, dass sich seine Heizschlange oben im Wasser befindet. Ein Thermometer soll die Wassertemperatur in diesem Bereich messen, ein weiteres die Temperatur am Grund des Becherglases.

a) Schalte den Tauchsieder ein und miss alle 30 Sekunden die beiden Temperaturen, ohne das Wasser dabei umzurühren. Erstelle eine Messwertetabelle.

b) Wiederhole den Versuch mit frischem Wasser. Dieses Mal wird der Tauchsieder aber auf den Boden des Becherglases gestellt.

c) Erkläre die auftretenden Unterschiede.

V2 Wärmeleitung der Luft

Die schlechte Wärmeleitung durch Luft nutzen wir zur Isolierung. Untersuche dies an einem Modellaufbau.

Material:

Becherglas, Eis, zwei Glasscheiben, Thermometer mit flexiblem Fühler, Dichtungsring (ca. 10 cm Durchmesser, z. B. von einem Abwasserrohr)

Durchführung:

Lege die beiden Glasplatten aufeinander und stelle das eisgefüllte Becherglas darauf.

a) Positioniere den Fühler des Thermometers unter den Glasplatten, mittig unterhalb des Becherglases. Miss die Temperatur bis sie sich nicht mehr ändert. Notiere die Endtemperatur.

b) Starte den Versuch neu. Wähle dazu eine Stelle, wo die Glasplatten noch nicht kalt sind. Lege den Dichtungsring dort zwischen die Glasplatten und stelle das Becherglas darüber. Der Temperaturfühler sollte mittig unter dem Dichtungsring liegen.

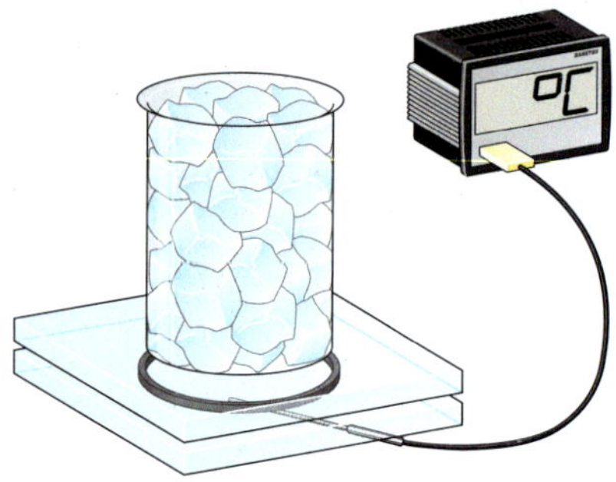

c) Vergleiche die Messwerte und erkläre den Unterschied.

d) Der zweite Fall stellt ein Modell für einen Alltagsgegenstand dar. Gib diesen an.

V3 Heiße Ohren

Erlebe die Wärmestrahlung deiner Haut.

Material:

Alufolie (etwa in der Größe eines DIN-A4-Blattes)

Durchführung:

Falte die Alufolie zweimal nacheinander in der Mitte und streiche sie glatt. Halte sie dann leicht gebogen in etwa 5 cm Abstand etwa 2 min lang vor dein Ohr. Beschreibe deine Beobachtungen und deute sie.

VERSUCHE ▸ Wärmedämmung

Untersuche, wie gut sich unterschiedliche Verpackungsmaterialien zur Wärmedämmung eignen.

Material:

zwei Gläser, zwei Deckel, Thermometer, verschiedene Verpackungsmaterialien, Klebefilm, warmes Wasser (35–40 °C)

Durchführung:

a) Isoliere die beiden Gläser mit verschiedenen Materialien. Fülle das heiße Wasser in die Gläser und bestimme die fallenden Wassertemperaturen über einen Zeitraum von etwa 15 min.

b) Erkläre die unterschiedlichen Temperaturverläufe.

Material A ▸ Golfstrom

Der Golfstrom ist wichtig für Europa. Durch ihn ist unser Klima sehr mild, verglichen mit anderen Gebieten derselben geografischen Breite. So beträgt die durchschnittliche Tagestemperatur im Januar in New York –3 °C, in Neapel dagegen 11 °C. Einer der Antriebe des Golfstroms liegt im Nordatlantik. Der Golfstrom bringt warmes Oberflächenwasser aus dem Süden. Dieses salzreiche Wasser kühlt rasch ab und sinkt in tiefere Gewässerschichten. Weiteres Oberflächenwasser strömt nach. Die globale Erwärmung und das Abschmelzen des Eises am Nordpol führen aber dazu, dass sich das Wasser des Nordatlantiks erwärmt und sein Salzgehalt abnimmt. Dadurch verlangsamt sich der Golfstrom. Sollte er zum Erliegen kommen, würde sich das Klima in Europa deutlich abkühlen.

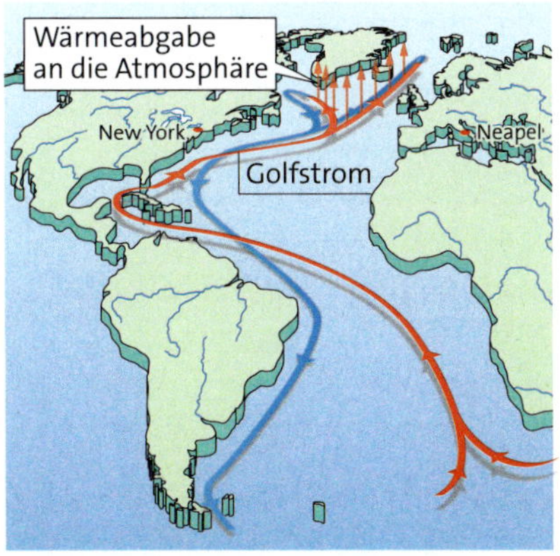

A1 Den Golfstrom kann man als „Heizung Europas" bezeichnen. Begründe diese Aussage.

A2 Gib begründet an, welche Formen des Wärmetransports hier von Bedeutung sind.

A3 Erläutere, warum sich der Golfstrom verlangsamen wird, wenn sich die Erde weiter erwärmt.

Material B ▸ Thermoskanne

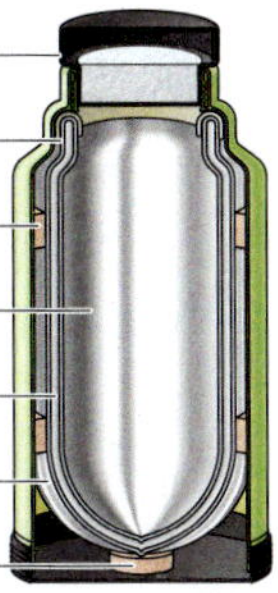

In eine Thermoskanne kannst du heiße Getränke einfüllen. Der besondere Aufbau der Thermoskanne verhindert den Transport von Wärme nach außen und das Getränk bleibt über einen längeren Zeitraum heiß, selbst wenn sie sich in einer sehr kalten Umgebung befindet.

B1 Erkläre möglichst genau, wie die Wärmedämmung erreicht wird. Denke dabei an die Verwendung der Fachbegriffe.

B2 Gib begründet an, wie sich die Situation ändert, wenn du im Sommer ein kaltes Getränk einfüllst.

Material C ▸ Vögel haben kalte Füße

Vögel haben an den Füßen keine isolierende Fettschicht und auch keine Federn. Mit warmen Füßen würden sie bei niedrigen Temperaturen viel zu viel Wärme an die Umgebung abgeben und erfrieren. Daher hat der Adeliepinguin bei –20 °C Außentemperatur zwar eine Körpertemperatur von 39 °C, die Temperatur seiner Füße beträgt aber nur 1 °C. Dies wird mithilfe einer Art Wärmetauscher erreicht: In den Beinen liegen Arterien, die Blut vom Herzen nach außen führen, zwischen mehreren Venen, die das Blut in die entgegengesetzte Richtung transportieren. Die Adern liegen so dicht aneinander, dass zwischen ihnen Wärmeleitung auftritt.

C1 Begründe, warum Vögel über ihre kalten Füße weniger Wärme abgeben, als wenn diese warm wären.

C2 Zeichne eine Arterie zwischen zwei Venen in dein Heft. Kennzeichne mit Pfeilen die Fließrichtung des Bluts und stelle die Temperaturverläufe farbig dar. Nimm Rot für warmes, Blau für kaltes Blut, Farbübergänge für mittlere Temperaturen. Begründe deine Lösung.

01 Lichter einer Stadt im Winter

Jeder braucht Energie

Es scheint selbstverständlich, jederzeit elektrischen Strom und Licht verfügbar zu haben und mit dem Bus in die Schule zu fahren. Bei Kälte heizen wir, bei Hunger essen wir und abends schauen wir fern. Was haben all diese Dinge miteinander zu tun?

Sicherlich hast du schon einmal von der Energie gehört. Ohne Energie funktionieren alle unsere Geräte nicht. Ohne Energie wäre es kalt und dunkel in der Wohnung. Ohne Energie können Tiere, Pflanzen und auch du nicht leben.

WOZU BRAUCHEN WIR ENERGIE? · Energie benötigt man zum Betrieb von elektrischen Geräten, zum Heizen und Beleuchten der Wohnung, zur Fortbewegung mit Auto, Bahn, Flugzeug oder Schiff. Und auch alle Lebewesen benötigen Energie. Du brauchst sie zum Laufen, Radfahren, Spielen, Denken oder Arbeiten, also insgesamt zum Leben. Tiere und Pflanzen benötigen ebenfalls Energie, um leben zu können.

Aber was ist Energie? Diese Frage kann auch ein Physiker nicht in ein paar wenigen Sätzen erklären. Wir werden uns daher in diesem Kapitel mit den Eigenschaften der Energie beschäftigen, um ein besseres Verständnis für diesen wichtigen Begriff zu bekommen.

WORIN IST ENERGIE ENTHALTEN? · Ein Auto benötigt Benzin oder Diesel. Brennstoffzellenautos müssen Wasserstoff tanken. Offensichtlich steckt in diesen Treibstoffen die Energie zum Fahren.
Zum Heizen der Wohnung benutzt man meistens Öl, Gas, Kohle oder Holz. Auch diese Stoffe enthalten also Energie.
Menschen und Tiere erhalten die Energie über die Nahrung: In Nahrungsmitteln steckt also ebenfalls Energie.
Pflanzen brauchen in der Regel Licht zum leben. Sie erhalten Energie mit dem Sonnenlicht.
Auch elektrische Geräte beziehen ihre Energie wie Pflanzen nicht aus einem Stoff. Sie erhalten sie durch den elektrischen Strom.

SPEICHER FÜR ENERGIE · In Benzin, Diesel, Gas und Kohle ist Energie gespeichert. Man spricht von Energiespeichern. Die gespeicherte Energie kann man nutzbar machen, indem man die Treibstoffe in einem Motor oder Kessel verbrennt. Damit kann man dann z.B. Autos betreiben oder ein Haus heizen.
Nahrungsmittel sind ebenfalls Energiespeicher. Sie enthalten Kohlenhydrate, Fette und Proteine. Aus diesen Nährstoffen beziehen unsere Körper ihre Energie.
Batterien und Akkus sind Energiespeicher zum Betrieb von kleinen elektrischen Geräten wie MP3-Player und Handy.
Für Energiespeicher gilt: Die Energie, die sie enthalten, steht sozusagen „auf Abruf bereit".

Zum Betrieb von Maschinen und Geräten benötigt man Energie. Lebewesen brauchen Energie zum Leben.
Energie lässt sich speichern.

ANGABE VON ENERGIEMENGEN · Um angeben zu können, wie viel Energie ein Energiespeicher enthält oder wie viel Energie ein Gerät oder ein Vorgang benötigt, braucht man eine Einheit für die Energiemenge. Die Einheit der Energiemenge ist ein Joule (1 J).

02 Mit dem Benzin gelangt Energie in den Tank.

So viel Energie steckt in ...		
einer Batterie (Typ AA): ca. 5 kJ	einem Stück Würfelzucker: ca. 50 kJ	einem Liter Benzin: ca. 35 MJ

Mit den folgenden Energiemengen kann man ...	
1 Joule	eine Tafel Schokolade (100 g) einen Meter anheben.
	1 g Luft um 1 Grad erwärmen.
1 Kilojoule	einen Menschen von 50 kg Masse 2 Meter anheben.
	einen Viertelliter Wasser um 1 Grad erwärmen.
1 Megajoule	8 Minuten Haare föhnen.
	einen Tag lang eine Energiesparlampe betreiben.
	3 ℓ Wasser von Zimmertemperatur zum Sieden bringen.

03 Beispiele für Energiemengen

Ein Joule ist eine sehr kleine Energiemenge. Man verwendet daher häufig Vielfache davon: ein Kilojoule oder ein Megajoule:
1000 J = 1 kJ (Kilojoule),
1000 kJ = 1 MJ (Megajoule).

Die Einheit für die Energiemenge ist ein Joule (1 J).

Der Energiegehalt von Lebensmitteln wird oft noch in der alten Einheit Kilokalorie (kcal) angegeben. Es gilt die Umrechnung:
1 kcal = 4,19 kJ.

Im Alltag ist man oft nachlässig und sagt statt „Kilokalorien" einfach „Kalorien".

1 Nenne fünf Elektrogeräte und beschreibe, wozu sie Energie benötigen.

2 Nenne fünf Verkehrsmittel und beschreibe, wie sie die erforderliche Energie erhalten.

3 Eine Tafel Schokolade hat einen Energiegehalt von 530 kcal. Gib die Energiemenge in kJ an. Um wie viel Grad kann man 25 ℓ Wasser damit erwärmen?

BLICKPUNKT

Fossile Energiespeicher

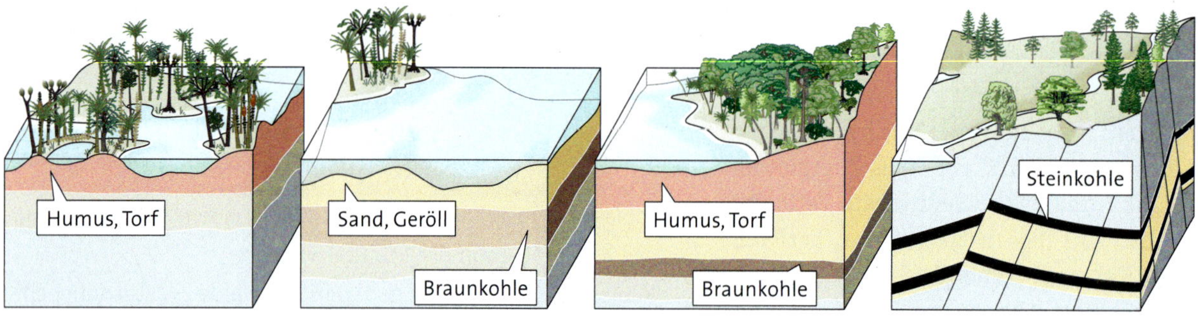

01 Tote Pflanzen wandeln sich zunächst in Torf um, dann in Braunkohle und schließlich in Steinkohle.

Zum Heizen, zum Autofahren, in den Kraftwerken – unser Energiebedarf ist enorm. Die Energie stammt zum größten Teil von Kohle, Erdöl und Erdgas. Diese Brennstoffe sind vor vielen Millionen Jahren aus toten Pflanzen und Tieren entstanden. Man bezeichnet sie als fossile Energiespeicher.

Entstehung der Kohle · Die großen Kohlevorkommen sind vor etwa 300 Millionen Jahren aus Urwäldern entstanden. Unzählige Pflanzen wuchsen und starben. Die toten Pflanzen bildeten eine viele Meter dicke Schicht aus Humus oder Torf. Wenn sich im Laufe von Millionen Jahren eine Region senkte, dann wurden die Wälder überflutet und mit Sand und Geröll bedeckt. Wenn dies mehrmals passierte, sanken die untersten Schichten immer tiefer. In diesen Schichten nahmen der Druck und die Temperatur immer mehr zu, sodass alles immer stärker verdichtet wurde. Der Torf wurde dabei in Braunkohle und schließlich in Steinkohle umgewandelt.

Erdöl und Erdgas · Diese Brennstoffe sind auf ähnliche Art entstanden, allerdings aus abgestorbenen Kleinlebewesen im Meer. Auch hier bildeten sich Schichten von toten Lebewesen, die durch Sand und Geröll bedeckt und in die Tiefe gedrückt wurden. Unter hohem Druck und hoher Temperatur wandelte sich das tote Material in Erdöl und Erdgas um.

Begrenzte Vorräte · Die fossilen Brennstoffe sind im Laufe von Millionen Jahren entstanden, aber wir verbrennen sie in wenigen Hundert Jahren. Das hat zur Folge, dass die Vorräte bald zu Ende gehen. Besonders knapp ist Erdöl.

Verstärkung des Treibhauseffekts · Bei der Verbrennung von Kohle, Erdöl und Erdgas entsteht Kohlenstoffdioxid (CO_2). CO_2 ist natürlicherweise in der Luft enthalten. Durch die Verbrennung fossiler Brennstoffe hat sich der CO_2-Gehalt der Luft aber stark erhöht.

CO_2 und einige andere Gase wirken wie das Glasdach eines Gewächshauses (Treibhauses) und führen zum sogenannten Treibhauseffekt. Ohne den natürlichen Treibhauseffekt wäre es auf der Erde eisig kalt. Aber die Erhöhung des CO_2-Gehalts führt zu einer weiteren Erwärmung der Erde. Klimaforscher warnen vor den Folgen dieser Erwärmung: Verschiebung der Klimazonen, Ausdehnung der Wüsten, Abschmelzen der Gletscher, Anstieg des Meeresspiegels und Zunahme von extremen Wetterereignissen wie Orkanen und Fluten.

1 Erkläre, woher die Energie der fossilen Brennstoffe ursprünglich kommt.

2 Erläutere, warum die Verbrennung von fossilen Brennstoffen problematisch ist.

Material A ▸ Energie im Alltag

A1 In der Alltagssprache geht es oft um Energie, auch wenn das Wort Energie gar nicht verwendet wird.
- „Trink die Milch aus, die gibt Kraft."
- „Die Sahne lasse ich weg, die hat zu viele Kalorien."

Finde weitere Beispiele.

A2 Im Alltag wird das Wort Energie ganz unterschiedlich verwendet. Erläutere, was die Sprechblasen aussagen. Wird „Energie" im physikalischen Sinn verwendet?

Vater:
Verschwende nicht so viel Energie und schalte den Computer aus, wenn du gehst.

Schwester:
Ich habe heute keine Energie, um mit dir die Englischvokabeln zu lernen.

Mutter:
Die steigenden Energiepreise machen meine Gehaltserhöhung zunichte.

Oma:
Du sprühst ja vor Energie.

A3 Nenne fünf unterschiedliche Gegenstände in deiner Wohnung, in denen Energie gespeichert ist. Erkläre, woran du merkst, dass diese Gegenstände Energie enthalten.

Material B ▸ Bedeutung der Energie

B1 a) Welche Rolle spielt die Energie in unserem Leben? Mithilfe einer Mindmap kannst du die Zusammenhänge übersichtlich darstellen. Übertrage die unvollständige Mindmap rechts in dein Heft und ergänze sie.
b) Erstellt zu zweit eine Mindmap zur Frage „Wie kann man Energie sparsam verwenden?". Präsentiert eure Ergebnisse der Klasse.

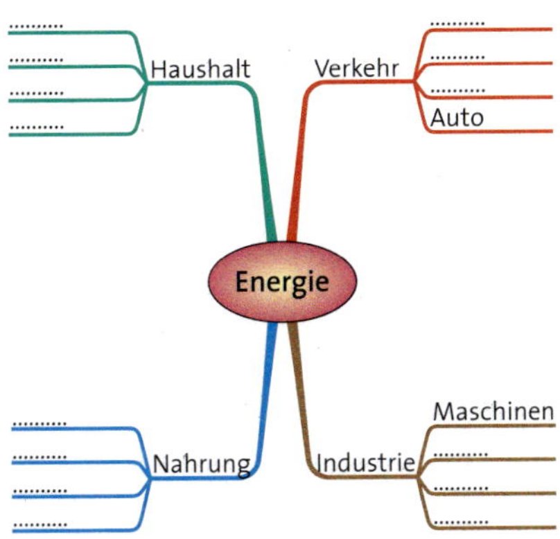

B2 Kraftwerke stellen Energie bereit, die durch den elektrischen Strom in die Häuser und Fabriken gelangt. Sie erhalten die Energie auf unterschiedliche Weise.
a) Nenne einige Kraftwerkstypen. Erläutere, wodurch sie die nötige Energie erhalten.
b) Zähle einige Kraftwerkstypen auf, die fossile Energiespeicher nutzen.

Material C ▸ Energie und Ernährung

C1 a) Ein wesentlicher Gesichtspunkt für eine gesunde Ernährung ist der Energiegehalt der Lebensmittel. Beschreibe die Folgen einer Ernährung mit zu hoher bzw. zu geringer Energiezufuhr. Begründe, warum die Energiezufuhr zum Energiebedarf passen muss.
b) Süße Getränke enthalten bis zu 12 g Zucker pro 100 mℓ. Der Energiegehalt von Zucker beträgt 17 kJ pro g. Berechne den Energiegehalt von 0,5 ℓ eines solchen Getränks. Vergleiche mit deinem Energiebedarf (▸ Tabelle 02).

	Mädchen	Jungen
Energie	9000 kJ	11 000 kJ
Obst, Gemüse	500 g	600 g
Brot, Getreideflocken ...	250 g	300 g
Kartoffeln, Nudeln, Reis ...	200 g	250 g
Milch, Joghurt	200 mℓ	200 mℓ
Käse	35 g	40 g
Fleisch, Wurst, Fisch, Ei ...	120 g	130 g
Öl, Margarine, Butter	35 g	40 g
Süßigkeiten	≤ 90 g	≤ 95 g

02 Empfohlene Lebensmittel pro Tag für Jugendliche (13–14 J.)

01 Nervenkitzel in der Achterbahn

Energie hat viele Gesichter

Auf einer Strecke von 80 Metern werden die Wagen der Achterbahn in nur 2,5 Sekunden auf 100 $\frac{km}{h}$ katapultiert. Wenn der Zug einmal in Bewegung ist, dann rast er ohne weiteren Antrieb durch Loopings und Schrauben.

BEWEGUNG UND ENERGIE · Bei einer Katapult-Achterbahn wird der Zug zu Beginn durch Elektromagnete unter den Schienen in kurzer Zeit auf eine große Geschwindigkeit gebracht. Die Energie, die für diesen Vorgang gebraucht wird, erhält der Zug mithilfe der Elektromagnete aus dem elektrischen Strom.

Der Zug selbst hat keinen Motor. Trotzdem kann er durch die komplette Achterbahn rollen, streckenweise sogar bergauf. Das ist möglich, weil der Zug nach der Beschleunigung selbst Energie hat. In der Bewegung des Zugs steckt also Energie.
Wenn der Zug nach dem Start zu langsam ist, dann hat er allerdings nicht genug Energie, um durch alle Loopings und Schrauben zu kommen. Er muss genügend schnell sein, denn die Energie hängt von der Geschwindigkeit ab.
Um die Geschwindigkeit eines Körpers zu erhöhen, muss man ihm zusätzliche Energie mitgeben.

**Um einen Körper zu beschleunigen, braucht man Energie.
Ein sich bewegender Körper besitzt Energie. Je schneller er sich bewegt, desto größer ist seine Energie.**

LAGE UND ENERGIE · Eine Achterbahn im Kleinen zeigt ▸ Bild 02. Das Spielzeugauto braucht keinen eigenen Antrieb. Damit es die Bahn durchlaufen kann, musst du es nur die Schräge hinunterrollen lassen.
Wenn der Startpunkt recht hoch liegt, dann wird das Auto so schnell, dass es sogar durch den Looping kommt. Liegt der Startpunkt nicht hoch genug, dann reicht die Energie des Autos nicht aus und es kommt nicht mehr durch den Looping.

Das Auto hat also in geringerer Höhe weniger Energie. Wir übertragen Energie auf das Auto, indem wir es hochheben. Diese Energie steckt dann in der Lage des angehobenen Autos. Die übertragene Energiemenge ist umso größer, je höher wir das Auto heben.

Um einen Körper hochzuheben, braucht man Energie.
Ein angehobener Körper besitzt Energie.
Je höher der Körper gehoben wurde, desto größer ist seine Energie.

VERFORMUNG UND ENERGIE · Das Spielzeugauto in ▸ Bild 03 hat eine spiralförmige Stahlfeder als Antrieb. Um die Feder zu spannen, musst du das Auto rückwärts ziehen. Anschließend kannst du das Auto loslassen und es fährt los.

Die Energie zum Beschleunigen des Autos steckt also in der gespannten Feder. Die Energie hast du beim Spannen aufgebracht.
Beim Aufziehen des Autos wird die Stahlfeder verformt. Es ist wichtig, dass die Feder den Drang hat, nach dem Loslassen wieder ihre ursprüngliche Form anzunehmen. Denn dabei gibt die Feder die Energie wieder ab und die Energie ist weiterhin nutzbar.
Körper, die nach dem Verformen wieder ihre ursprüngliche Form annehmen, nennt man **elastisch.** Im Gegensatz dazu bleibt eine Dose nach dem Zusammendrücken verformt: Sie ist **unelastisch** (▸ Bild 04). Zwar braucht man auch Energie, um eine unelastische Dose zusammenzupressen. Aber die Energie, die nun in der verformten Dose steckt, kann man nicht mehr sinnvoll nutzen. Allerdings erwärmt sich die Dose dafür leicht.

Um einen Körper zu verformen, braucht man Energie.
Ein elastisch verformter Körper kann Energie abgeben. Je stärker er verformt ist, desto größer ist seine Energie.

04 Eine Getränkedose wird beim Zusammendrücken ein wenig warm.

1 Erkläre, was passiert, wenn der Zug der Achterbahn beim Start zu langsam ist.

2 Beschreibe die Bewegung beim Skaten mithilfe der Energie. Überlege, wie man die Bahn verändern kann, damit der Skater eine größere Höchstgeschwindigkeit erreicht (▸ Bild 05).

3 Erkläre,
a) woher beim Stabhochsprung (▸ Bild 06) die Energie des Sportlers zum Überwinden der etwa 6 Meter hohen Sprunglatte kommt.
b) wo die Energie des Sportlers nach dem Sprung geblieben ist.

05 Skaten in einer Halfpipe

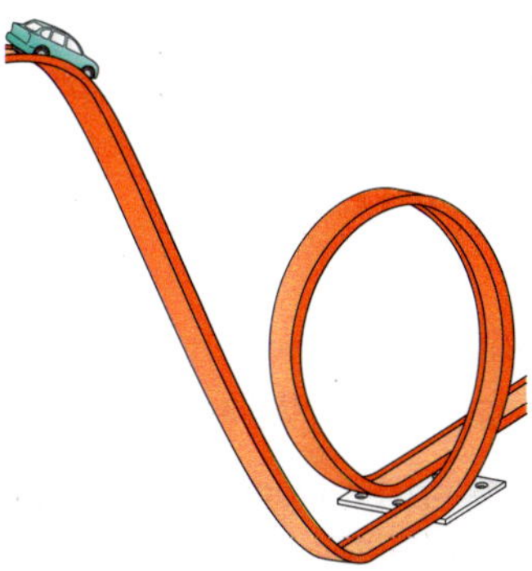

02 Achterbahn im Kleinen

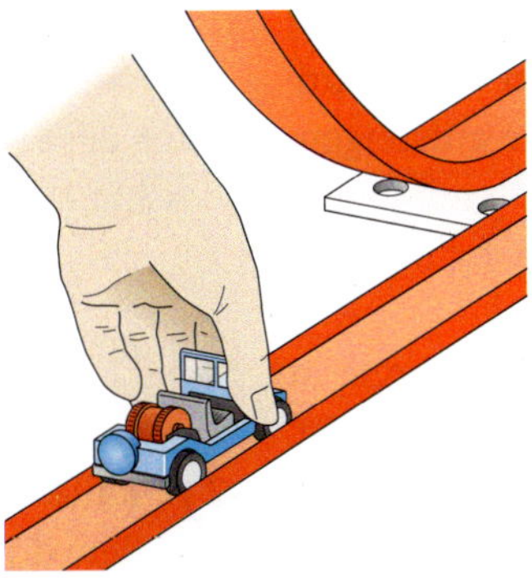

03 Auto mit Federantrieb

06 Stabhochsprung

01 Weihnachtspyramide

02 Trampolinspringer

TEMPERATUR UND ENERGIE · Zündet man eine der Kerzen in ▸ Bild 01 an, beginnt die Weihnachtspyramide sich zu drehen. Offenbar steckt in der heißen Kerzenflamme Energie: Die Flamme erwärmt die umgebende Luft, die Luft steigt auf und bewegt dadurch die Pyramide. Die Energie, die der Pyramide über die aufsteigende Luft zugeführt wird, stammt also von der heißen Flamme und wurde in Form von Wärme abgegeben. Wärme ist also auch eine Form von Energie.

Wärmeübertragung bedeutet Energieübertragung.

Tatsächlich enthält jeder Körper Energie aufgrund seiner Temperatur. Vom Teilchenmodell her weißt du, dass Körper aus Teilchen bestehen. Die Energie des Körpers steckt in der ungeordneten Bewegung der Teilchen. Die Teilchen bewegen sich umso schneller, je höher die Temperatur des Körpers ist.
Bei der Weihnachtspyramide bewegen sich die Luftteilchen rund um die Kerzenflamme aufgrund ihrer hohen Temperatur sehr schnell und brauchen mehr Platz: Die Luft dehnt sich aus, ist somit leichter als die umgebende Luft und steigt auf. Die aufsteigenden Luftteilchen stoßen die Blätter der Pyramide an und setzen sie so in Bewegung.

Die in einem Körper gespeicherte Energie ist umso größer, je höher seine Temperatur ist. Um die Temperatur eines Körpers zu erhöhen, muss man also seine Teilchen in schnellere Bewegung versetzen.

03 Bungeesprung

Um einen Körper zu erwärmen, braucht man Energie. Auch Wärme ist eine Form von Energie.
Je höher die Temperatur des Körpers ist, desto größer ist seine Energie.

Die Energie, die ein Stoff aufgrund seiner Temperatur besitzt, lässt sich umso besser nutzen, je höher seine Temperatur im Vergleich zur Umgebungstemperatur ist: In einem kalten Raum dreht sich die Weihnachtspyramide deshalb schneller.

ENERGIEFORMEN · Die Beispiele zeigen, dass die Energie verschiedene „Gesichter" hat. So kann die Energie eines Körpers in seiner Bewegung, in seiner Lage gegenüber dem Boden, in seiner Verformung oder in der Wärme stecken, die ihm zugeführt wird. Obwohl es sich jedes Mal um dieselbe physikalische Größe Energie handelt, spricht man von verschiedenen Energieformen.
So steckt die Energie beim Trampolinspringen (▸ Bild 02) nacheinander in der Spannung der Trampolinfedern, in der Bewegung des Sportlers und seiner Lage.

1 Beschreibe die Energieformen, die beim Bungeespringen (▸ Bild 03) auftreten.

2 Kalte Hände kannst du erwärmen, indem du sie aneinanderreibst. Erkläre mithilfe der Energie.

VERSUCHE ▸ Energieformen unterscheiden

V1 Ein Auto rollt bergab

Du untersuchst, wie sich die Starthöhe auf die Geschwindigkeit auswirkt.

Material:
Spielzeugauto, Brett, Meterstab, Stoppuhr

Durchführung:

a) Baue eine Rampe wie im ▸ Bild oben. Lass das Auto aus einer bestimmten Höhe hinunterfahren. Beschreibe die auftretenden Energieformen.

b) Miss die Zeit, die das Auto hinter der Rampe für eine Strecke von 1 m braucht. Wiederhole den Versuch für die doppelte und dreifache Starthöhe. Was folgt daraus für die Geschwindigkeit und die Bewegungsenergie des Autos? Formuliere ein Ergebnis.

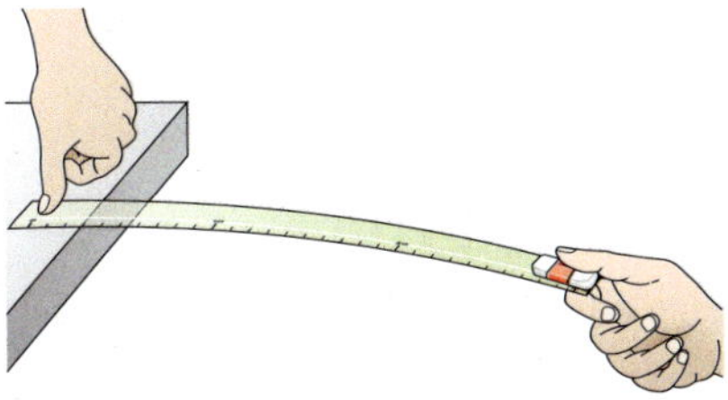

V2 Ein Lineal als Schleuder

Du untersuchst, wie sich die Verformung des Lineals auf die Wurfhöhe auswirkt.

Material:
biegsames Lineal, Radiergummi

Durchführung:

a) Lege einen Radiergummi auf das Lineal und spanne es. Lass das Lineal los. Beschreibe die Energieformen, die nacheinander auftreten.

b) Spanne das Lineal unterschiedlich stark. Welche Änderung erwartest du? Begründe mithilfe der Energie.

c) Beobachte, wie hoch der Radiergummi geschleudert wird. Was folgt daraus für die Energie des Radiergummis? Formuliere ein Ergebnis.

V3 Eine Feder als Starthilfe

Du untersuchst, wie sich das Zusammendrücken der Feder auf die Geschwindigkeit auswirkt.

Material:
Feder, Spielzeugauto

Durchführung:

a) Drücke die Feder mithilfe des Autos zusammen. Lass das Auto los. Beschreibe die auftretenden Energieformen.

b) Wiederhole den Versuch und drücke die Feder dabei unterschiedlich stark zusammen. Erkläre deine Beobachtungen mithilfe der Energie.

c) Baue eine Rampe wie im ▸ Bild zu V1, sodass das Auto nach dem Loslassen die Rampe hochfährt. Beschreibe die auftretenden Energieformen.

Material A ▸ Energieformen bei Schwingungen

A1 Du kennst Schwingungen vom Schaukeln und von Schwingfiguren.

a) Beschreibe die Energieformen in den gekennzeichneten Punkten.

b) Erläutere, an welchem Punkt die jeweiligen Energieformen am größten sind.

c) Manche Energieformen verschwinden an bestimmten Punkten. Erläutere.

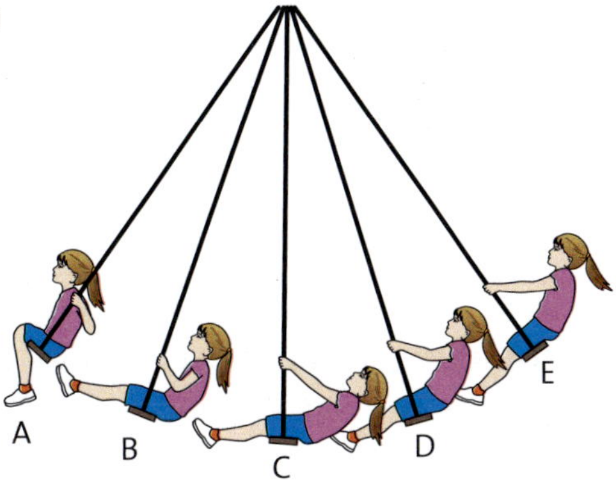

01 Bäume brauchen Sonnenlicht.

02 Nutzung der Sonnenenergie bei einer Bergsteigerunterkunft

Energie unterwegs

Die Sonne ist der wichtigste Energielieferant für das Leben auf der Erde. Ohne die Energie der Sonne können die Bäume nicht leben. Auch der Mensch nutzt die Sonnenenergie, zum Beispiel für die Bergsteigerunterkunft ohne Stromanschluss hoch oben in den Bergen.

BÄUME NUTZEN SONNENENERGIE · Die Blätter von Bäumen enthalten kleine „chemische Fabriken“. Damit können sie die Energie des Sonnenlichts nutzen, um aus Kohlenstoffdioxid und Wasser energiereiche Stoffe wie Zucker herzustellen. Die Energie steckt dann in diesen Stoffen. Die Bäume speichern diese energiereichen Stoffe und können daraus später die Energie wieder entnehmen.

SONNE UND ELEKTRIZITÄT · Das Haus ohne Stromanschluss in ▸ Bild 02 hat Solarzellen zur Nutzung der Sonnenenergie. Die Solarzellen bekommen die Energie ebenfalls durch das Sonnenlicht. Sie geben die Energie jedoch nicht in Form von Stoffen, sondern durch den elektrischen Strom ab. Die Energie, die nicht gleich gebraucht wird, wird in einem Akku gespeichert. Aus dem Akku kann die Energie jederzeit wieder entnommen werden – auch nachts, wenn die Sonne nicht scheint.

ENERGIEWANDLER · Die kleinen „chemischen Fabriken“ in den Blättern und die Solarzellen geben beide die Energie, die sie bekommen, gleich wieder ab. In beiden Beispielen erfolgt die Energieabgabe allerdings in einer anderen Form als die Energieaufnahme. Deshalb spricht man hier von Energiewandlern.

Ein Energiewandler bekommt die Energie in einer bestimmten Form und gibt sie gleichzeitig in anderer Form wieder ab.

ENERGIE IM DIAGRAMM · Wie Energie übertragen wird, lässt sich übersichtlich im Diagramm darstellen. Dabei stellen wir Energiespeicher durch grüne und Energiewandler durch rote Kästchen dar. Für die Übertragung der Energie zeichnen wir Pfeile und notieren, wie die Energie übertragen wird. ▸ Bild 03 zeigt dies am Beispiel des Solarhauses: Tagsüber wird Energie durch Licht von der Sonne auf die Solarzellen übertragen. Von dort gelangt sie durch den elektrischen Strom in den Akku. Nachts wird die Energie aus dem Akku wieder entnommen, z.B. zum Betrieb einer Energiesparlampe. Die von der Lampe abgegebene Energie gelangt in die Umgebung. – Ein solches Diagramm ist selbstverständlich nur ein Modell.

ENERGIEUMWANDLUNGSKETTEN · Es gibt viele unterschiedliche Energiewandler. Wir betrachten zwei Beispiele: Ein Elektromotor bekommt die Energie durch den elektrischen Strom und gibt sie durch die Drehbewegung seiner Achse ab. Die Drehbewegung wird dann genutzt: Elektroautos treiben durch Elektromotoren z.B. ihre Räder an. Den umgekehrten Energiewandler gibt es auch, er heißt Generator. Er nimmt die Energie einer Drehbewegung auf und gibt sie durch elektrischen Strom wieder ab.

Elektromotor und Generator sind im Prinzip gleich aufgebaut. Deshalb kann man einen Elektromotor meist auch als Generator verwenden und umgekehrt. In ▸ Bild 04 haben wir Generator und Motor hintereinandergehängt. So eine Anordnung von Energiewandlern nennt man **Energieumwandlungkette.** Bei den meisten Energiewandlern funktioniert die Umkehrung jedoch nicht. Ein Wasserkocher bekommt die Energie durch den elektrischen Strom (▸ Bild 05). Er gibt die Energie ab, indem er Wasser erwärmt. Die Energie steckt dann im heißen Wasser. Wenn man umgekehrt den Wasserkocher mit heißem Wasser füllt, dann gibt er niemals Energie durch den elektrischen Strom ab.

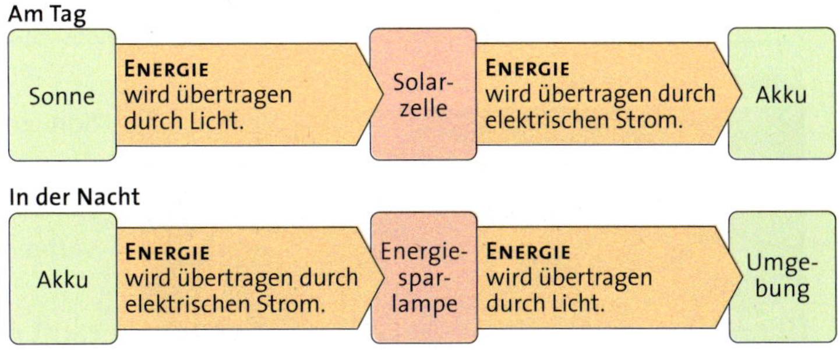

03 Energieumwandlungskette im Solarhaus

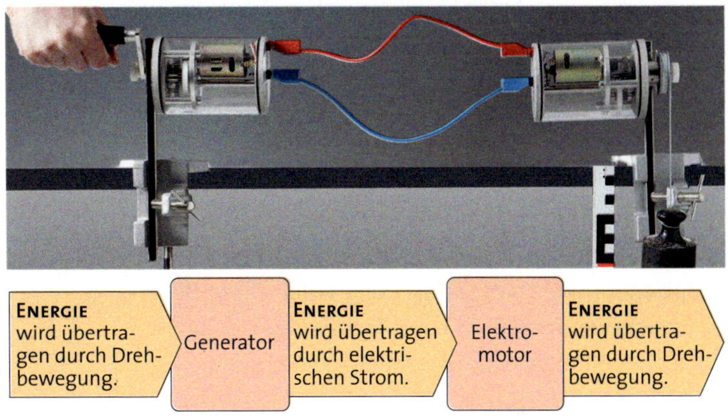

04 Energieumwandlungskette aus Generator und Elektromotor

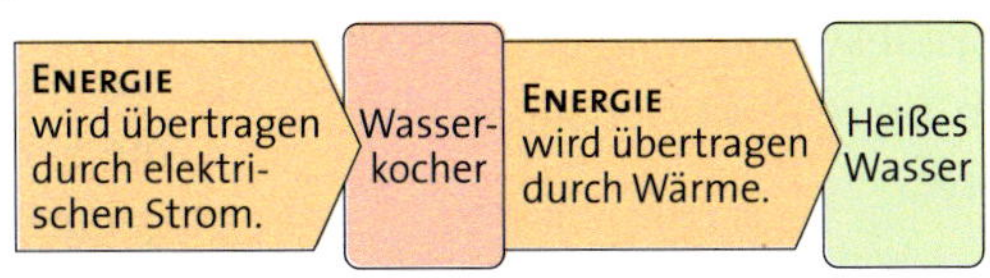

05 Energieumwandlungskette eines Wasserkochers

1 Erkläre, wie folgende Energiewandler Energie bekommen und abgeben: Haartrockner, Lautsprecher, Automotor.

2 Ein Sonnenkollektor erwärmt Wasser mit der Energie der Sonne. Beschreibe wie ein Sonnenkollektor funktioniert (▸ Bild 06). Zeichne ein Diagramm für die Energieumwandlungen im Kollektor.

06 Sonnenkollektor

BLICKPUNKT

Erneuerbare Energien

Der Energiebedarf der Weltbevölkerung steigt stetig. Wir decken ihn hauptsächlich mit fossilen Energiespeichern wie Kohle, Erdgas und Erdöl. Diese Bodenschätze werden jedoch eines Tages aufgebraucht sein. Deswegen sucht man weltweit nach Alternativen.

Sonnenenergie · Solarzellen nehmen die Energie der Sonne auf und geben sie über den elektrischen Strom wieder ab. Sonnenkollektoren hingegen nutzen die Sonnenenergie zum Heizen von Gebäuden und zum Erwärmen von Wasser.

Windenergie · Wind versetzt die Rotoren von Windrädern in Bewegung. Die Energie dieser Bewegung geben die Windkraftanlagen über den elektrischen Strom ab.

Energie des Wassers · Fließende Gewässer besitzen Energie durch die Bewegung des Wassers. Auch das in Stauseen gespeicherte Wasser kann man bei Bedarf abfließen lassen. Die Energie des Wassers wird dann in Wasserkraftwerken über den elektrischen Strom abgegeben.

Energie aus Pflanzen · Auch in Pflanzen steckt Energie. Aus den Samen mancher Pflanzen wie Raps oder Sonnenblumen wird Öl gepresst. Das Öl wird anschließend zu Kraftstoffen wie Biodiesel weiterverarbeitet. Genau wie Holz geben Kraftstoffe die Energie beim Verbrennen als Wärme ab.

Nicht nur die Sonnenenergie, sondern auch die Windenergie, die Energie des Wassers und die Energie nachwachsender Pflanzen stammen letztlich von der Sonne: Die Sonne lässt Winde wehen, treibt den Wasserkreislauf an und lässt Pflanzen wachsen.

Im Gegensatz zu der Energie aus fossilen Energiespeichern versiegt die Sonnenenergie in den nächsten Milliarden Jahren nicht. Dadurch sind auch alle anderen Energieformen, die von der Sonne stammen, für uns unerschöpflich. Man spricht deshalb von „erneuerbaren Energien". Aber nicht nur von der Sonne erhalten wir dauerhaft Energie.

Erdwärme · Im Inneren der Erde ist Energie vorhanden, die in Form von Wärme abgegeben wird. Sie stammt größtenteils aus der Zeit der Erdentstehung und aus radioaktiven Zerfallsprozessen. Die abgegebene Wärme kann zum Heizen und zum Erzeugen von Strom genutzt werden. Auch diese Energie ist nahezu unerschöpflich.

Energie der Gezeiten · Die Anziehungskraft von Sonne und Mond führt zur Entstehung der Gezeiten auf der Erde. Aufgrund der Bewegung des Wassers und der unterschiedlichen Höhe des Wasserspiegels bei Ebbe und Flut hat das Wasser Energie. Die Energie des Wassers wird in sogenannten Gezeitenkraftwerken über den elektrischen Strom abgegeben.

1 Erläutere die Vorteile von erneuerbaren Energien im Vergleich zu fossilen Energiequellen.

2 Energie der Gezeiten ist „erneuerbar". Erkläre.

VERSUCHE ▸ Energie kann übertragen werden

Du untersuchst, wie beim Elektromotor und Generator Energie übertragen wird.

V1 Motor und Generator

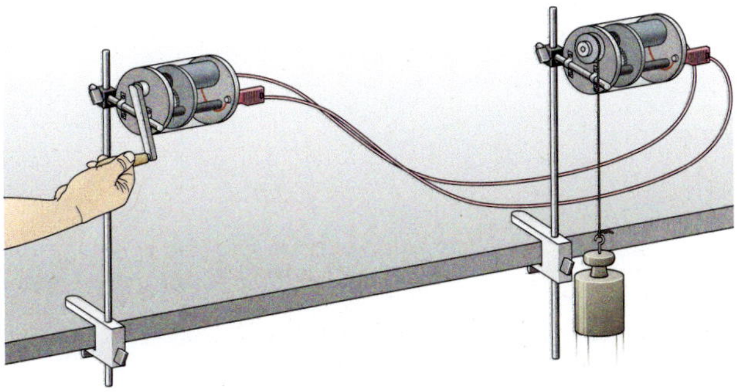

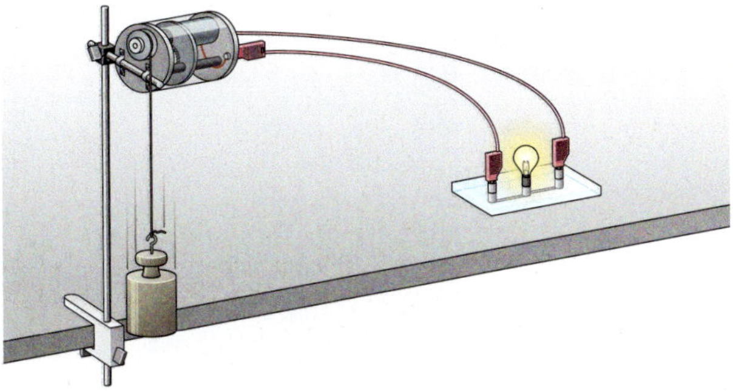

Material:

Generator und Motor (z. B. Dynamots), Massestücke (1 kg, 2 kg), stabile Unterlage, Schnur, Kabel, Glühlampe

Durchführung:

a) Schließe den Motor an den Generator an. Hänge das 1-kg-Massestück an die Schnur. Kurble am Generator, sodass das Massestück angehoben wird. Beschreibe, was passiert, wenn du schneller kurbelst. Wiederhole den Versuch jeweils mit einer Masse von 2 kg und 3 kg. Notiere deine Beobachtungen.

b) Überlege, welche Energiespeicher und Energiewandler hier vorkommen. Stelle die Energieumwandlungskette als Diagramm dar.

c) Bestätige, dass am Ende der Energieumwandlungskette aus Versuchsteil b Energie gespeichert ist. Baue dazu den Versuch um und schließe die Glühlampe an. Hänge nacheinander verschiedene Massestücke (1–3 kg) an die Schnur und treibe damit den Generator an. Notiere deine Beobachtungen. Zeichne das Diagramm der neuen Energieumwandlungskette.

Material A ▸ Energieumwandlungsketten

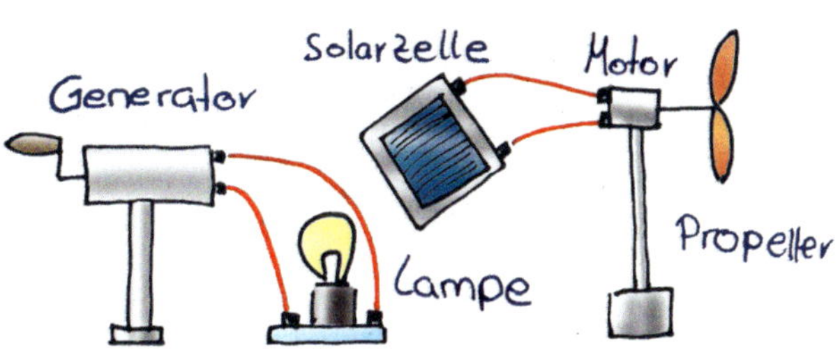

A1 Lea hat eine Energieumwandlungskette aufgebaut und eine Zeichnung dazu gemacht.

a) Übersetze diese Zeichnung in ein Diagramm.

b) Markiere und erläutere die Energiewandler im Diagramm.

c) Erläutere die Vor- und Nachteile eines Diagramms gegenüber einer Versuchszeichnung.

A2 Kängurus bewegen sich mit großen Sprüngen fort. Dabei wirken die Sehnen und Muskeln ihrer Hinterbeine beim Springen wie Stahlfedern.

a) Beschreibe die Energieumwandlungen beim Kängurusprung.

b) Erkläre, warum diese Art der Fortbewegung energiesparend ist.

01 Perpetuum mobile – schön wär's!

Energie bleibt erhalten

Eine tolle Erfindung: Das Wasser treibt das Wasserrad an, das Wasserrad treibt eine Pumpe an, die Pumpe befördert das Wasser wieder nach oben, sodass es wieder das Wasserrad antreiben kann usw. Nebenbei liefert die Maschine noch Energie für andere Geräte. – Aber ist so etwas möglich?

EIN ALTER MENSCHHEITSTRAUM · Eine Maschine, die sich unaufhörlich bewegt und dabei vielleicht noch zusätzlich Energie abgibt, heißt **Perpetuum mobile.** Maschinen, die mehr Energie abgeben, als ihnen zugeführt wird, würden alle Energieprobleme lösen.

Seit Jahrhunderten haben deshalb Tüftler versucht, solche Maschinen zu bauen. Es wurden viele ganz unterschiedliche Konstruktionen erdacht, aber keine dieser Ideen hat tatsächlich funktioniert. Die Maschinen wurden zu Beginn einmal in Bewegung versetzt. Doch anstatt sich unaufhörlich weiterzubewegen, wurden sie immer langsamer und blieben irgendwann stehen. Niemals hat eine Maschine mehr Energie umgewandelt, als sie aufgenommen hat.

02 Zum Hochklettern braucht man Energie.

KANN ENERGIE ERZEUGT WERDEN? · Alle Bemühungen, ein Perpetuum mobile zu bauen, sind gescheitert. Das liegt daran, dass Energie nicht erzeugt werden kann. Auch die Maschine in ▸ Bild 01 ist kein Perpetuum mobile, denn sie hat einen Stromanschluss.

/// Energie kann nicht erzeugt werden.

KANN ENERGIE VERSCHWINDEN? · Im Alltag sieht es oft so aus, als ob die Energie verschwindet. Um die Stange in ▸ Bild 02 hinaufzuklettern, musst du Energie aufwenden. Oben angekommen steckt die Energie in deiner erhöhten Lage. Wieder am Boden ist die Energie nicht in deine Muskeln zurückgekehrt, verschwunden ist sie aber auch nicht. Sie ist in Form von Wärme auf die reibenden Flächen, also die Hände, die Beine und die Stange, übergegangen.

Ähnliches passiert beim Radfahren. Wenn du aufhörst, in die Pedale zu treten, dann wirst du langsamer: Die Energie deiner Bewegung nimmt ab. Das liegt vor allem an der Luft, die dich bremst. Die Energie verschwin-

det aber auch hier nicht, sondern steckt in der von dir bewegten Luft.
Auch bei der Verformung von unelastischen Körpern verschwindet die Energie nicht, sondern erwärmt die Körper. Schlägt man zum Beispiel mit einem Hammer hart genug auf ein Stück Metall ein, kann man sogar ein Spiegelei darauf braten (▸ Bild 03).

Die Beispiele zeigen: Wenn die Energie eines Körpers abnimmt, dann verschwindet sie nicht, sondern sie wird an einen anderen Körper oder an die Umgebung abgegeben.

/// Energie kann nicht verschwinden.

ENERGIEERHALTUNG · In vielen verschiedenen Experimenten hat man festgestellt, dass Energie weder entsteht noch verschwindet. Das führt zu einem der wichtigsten Prinzipien der Physik – der Energieerhaltung.

03 Vier Schmiede schlagen ein Stück Eisen so heiß, dass sie ein Spiegelei darauf braten können.

/// Energie kann weder entstehen noch verschwinden. Sie bleibt erhalten.

Dieses **Prinzip der Energieerhaltung** gilt für jeden Vorgang im Universum.

1 Dem Wasserrad aus ▸ Bild 01 muss über einen Stromanschluss Energie zugeführt werden. Erläutere, warum das so sein muss.

BLICKPUNKT

Verbrennungskraftwerke und Abwärme

In Verbrennungskraftwerken werden Brennstoffe wie Kohle, Gas oder Erdöl verbrannt. Die Energie, die in den Brennstoffen steckt, wird nur zu einem kleinen Teil durch den elektrischen Strom abgegeben. Der größte Teil gelangt mit der Abwärme in die Umgebung.
▸ Bild 04 A zeigt den Aufbau eines Kohlekraftwerks: Im Kesselhaus wird Kohle verbrannt. Die heißen Verbrennungsgase erhitzen Wasser. Dabei entsteht heißer Wasserdampf. Der heiße Dampf treibt eine Dampfturbine an und diese wiederum einen Generator, der elektrischen Strom erzeugt (▸ Bild 04 B).

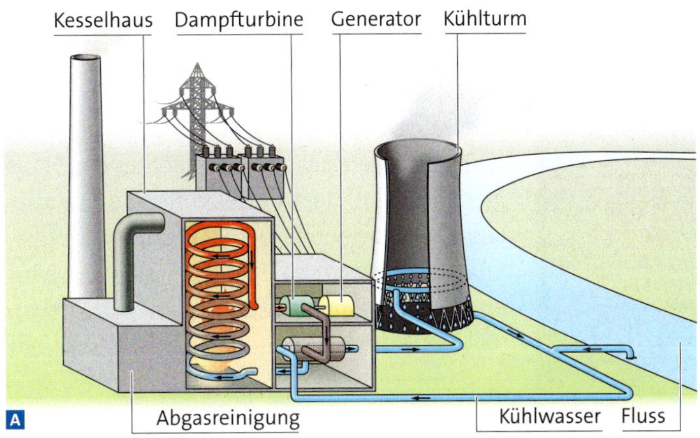

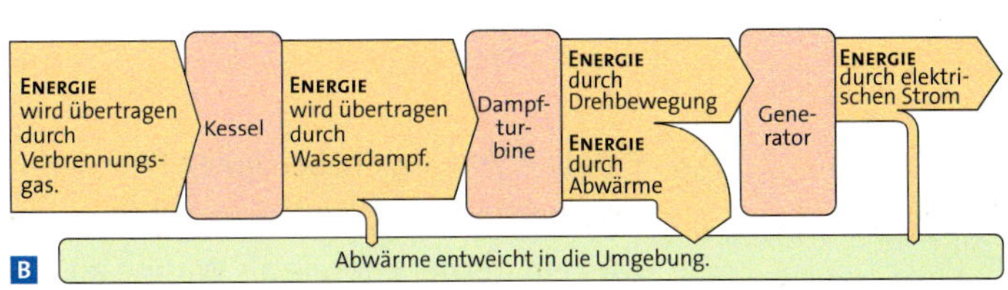

04 Kohlekraftwerk

01 Der Läufer schwitzt.

ENDSTATION WÄRME · Der Läufer in ▸ Bild 01 braucht für den Berglauf viel Energie. Mit einem Teil davon gewinnt er an Höhe. Den größten Teil gibt er aber in Form von Wärme ab. Deswegen schwitzt er so sehr. Die Energie, die in der erhöhten Lage des Läufers steckt, bekommt der Läufer nicht wieder zurück. Denn selbst beim Bergablaufen braucht er noch Energie: Seine Muskeln müssen die Abwärtsbewegung ständig bremsen – er schwitzt weiterhin.

Bei einem Autorennen wird viel Benzin verbraucht. Mit dem Benzin scheint auch die Energie zu verschwinden. Tatsächlich verschwindet sie aber nicht, sondern wird an die Umgebung abgegeben. Der größte Teil der Energie gelangt mit dem heißen Auspuffgas und über den Kühler in die Umgebung. Auch beim Bremsen wird Energie abgegeben. ▸ Bild 02 zeigt, dass die Bremsscheiben so heiß werden können, dass sie glühen. Die ursprünglich im Benzin enthaltene Energie ist also nicht verschwunden, sondern wurde als Wärme an die Umgebung abgegeben.

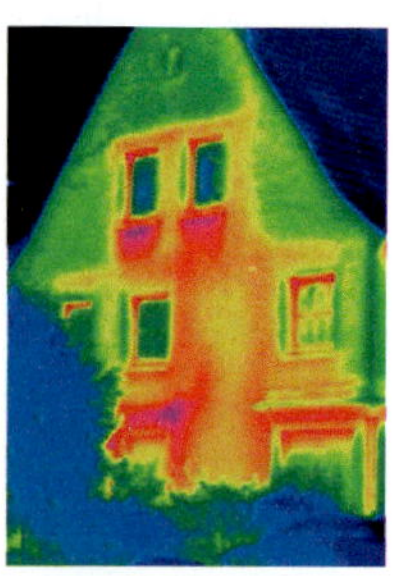

03 Das Wärmebild zeigt die Energieabgabe.

Ein geheiztes Haus gibt ebenfalls Energie an die Umgebung ab. Je schlechter das Haus gedämmt ist, desto größer ist die Energieabgabe. Wärmebilder machen die Energieabgabe sichtbar (▸ Bild 03). Die Bereiche, die im Wärmebild rötlich erscheinen, geben besonders viel Energie ab. Sie sind schlecht gedämmt.

Was wir hier für wenige Beispiele gezeigt haben, gilt allgemein:

/// Bei allen Vorgängen, bei denen Energie transportiert oder umgewandelt wird, wird ein Teil der Energie als Wärme an die Umgebung abgegeben.

02 Bremsscheiben glühen bei heftigem Bremsen.

ENERGIE WIRD ENTWERTET · Die drei Beispiele haben eine weitere Gemeinsamkeit. Die abgegebene Energie steckt nun in der schnelleren Bewegung vieler Teilchen der Umgebung.
Es ist unmöglich, diese Energie vollständig in die ursprüngliche Form zurückzuverwandeln. Die Energie hat für uns an Wert verloren. Sie kann für den Zweck, für den sie eingesetzt worden ist, nicht ohne Weiteres noch einmal eingesetzt werden. Man sagt: Die an die Umgebung abgegebene Energie ist entwertet worden.

/// Wenn Energie als Wärme an die Umgebung abgegeben wird, dann kann sie für den ursprünglichen Zweck nicht wieder eingesetzt werden. Sie ist entwertet.

Energie „verbrauchen" bedeutet also, Energie an die Umgebung abzugeben und damit zu entwerten.

1 Ein Mountainbiker fährt einen Berg hinauf und wieder hinunter. Beschreibe, auf welchen Wegen die Energie in die Umgebung gelangt.

2 Erkläre, warum es kein Perpetuum mobile geben kann.

BLICKPUNKT

Verantwortungsvoller Umgang mit Energie

Es gibt viele gute Gründe, mit Energie verantwortungsvoll umzugehen:

- Ein großer Anteil der Energieversorgung beruht auf Kohle, Erdöl, Erdgas und Uran (Kernkraftwerke). Diese Energiespeicher sind nicht erneuerbar und die Vorräte gehen zu Ende.
- Die Verbrennung der fossilen Brennstoffe Kohle, Erdöl und Erdgas führt zu einem Anstieg des Kohlenstoffdioxidgehalts der Atmosphäre und damit zu einer Verstärkung des Treibhauseffekts.
- Der Abbau fossiler Energieträger, aber auch die Verwendung der erneuerbaren Energien aus Wind, Wasser und Sonne ist mit schwerwiegenden Eingriffen in die Umwelt verbunden.
- Außerdem kann man durch effiziente Nutzung von Energie viel Geld sparen.

Mit Energie sorgsam umzugehen bedeutet, weniger Energie zu verwenden. ▸ Bild 01 zeigt den Energiebedarf eines Haushalts: Etwa die Hälfte der Energie wird zum Heizen verwendet. Hier lohnt es sich besonders, auf Einsparmöglichkeiten zu achten.
Das Auto braucht mit 36 % ebenfalls einen großen Teil der Energie. Weniger mit dem Auto zu fahren wirkt sich daher deutlich auf den Energiebedarf aus. Energiesparen kann man aber auch beim Umgang mit Haushaltsgeräten und Warmwasser.

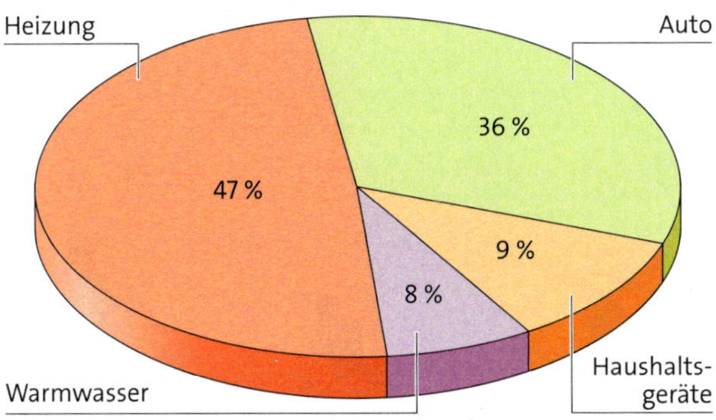

04 Aufteilung des Energiebedarfs eines durchschnittlichen Haushalts in Deutschland im Jahr 2008

Tipps zum Energiesparen

- Heizung herunterdrehen! Jedes Grad weniger spart rund 6 % Heizenergie. Für ein gesundes Raumklima reichen in Wohnräumen 18 bis 20 °C. In Räumen, in denen man sich nicht lange aufhält, sind 16 °C ausreichend.
- Thermostatventil behutsam bedienen: Nicht ständig zwischen Stellung 0 und 5 wechseln! Tagsüber zwischen 2 und 3, nachts zwischen 1 und 2 einstellen.

- Kurz und kräftig lüften! Zum Lüften Heizung ausdrehen und Fenster weit öffnen. Die Luft wird ausgetauscht, die Wände bleiben warm. Kein Dauerlüften bei gekipptem Fenster!
- Stecker ziehen oder Steckdosenleiste mit Schalter benutzen! Manche elektrische Geräte benötigen auch im Stand-by-Betrieb Energie, ebenso Ladegeräte.

- Kurz duschen statt baden! Am besten mit wassersparenden Duschköpfen. Diese senken den Wasserverbrauch und den Energiebedarf um 30 bis 50 %.

- Mit dem Bus oder dem Fahrrad zur Schule fahren! Der Bus braucht pro Fahrgast im Durchschnitt nur etwa einen Liter Kraftstoff auf 100 km, das Auto etwa acht Liter.

Energiesparen auch in der Schule

Das Folgende gelingt am besten im Team:

- Klärt, welche Regeln es an eurer Schule zum Energiesparen gibt. Was muss ergänzt werden?
- Gestaltet ein Plakat mit Energiesparregeln.
- Notiert die Regeln, die ihr bisher schon beachtet habt. Welche müsst ihr noch beachten?

VERSUCHE ▸ Das Prinzip der Energieerhaltung – erprobt!

In den folgenden Versuchen untersuchst du das Prinzip der Energieerhaltung.

V1 ... beim Fadenpendel

Material:

kleiner, nicht zu leichter Gegenstand (z. B. Flummi), Faden, Klebeband, Stift, Zollstock oder Meterstab

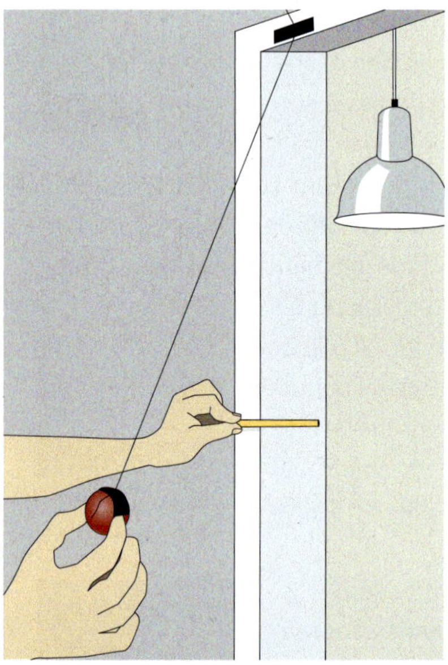

01 Fadenpendel

Durchführung:

a) Baue das Pendel auf. Achte auf eine stabile Aufhängung.

b) Starte das Pendel aus einer bestimmten Höhe. Miss die erreichte Höhe auf der anderen Seite. Am besten gelingt dies, wenn jemand dort den Zollstock hält. Erkläre deine Beobachtung.

c) Drücke den Stift so gegen den Türrahmen, dass nur der untere Teil des Fadens weiterschwingen kann. Miss die Pendelhöhe auf der anderen Seite und vergleiche sie mit der Starthöhe. Bestätigt die Beobachtung das Prinzip von der Energieerhaltung? Erkläre.

V2 ... bei hüpfenden Bällen

Material:

verschiedene Bälle (z. B. Flummi, Softball, Tischtennisball), verschiedene Böden (z. B. Teppich, Fliesen, PVC), Maßstab

Durchführung:

a) Lass einen Ball aus einem Meter Höhe fallen. Miss die Höhe nach dem Aufprall. Wiederhole die Messung mehrmals.

b) Führe Versuch a mit verschiedenen Bällen und verschiedenen Böden durch. Vergleiche deine Messwerte. Stelle eine Vermutung auf, warum die verschiedenen Ball-Boden-Kombinationen zu unterschiedlichen Ergebnissen führen.

c) Ein Mitschüler bittet dich, ihm das Prinzip der Energieerhaltung anhand eines hüpfenden Balls zu erklären. Welche Ball-Boden-Kombination ist hierfür am besten geeignet? Begründe.

d) Dem Mitschüler wird bestimmt auffallen, dass der Ball nicht mehr ganz die ursprüngliche Höhe erreicht. Schreibe für ihn eine Erklärung, warum die Energie trotzdem erhalten bleibt.

Material A ▸ In der Halfpipe

A1 Im Bild rechts siehst du die Bildfolge eines Skaters in einer Halfpipe.

a) Beschreibe die Energieumwandlung während der Bewegung des Skaters.

b) Lässt man statt des Skaters einen Ball in der Halfpipe rollen, dann erreicht der Ball auf der anderen Seite nicht mehr ganz seine ursprüngliche Höhe. Erkläre, was mit der „verlorenen" Energie passiert ist.

c) Ein Skater kann den „Energieverlust" ausgleichen und sogar über die Höhe hinausgelangen, aus der er gestartet ist. Überlege, woher die erforderliche Energie kommt. Hast du eine Idee, wie der Skater das macht?

02 Ein Skater in der Halfpipe

VERSUCHE ▸ Energie – verschwunden und wieder gefunden!

In den folgenden Versuchen untersuchst du, wo die verschwundene Energie geblieben ist.

V1 ... beim Hinunterrutschen

Material:
schwerer Gegenstand (ca. 1 kg), Schnur

Durchführung:
Befestige den Gegenstand an der Schnur und hebe ihn hoch. Lass den Gegenstand anschließend wieder hinunter, indem du die Schnur durch die Hand rutschen lässt. Beschreibe deine Beobachtung. Erkläre, was beim Hinunterrutschen mit der Energie passiert.

V2 ... beim Verbiegen

Material:
Draht (z. B. ein Kleiderbügel aus der Reinigung)

Durchführung:
Biege den Draht an einer Stelle schnell mehrfach hin und her, sodass ein Knick entsteht. Halte die Knickstelle direkt danach ans Ohrläppchen oder an die Wange. Beschreibe, was du fühlst, und erkläre deine Beobachtung.

V3 ... beim Bremsen

Material:
Fahrrad

Durchführung:
Stelle dein Fahrrad mit den Rädern nach oben auf. Drehe das Hinterrad mithilfe des Pedals so schnell du kannst. Bringe anschließend das Rad mit der Hinterbremse zum Stehen. Berühre danach sofort Felge und Bremsbeläge. Beschreibe, was du fühlst, und erkläre deine Beobachtung.

Material A ▸ Achterbahn

A1 Die Black Mamba wurde 2010 zur besten Achterbahn Europas gekürt. Die Wagen rollen nach einer steilen Abfahrt über unterschiedlich hohe Hügel, durch Steilkurven und durch einen Looping. Das Bild unter dem Foto zeigt den Höhenverlauf einer etwas einfacheren Achterbahn.
a) An welcher Stelle erreichen die Wagen die größte Geschwindigkeit?
b) An welcher Stelle zwischen A und G ist die Geschwindigkeit der Wagen am kleinsten?

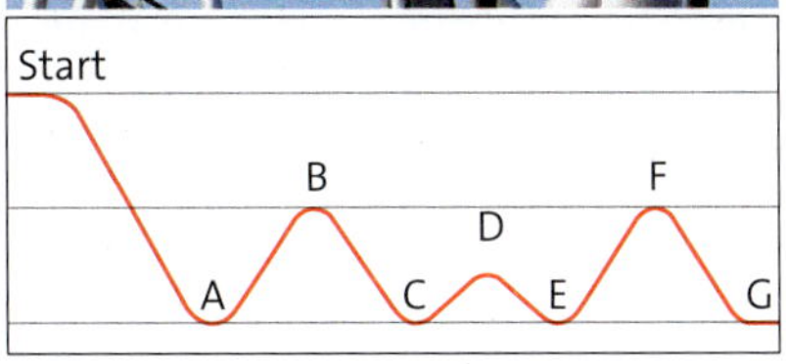

A2 Setze die im Bild rechts angegebenen Teile zu einer Achterbahn zusammen. Die Geschwindigkeitsangaben helfen dir, die richtige Reihenfolge der Teile zu finden.

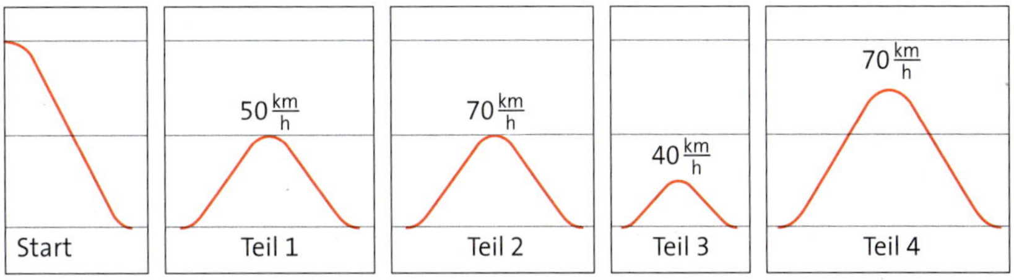

Material B ▸ „Energieverbrauch"

B1 Im Alltag spricht man oft von „Energieerzeugung", „Energieverbrauch" und „Energiesparen".
a) Erkläre, was damit aus physikalischer Sicht gemeint ist.
b) Erkundige dich, welche Geräte bei dir zu Hause viel Energie „verbrauchen". Gib die fünf vermutlich größten „Energieverbraucher" an.
c) Arbeitet zu zweit: Erstellt eine Liste mit Vorschlägen, wie ihr mit der Familie sinnvoll Energie „sparen" könnt.

BLICKPUNKT

Energie von der Sonne

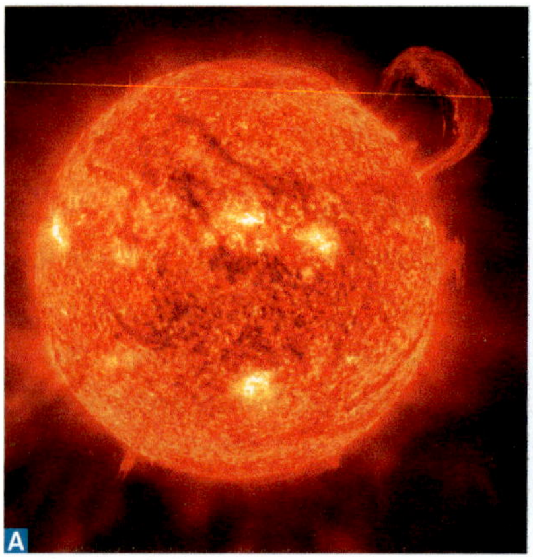

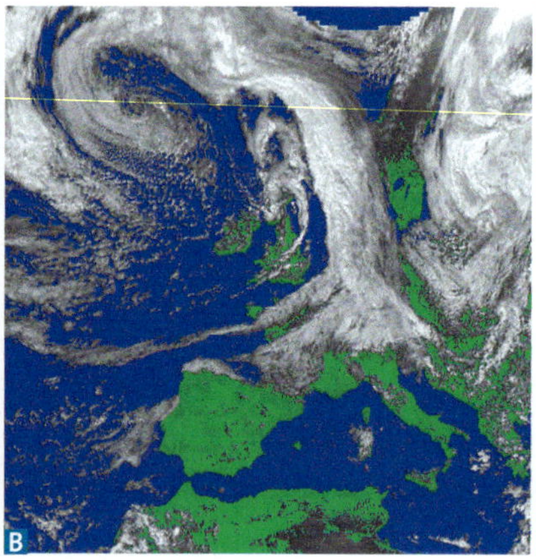

01 Die Energie der Sonne **(A)** treibt die Vorgänge in der Atmosphäre an **(B)** und lässt Pflanzen wachsen **(C)**.

Die Sonne ist eine riesige und extrem heiße Gaskugel. In ihrem Innern beträgt die Temperatur mehrere Millionen Grad Celsius. Von innen nach außen nimmt die Temperatur immer mehr ab. An der Oberfläche beträgt sie „nur" noch etwa 5500 °C. Aufgrund der hohen Temperatur strahlt die Sonne sehr viel Licht und Wärme ab. Auf die Erde trifft nur ein winziger Teil der Sonnenstrahlung. Die dadurch übertragene Energie schafft jedoch auf der Erde die passenden Bedingungen für das Leben.
Die Energie der Sonne bestimmt zum einen das Klima auf der Erde. Sie treibt die Vorgänge in der Lufthülle der Erde an, die für das Wetter verantwortlich sind. Zum anderen nutzen die Pflanzen die Energie des Sonnenlichts, um aus Kohlenstoffdioxid und Wasser energiereiche Stoffe und Sauerstoff herzustellen. Dadurch ist auch das Leben von Tieren und Menschen möglich.

Tag und Nacht · Die Erde dreht sich jeden Tag einmal um ihre Achse und wir drehen uns auf ihrer Oberfläche mit. Die Sonne können wir aber nur von der sonnenzugewandten Seite der Erde aus sehen. Deswegen erleben wir Tag und Nacht, Sonnenaufgang und Sonnenuntergang.
Außerdem verändert sich im Laufe eines Tages die Sonneneinstrahlung auf eine bestimmte Fläche auf der Erde. ▸ Bild 02 zeigt: Je tiefer die Sonne am Himmel steht, desto schräger fällt das Licht auf die Erdoberfläche. Damit verteilt sich die gleiche Menge Licht auf eine größere Fläche. Auf einen Quadratmeter Erdoberfläche fällt daher morgens und abends weniger Strahlung als mittags. Am Morgen und am Abend ist es daher kühler als mittags.

Jahreszeiten · Zusätzlich zur täglichen Drehung um ihre eigene Achse kreist die Erde innerhalb eines Jahres auch einmal um die Sonne. Allerdings steht die Drehachse der Erde nicht senkrecht zur Ebene der Umlaufbahn. Auf ihrer Bahn um die Sonne behält die Erde die Schrägstellung ihrer Achse bei. ▸ Bild 03 A zeigt die Situation jeweils zum Sommer-, Winter-, Herbst- und Frühlingsanfang auf der Nordhalbkugel.
Am 21. Juni, zum Sommeranfang, ist die Erdachse so geneigt, dass die nördliche Erdhalbkugel der Sonne zugewandt ist (▸ Bild 03 B). Die Sonnenstrahlung trifft dann schräger auf die Südhalbkugel als auf die Nordhalbkugel: Von der Erde aus gesehen steht die Sonne auf der Südhalbkugel also tiefer am Himmel als auf der Nordhalbkugel. Das bedeutet, dass weniger Energie auf die Südhalbkugel als auf die Nordhalbkugel gelangt: Auf der südlichen Halbkugel ist es Winter, auf der nördlichen

Sommer. Am 21. Dezember ist es umgekehrt (▸ Bild 03 C): Im Süden ist Sommer und im Norden Winter.

Nutzung der Sonnenenergie · Die Sonnenergie ist nicht nur unverzichtbar für das Leben auf der Erde, sie wird auch technisch genutzt. Solarzellen und Sonnenkollektoren verwerten die Energie der Sonne direkt: Solarzellen geben die Energie durch elektrischen Strom ab. In Sonnenkollektoren wird eine Flüssigkeit erhitzt und zum Heizen von Gebäuden und zum Erwärmen von Wasser genutzt. Wasserkraftwerke und Windenergieanlagen verwenden die Sonnenenergie indirekt. Denn sowohl der Kreislauf aus Verdunstung und Regen als auch die Luftströmungen werden durch die Energie der Sonnenstrahlung angetrieben.
Die Sonnenenergie und dadurch auch die Windenergie und die Energie des Wassers zählen zu den erneuerbaren Energien. Der Brennstoff Holz zählt ebenso zu den erneuerbaren Energiespeichern – vorausgesetzt, dem Wald wird nicht mehr Holz entnommen als nachwächst.
Zwar stammt die Energie der fossilen Brennstoffe Kohle, Erdöl und Erdgas letztlich auch von der Sonne, aber die Entstehung dieser Brennstoffe dauert Millionen von Jahren. Daher werden sie nicht zur erneuerbaren Energie gezählt.

Energieentwertung auf der Erde · Bei allen Vorgängen auf der Erde wird Energie entwertet, zum Beispiel wenn Sonnenstrahlung den Erdboden erwärmt oder wenn Wasser vom Gebirge zum Meer fließt. Müsste dann nicht die „wertvolle" Energie auf der Erde immer mehr abnehmen und die „wertlose" Energie immer mehr zunehmen? Zum Glück nicht.
Denn einerseits liefert die Sonne ständig nicht entwertete Energie nach, andererseits gibt die Erde ständig entwertete Energie in Form von Wärme in das Weltall ab. Dabei gibt die Erde genauso viel Energie ab, wie sie von der Sonne erhält (▸ Bild 04).

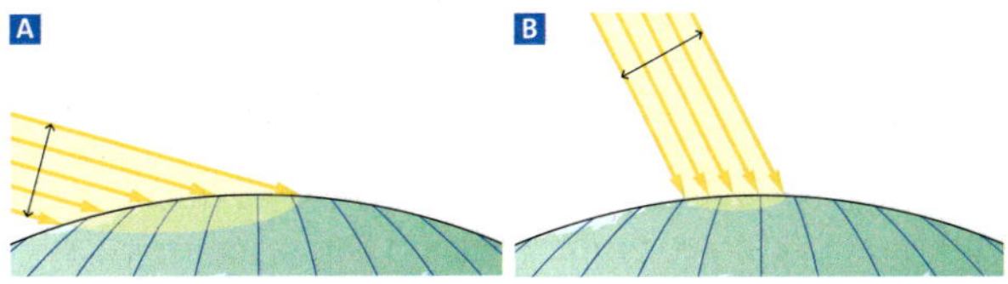

02 Abends **(A)** ist die Lichteinstrahlung schräger als mittags **(B)**.

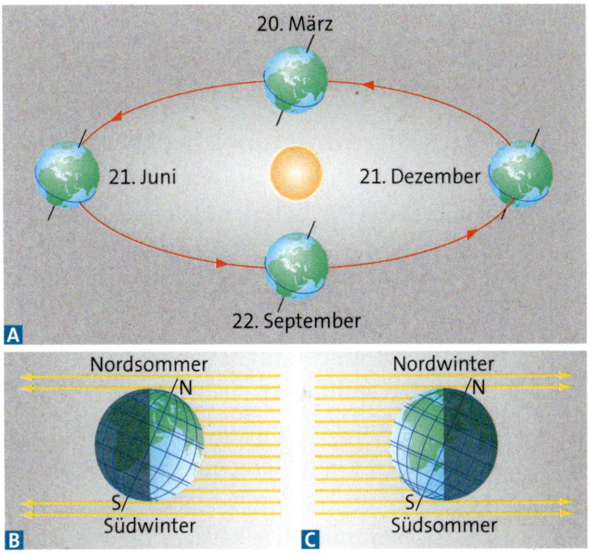

03 Entstehung der Jahreszeiten

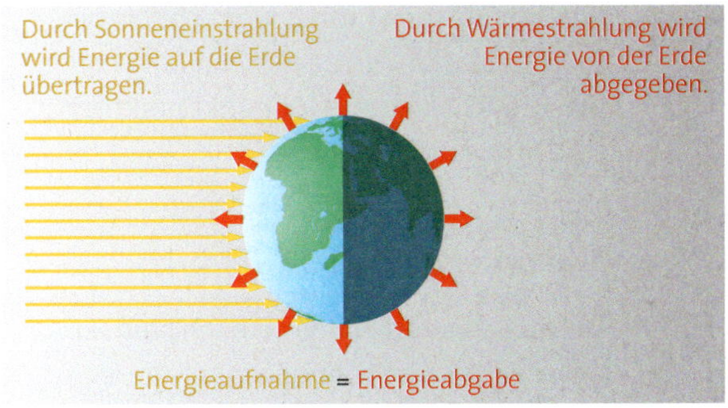

04 Die Erde erhält Energie durch die Sonnenstrahlung und gibt sie nach Entwertung durch Wärmestrahlung wieder ab.

1 Am Äquator gibt es keine Jahreszeiten. Erkläre anhand von ▸ Bild 03.

Teilchenmodell

Viele Eigenschaften der Stoffe können wir mit einer vereinfachten Vorstellung, dem **Teilchenmodell,** erklären:
- Alle Stoffe bestehen aus kleinen, beweglichen Teilchen.
- Ein Teilchen hat einen Durchmesser von etwa einem millionstel Millimeter.
- Zwischen den Teilchen befindet sich leerer Raum.

Temperatur

Temperaturen messen wir mit **Thermometern.** Die Einheit der Temperatur ist ein Grad Celsius (1 °C). **Fixpunkte** der Celsius-Skala sind die Schmelztemperatur von Eis (0 °C) und die Siedetemperatur von Wasser (100 °C).
Die tiefste Temperatur bezeichnet man als **absoluten Nullpunkt.** Sie liegt bei –273,15 °C. Dort beginnt die Temperaturskala nach Kelvin bei 0 K. Eine Temperaturangabe in K ist immer um 273,15 größer als in °C.
Im Teilchenmodell: Je heftiger sich die Teilchen bewegen, aus denen der Körper besteht, desto höher ist seine Temperatur. Kühlt man Stoffe immer weiter ab, so bewegen sich die Teilchen immer langsamer, bis sie am absoluten Nullpunkt praktisch zum Stillstand kommen.

Ausdehnung

Die meisten Körper dehnen sich beim Erwärmen aus. Die Volumenzunahme ist umso größer, je größer die Temperaturerhöhung und je größer das Anfangsvolumen ist. Sie hängt auch vom Stoff ab. Sinkt die Temperatur, so verringert sich das Volumen.
Im Teilchenmodell: Da sich die Teilchen bei höherer Temperatur heftiger bewegen, benötigen sie mehr Platz.

Wasser ist eine **Ausnahme:** Wasser dehnt sich bei Abkühlung unter 4 °C aus.

Aggregatzustände

Stoffe kommen in verschiedenen **Aggregatzuständen** vor: fest, flüssig oder gasförmig. Bei Zufuhr oder Abgabe von Wärme können Stoffe ihren Aggregatzustand ändern. Beim Schmelzen und Sieden nehmen die Körper Wärme auf, ohne dass sich ihre Temperatur dabei ändert.

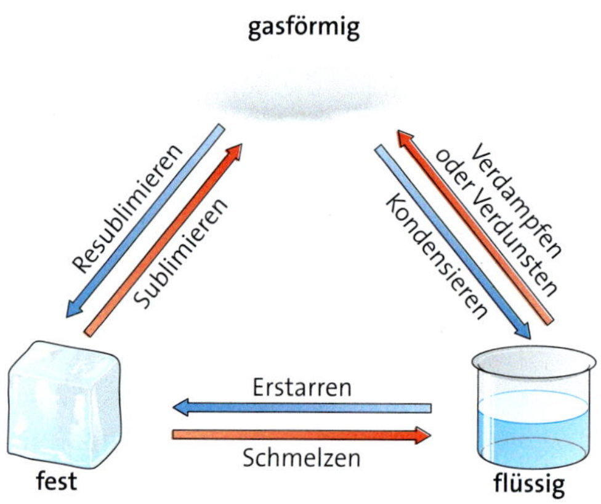

01 Übergänge zwischen den Aggregatzuständen

Wenn Flüssigkeiten unterhalb der Siedetemperatur bereits in den gasförmigen Zustand übergehen, nennt man das **Verdunsten.**
Im Teilchenmodell:
- In **Festkörpern** liegen die Teilchen dicht beieinander und haben einen starken Zusammenhalt.
- In **Flüssigkeiten** liegen die Teilchen ebenfalls dicht beieinander, sind aber leicht gegeneinander verschiebbar.
- In **Gasen** befinden sich die Teilchen in deutlich größerem Abstand voneinander ohne jeden Zusammenhalt.

Beim Schmelzen und Sieden wird die Wärme dazu verwendet, den Zusammenhalt zwischen den Teilchen zu schwächen.

Energieerhaltung

Menschen, Tiere und Pflanzen brauchen zum Leben Energie. Auch Maschinen und Geräte benötigen zum Betrieb Energie. Energiemengen gibt man in der **Einheit 1 Joule (1 J)** an. Energie kann nicht erzeugt werden und kann auch nicht verschwinden: **Die Energie bleibt erhalten.**

Energiespeicher

Energie kann gespeichert werden. Beispiele für **Energiespeicher** sind Nahrungsmittel, Treibstoffe, Batterien usw.
- **Fossile Energiespeicher,** wie Erdgas, Kohle oder Erdöl, werden versiegen.
- **Erneuerbare Energiespeicher** erhalten ihre Energie meist direkt oder indirekt von der Sonne.

Energieformen

Energie tritt in verschiedenen Formen auf:
- **Bewegungsenergie:** In der Bewegung eines Körpers steckt Energie. Je schneller sich ein Körper bewegt, desto größer ist seine Energie.
- **Lageenergie:** In der Lage eines Körpers steckt Energie. Je höher er sich befindet, desto größer ist seine Energie.
- **Spannenergie:** Ein elastisch verformter Körper hat Energie. Die Energie steckt in der Verformung des Körpers. Je stärker er verformt ist, desto größer ist seine Energie.
- **Thermische Energie:** Ein Körper besitzt Energie aufgrund seiner **Temperatur.** Je höher die Temperatur des Körpers ist, desto größer ist seine Energie.

Energiewandler können Energie von einer Form in eine andere umwandeln.

Energieübertragung

Energieübertragung kann man übersichtlich in einer **Energieumwandlungskette** darstellen.

Bei jeder Energieumwandlung wird ein Teil der Energie als **Wärme** an die Umgebung abgegeben. Die Energie bleibt dabei zwar erhalten, kann aber für den ursprünglichen Zweck nicht wieder eingesetzt werden. Wir sagen, die Energie ist **entwertet.**

Energie kann unter anderem in Form von Wärme übertragen werden. Dabei breitet sich die Wärme immer von Stellen höherer zu Orten niedrigerer Temperatur aus. Der **Wärmetransport** funktioniert umso besser, je größer die Temperaturunterschiede sind.
- **Wärmemitführung:** Wärme wird durch bewegte Körper mitgeführt.
- **Wärmeleitung:** Wärme wird innerhalb eines Körpers transportiert, ein Stofftransport findet aber nicht statt.
- **Wärmestrahlung:** Wärme wird unabhängig von Stoffen über Strahlung transportiert. Dunkle Flächen absorbieren Wärmestrahlung besser als helle.

02 Energieumwandlungskette: Energiewandler sind rot, Energiespeicher grün markiert.

A ▸ Aggregatzustände und Teilchenmodell

Kann ich ...

1 erklären, was man unter einem Modell versteht?

2 die Annahmen, die das Teilchenmodell macht, aufzählen?

3 die Funktionsweise eines Flüssigkeitsthermometers erklären?

4 die Fixpunkte der Celsius-Skala und den absoluten Nullpunkt angeben?

5 die Ausdehnung von Stoffen beim Erwärmen mit dem Teilchenmodell erklären?

6 die einzelnen Aggregatzustände und die Namen der Übergänge benennen?

7 die Aggregatzustände mit dem Teilchenmodell beschreiben und erklären?

8 die Bedeutung des Begriffs „Verdunsten" erklären?

9 mit dem Teilchenmodell erklären, warum sich bei der Änderung des Aggregatzustands die Temperatur nicht ändert?

10 aus Messwerten ein Diagramm zeichnen?

11 Diagrammen physikalische Aussagen entnehmen?

B ▸ Energie

Kann ich ...

1 erklären, wozu Lebewesen und Maschinen Energie benötigen und woher sie diese erhalten?

2 verschiedene Energiespeicher nennen?

3 die Übertragung von Energie anhand von Vorgängen aus meiner Umwelt erläutern?

4 Energieumwandlungsketten mit Worten und in einem Diagramm beschreiben?

5 unterschiedliche Energieformen in Alltagssituationen erkennen und benennen?

6 das Prinzip der Energieerhaltung an Beispielen erläutern?

7 anhand von Beispielen erläutern, was man unter Energieentwertung versteht?

8 angeben, welche Bedeutung die Temperatur für den Wärmetransport hat?

9 die Unterschiede zwischen Wärmemitführung, Wärmeleitung und Wärmestrahlung an Beispielen verdeutlichen?

10 erläutern, welche Rolle die Wärmemitführung bei der Abkühlung von Körpern spielt?

Alles, was du über Physik herausfindest und lernst, lässt sich nach verschiedenen übergreifenden Aspekten ordnen. Diese nennen wir „Basiskonzepte“. Sie helfen dir, dein Wissen über Physik besser zu sortieren und auf neue Sachverhalte anzuwenden. Wir betrachten hier folgende Basiskonzepte: Energie, System, Wechselwirkung und Struktur der Materie. Mehr zu den Basiskonzepten erfährst du am Ende des Buches.

Wechselwirkung

- Wenn zwei Körper unterschiedlicher Temperatur in Kontakt kommen, dann sinkt die Temperatur des wärmeren Körpers, die des kälteren steigt.

Struktur der Materie

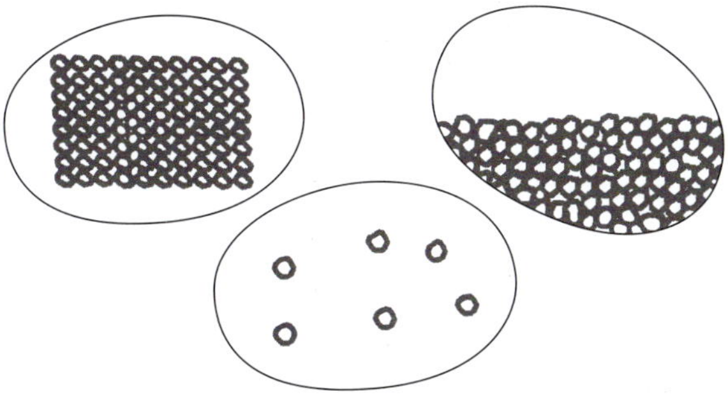

- Ändert sich die Temperatur eines Körpers, dann dehnt er sich aus oder zieht sich zusammen.
- Wir unterscheiden verschiedene Aggregatzustände: fest, flüssig oder gasförmig.
- Wenn Stoffe Energie aufnehmen oder abgeben, können sie ihre Aggregatzustände ändern.
- Im Teilchenmodell: Stoffe bestehen aus winzigen Teilchen. Je höher die Temperatur eines Stoffes ist, desto heftiger bewegen sich seine Teilchen.
- Je nach Aggregatzustand sind die Teilchen unterschiedlich angeordnet und ihr Zusammenhalt ist unterschiedlich stark.

Energie

- An allen Vorgängen ist Energie beteiligt.
- Energie kann weder erzeugt noch vernichtet werden. Aber bei jedem Vorgang wird Energie entwertet.
- Alle Körper besitzen Energie aufgrund ihrer Temperatur.

System

- Die Zentralheizung ist ein System. Viele Bauteile sorgen in ihrem Zusammenspiel dafür, dass es in deinem Zimmer im Winter warm ist.
- Sonne und Erde bilden ein System: Tag, Nacht, Jahreszeiten und die Temperatur auf der Erdoberfläche hängen vom Stand der Sonne ab.

1 Ordne den Basiskonzepten weitere Inhalte aus dem vorangegangenen Kapitel zu.

Magnetismus und Elektrizität im Alltag

In diesem Kapitel beschäftigst du dich mit

- Magneten, die du aus dem Alltag kennst, und erfährst einiges über ihre Eigenschaften. Du lernst ein Modell kennen, das die grundlegenden Eigenschaften von Magneten veranschaulicht.

- den Feldern von Magneten. Du erfährst, dass auch die Erde ein Magnetfeld hat und dass man sich daran orientieren kann.

- den Bestandteilen eines elektrischen Stromkreises. Du erfährst, wann Strom fließt und welche Stoffe den elektrischen Strom leiten. Du beschäftigst dich mit den Wirkungen des elektrischen Stroms und wie diese in technischen Geräten genutzt werden.

- einfachen elektrischen Schaltungen. Du lernst, sie selbstständig aufzubauen und zu verstehen. Du erfährst, wie sie in technischen Geräten angewendet werden.

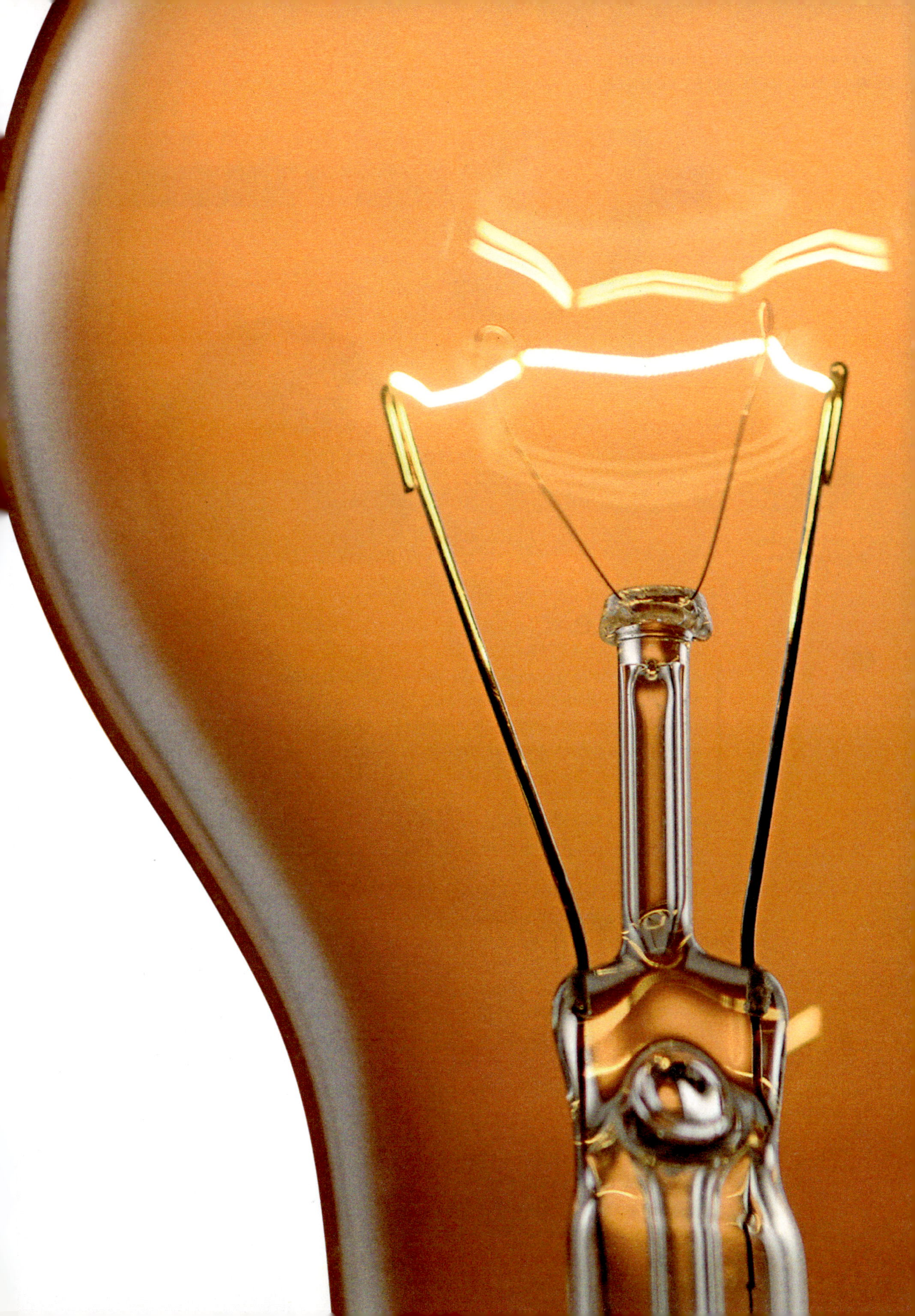

01 Modellauto bei „Kopfüber"-Fahrt

Magnete

An der Unterseite von Noahs Auto kleben Magnete. Nun kann es auch kopfüber an einem Eisenträger entlangfahren. An einem Aluminiumträger klappt das aber nicht. Was steckt dahinter?

MAGNETE WIRKEN ANZIEHEND · Du kannst leicht herausfinden, welche Körper ein Magnet anzieht. Hierzu benötigst du einen Magneten und verschiedene Gegenstände. Wenn du den Magneten nacheinander an verschiedene Gegenstände hältst, dann stellst du fest: Der Magnet zieht nur Körper an, die bestimmte Materialien enthalten. So haftet eine Eisenschraube am Magneten, nicht aber eine Glasmurmel. Nur Körper, die Eisen, Nickel oder Kobalt enthalten, werden angezogen. Man bezeichnet diese Körper auch als **ferromagnetisch.**

ferromagnetisch von ferrum (lat.): Eisen

Magnete wirken auf Körper, die Eisen, Nickel oder Kobalt enthalten.
Körper aus solchen Materialien nennt man ferromagnetisch.

Das Auto kann also nur an ferromagnetischen Trägern kopfüber entlangfahren, aber beispielsweise nicht an einem Aluminiumträger.

WER ZIEHT WEN AN? · Du fragst dich vielleicht: Ziehen die Magnete am Modellauto den Eisenträger an oder zieht der Eisenträger die Magnete an?
Wir klären diese Frage mit einem Experiment. Hierzu legen wir einen Stabmagneten und eine ferromagnetische Spielzeugmaus jeweils auf einen Wagen. Zunächst nähern wir den Magneten vorsichtig der Maus. Wir beobachten, dass sich die Maus auf den Magneten zubewegt (▸ Bild 02A).
Wenn wir nun umgekehrt die Maus dem Magneten nähern, dann bewegt sich der Magnet auf die Maus zu (▸ Bild 02B). Der Magnet zieht also die Spielzeugmaus an, die Maus aber auch den Magneten.

Ein Magnet und ein ferromagnetischer Körper ziehen sich gegenseitig an.

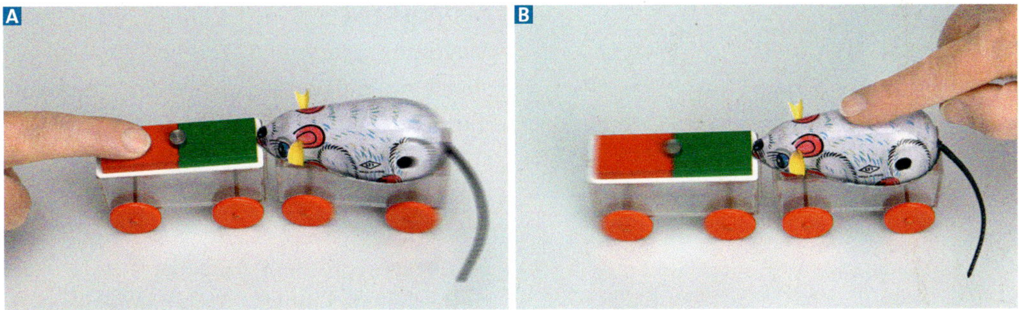

02 Wechselwirkung:
A Die Spielzeugmaus wird bei Annäherung vom Magneten angezogen.
B Der Magnet wird bei Annäherung von der Spielzeugmaus angezogen.

ALLTÄGLICHE BEGLEITER · Die gegenseitige Anziehung von Magneten und ferromagnetischen Körpern nutzen wir in vielen Lebensbereichen. Du findest Magnete an der Hafttafel im Klassenraum, aber auch in vielen Geräten: Bei Kühlschränken sorgen Magnetbänder in den Dichtungen dafür, dass die Tür verschlossen bleibt. Du kannst mit einem Magneten auch Zettel an die Kühlschranktür heften. In der Küche und im Werkraum sorgen Magnetschienen für Ordnung: Messer oder Werkzeuge lassen sich wie in ▸ Bild 03 sehr übersichtlich daran aufhängen.
Du findest Magnete auch in Magnetbaukästen oder an Spielzeugen wie in ▸ Bild 04.

MAGNETE HABEN POLE · Wirken eigentlich alle Stellen eines Magneten gleich stark auf ihre Umgebung? Diese Fragen kannst du mit einem Versuch wie in ▸ Bild 05 klären: Lege einen Stabmagneten in eine mit Nägeln gefüllte Box und hebe ihn dann wieder langsam an. Zahlreiche Nägel haften am Magneten – das gilt besonders für die Enden des Magneten. In der Mitte des Magneten haftet kaum ein Nagel.
Noch genauer kannst du dies untersuchen, indem du mit einem einzelnen Nagel am Magneten entlangfährst. Genau in der Mitte des Magneten wird der Nagel überhaupt nicht angezogen. Aber zu den Enden hin wird die Wirkung allmählich größer.

Auch anders geformte Magnete haben Stellen, an denen ihre magnetische Wirkung besonders groß ist. Die Stellen der stärksten Anziehung eines Magneten heißen Pole.

/// An den Polen eines Magneten ist seine Wirkung am größten.

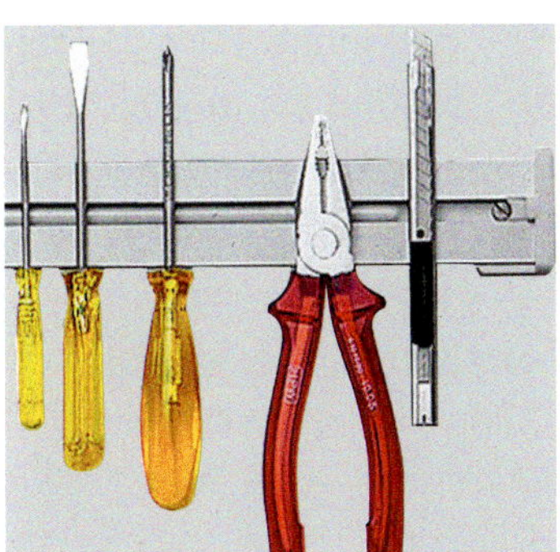

03 Werkzeuge an der Magnetschiene

04 Eisenbahn mit Magnetkupplungen

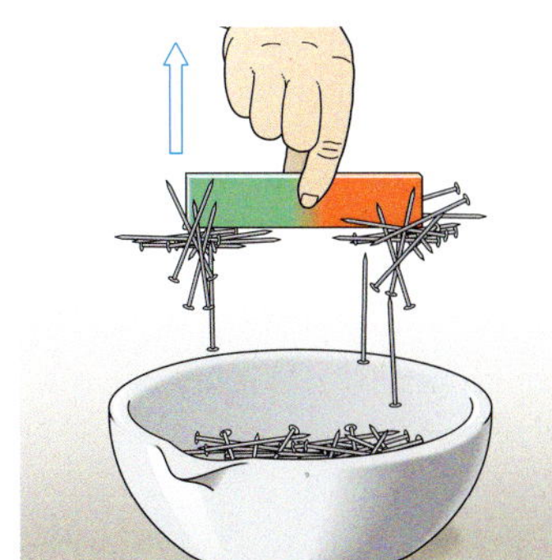

05 Nägel haften am Magneten.

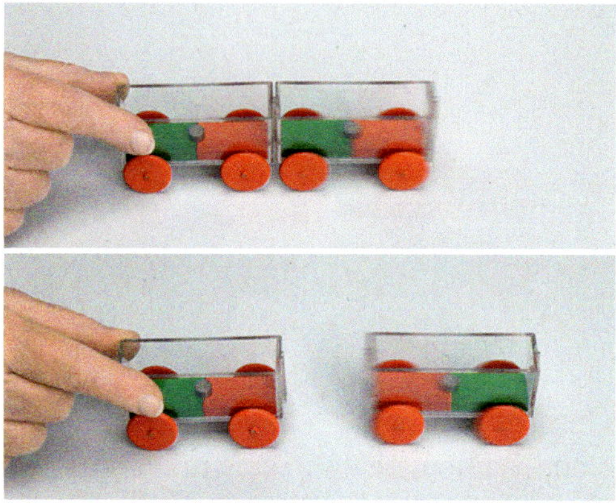

01 Magnete auf Wagen

02 Magnetnadel

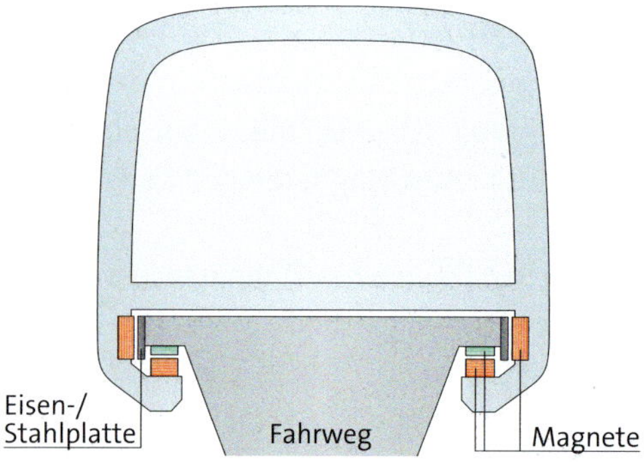

03 Prinzip einer Magnetschwebebahn

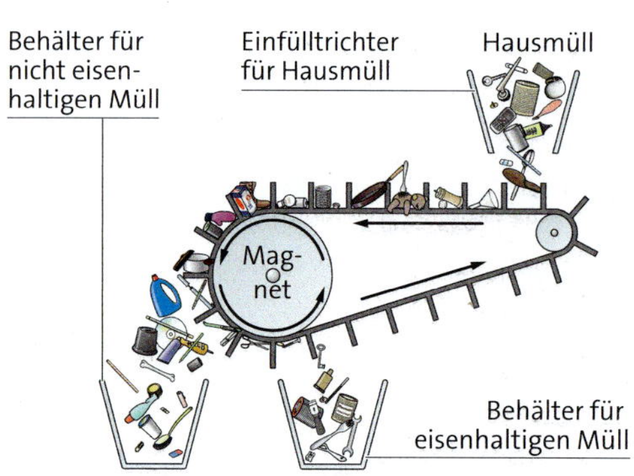

04 Müllsortiermaschine

DIE POLREGEL · Was geschieht, wenn zwei Magnete zusammenkommen? In ▸ Bild 01 siehst du mögliche Versuchsanordnungen, mit deren Hilfe wir diese Frage beantworten können. Beide Magnete liegen jeweils auf einem Wagen. Ihre Pole sind farblich gekennzeichnet.
Im oberen Foto liegt zunächst der rot markierte Pol des linken Stabmagneten dem grün markierten Pol des rechten Stabmagneten gegenüber. Wir beobachten, dass sich die beiden Magnete aufeinander zubewegen: Sie ziehen sich also gegenseitig an.
Im unteren Teil von ▸ Bild 01 liegen sich gleichfarbige Pole gegenüber. Die beiden Magnete stoßen einander ab!

Jeder der beiden Magnete hat also offenbar zwei unterschiedliche Pole. Sie werden als **magnetischer Südpol** und **magnetischer Nordpol** bezeichnet. Man kennzeichnet den magnetischen Südpol in der Regel grün und den magnetischen Nordpol rot.

Jeder Magnet hat zwei unterschiedliche Magnetpole.
Polregel: Gleiche Pole stoßen sich ab, ungleiche Pole ziehen sich an.

Im ▸ Bild 02 siehst du eine drehbare Magnetnadel. Die Nadel verhält sich wie ein Stabmagnet und stellt sich immer nach der Polregel ein. So lässt sich mit der Magnetnadel herausfinden, wo die Pole eines magnetisierten Körpers liegen.

1 Erläutere, wie die Magnetschwebebahn in ▸ Bild 03 über dem Fahrweg schweben kann.

2 Eine Firma entwickelt eine Müllsortiermaschine. Erläutere, wie die Maschine in ▸ Bild 04 funktioniert.

VERSUCHE ▸ Magnete

In den folgenden Versuchen untersuchst du die Wirkung eines Magneten auf verschiedene Gegenstände.

V1 Welche Münzen werden angezogen?

Material:

Magnet, verschiedene Gegenstände

Durchführung:

Teste selbst, welche Münzen vom Magneten angezogen werden. Lege hierzu eine Tabelle an. Finde auch heraus, aus welchem Material die jeweilige Münze besteht.

Münze	Material	Wird angezogen
2 Euro		
1 Euro		
1 Cent	Eisen, Kupfer	Ja

V2 Finde den Magneten!

Material:

Stabmagnet und ein gleich aussehender Eisenstab

Durchführung:

Vor dir liegen zwei völlig gleich aussehende Stäbe. Nur einer der Stäbe ist ein Magnet. Der andere besteht aus Eisen. Entwickle mit deinem Nachbarn einen Versuch, um ohne Hilfsmittel herausfinden, welcher der beiden Stäbe der Magnet ist.

V3 Ironman-Frühstück

Material:

eisenhaltige Cornflakes, Plastikbeutel, Plastikschüssel, starker Magnet, heißes Wasser, Löffel oder Stößel

Durchführung:

Überprüfe, ob die Cornflakes tatsächlich mit Eisen angereichert sind. Zerstampfe die Cornflakes mit dem Stößel in einer Schüssel und fülle das Cornflakespulver in den Plastikbeutel. Gib Wasser dazu und lasse die Mischung 20 Minuten stehen. Kippe den verschlossenen Beutel dann vorsichtig auf die Seite. Was beobachtest du, wenn du nun mehrmals langsam mit einem Pol des Magneten an der Unterseite des Beutels entlangstreichst? Erkläre deine Beobachtung.

Material A ▸ Magnete

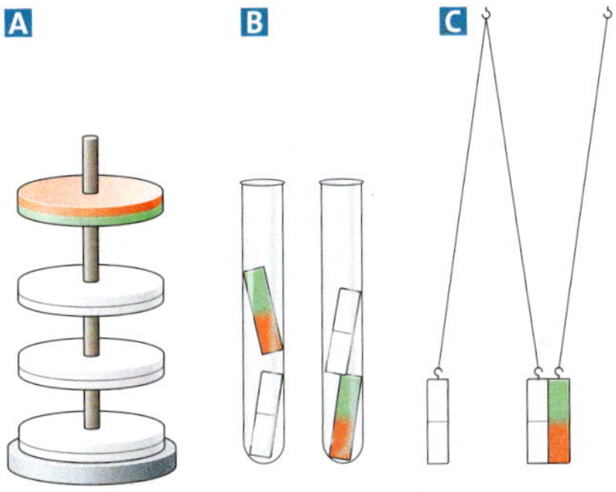

A1 **a)** Übertrage die Abbildung links in dein Heft und zeichne die fehlenden Pole ein.
b) Ergänze über den Magneten in Abbildungsteil B jeweils einen zusätzlichen Magneten (Südpol unten). Achte auf die Abstände.
c) Nun werden die Glasröhrchen einander angenähert. Erläutere die Auswirkungen.

A2 Max hängt einen Magneten an den Ausleger seines Spielzeugkrans. „Nun zieht der Magnet den Wagen aus Eisen an. Der Wagen fährt jetzt ohne weiteren Antrieb, oder? Ein Magnetomobil!“
a) Fährt das Magnetomobil wirklich? Stelle eine begründete Vermutung auf.
b) Überprüfe im Experiment.

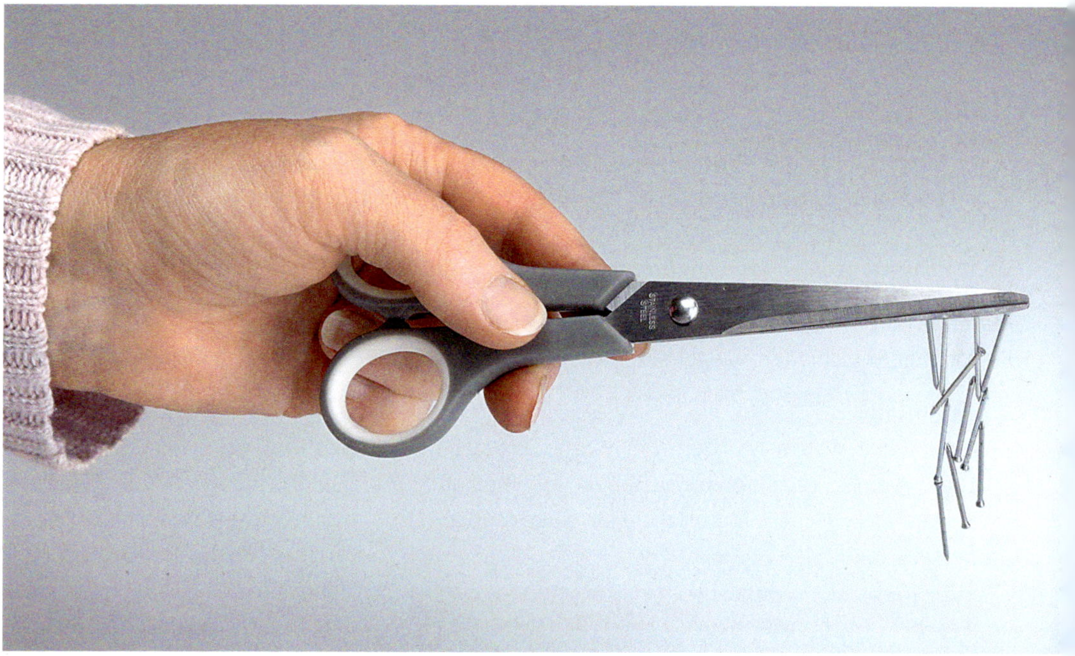

01 Eisennägel werden von einer Schere angezogen.

Magnetisieren und Entmagnetisieren

Die Schere ist beim Hantieren mit einem Magneten selbst zu einem Magneten geworden. Nun kannst du mit der Schere mehrere Eisennägel anziehen und anheben. Wie ist es dazu gekommen?

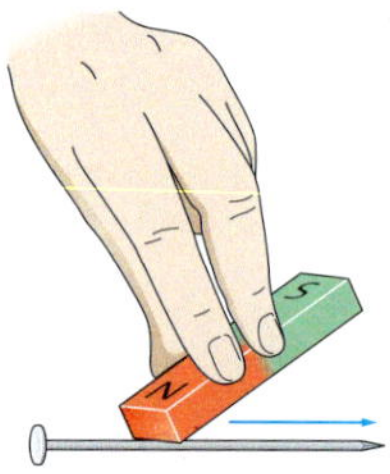

02 Ein Nagel wird magnetisiert.

MAGNETISIEREN · Vermutlich ist die Schere durch Berührung mit einem Magneten selbst zum Magneten geworden. Um zu überprüfen, ob man einen Körper auf diese Weise magnetisieren kann, streichen wir wie in ▸ Bild 02 mit einem Pol eines Stabmagneten über einen langen Eisennagel. Anschließend wirkt der Nagel wie ein Magnet und zieht z. B. Büroklammern aus Metall an. Die gleiche Wirkung lässt sich erzeugen, indem man den Nagel über einen Pol des Magneten zieht. Auch andere Gegenstände aus Eisen, Nickel und Kobalt lassen sich so magnetisieren.

Ferromagnetische Körper kann man magnetisieren, indem man sie mit einem Pol eines Magneten überstreicht.

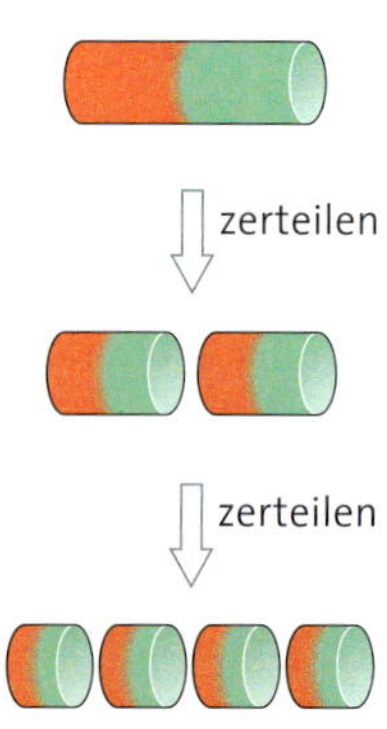

03 Die Teistücke des Nagels sind vollständige Magnete.

GIBT ES MAGNETE MIT NUR EINEM POL? · Die Magnete, die du kennst, haben einen Nordpol und einen Südpol. Der Nagel wurde aber nur mit *einem* der magnetischen Pole berührt. Hat der Nagel dadurch auch nur *einen* Pol erhalten? Wir überprüfen dies mit einer kleinen, drehbaren Magnetnadel. Der unterschiedliche Ausschlag der Magnetnadel zeigt: Der Nagel hat am einen Ende einen Nord- und am anderen Ende einen Südpol.
Lassen sich die Pole voneinander trennen? Um das herauszufinden, zerteilen wir den magnetisierten Nagel. Die Untersuchung mit der Magnetnadel zeigt: Beide Bruchstücke haben jeweils einen magnetischen Nord- und einen Südpol. Egal wie oft wir das Zerteilen wiederholen, jedes noch so kleine Bruchstück ist wieder ein vollständiger Magnet mit Nord- und Südpol (▸ Bild 03).

Es gibt keinen Magneten mit einem einzelnen magnetischen Pol. Beim Zerteilen eines Magneten entstehen jeweils neue Magnete mit Nord- und Südpol.

DAS ELEMENTARMAGNETEMODELL · Wir führen unseren Versuch in Gedanken fort: Wenn wir die Bruchstücke immer weiter zerteilen, dann erhalten wir in diesem Gedankenexperiment immer kleinere Magnete. Die kleinstmöglichen Magnete nennen wir **Elementarmagnete.** Nach diesem **Modell** stellen wir uns vor, dass ein Magnet aus sehr vielen dieser Elementarmagnete besteht. Die Elementarmagnete haben jeweils einen festen Platz, können sich aber drehen.
Wenn ein Eisennagel nicht magnetisiert ist, dann zeigen die Elementarmagnete in beliebige Richtungen wie in ▸ Bild 04 A. Hierdurch heben sich ihre Wirkungen nach außen hin auf. Anders verhält es sich bei einem magnetisierten Nagel: Seine Elementarmagnete befinden sich an den gleichen Stellen wie zuvor. Sie weisen jetzt aber alle in dieselbe Richtung (▸ Bild 04 B).
Mit diesem Modell können wir auch erklären, was beim Durchbrechen des magnetisierten Nagels geschieht: Wenn wir den Nagel durchbrechen, bleiben die Elementarmagnete wie in ▸ Bild 05 geordnet. An den Bruchstellen finden sich daher wieder magnetische Pole.
Kann unsere Modellvorstellung auch erklären, was beim Magnetisieren und Entmagnetisieren geschieht?

MAGNETISIEREN IM MODELL · In unserem nicht magnetisierten Eisennagel sind die Elementarmagnete zunächst ungeordnet. Wie in ▸ Bild 04 A zeigen sie in alle möglichen Richtungen. Nach außen ist keine magnetische Wirkung festzustellen. Erst wenn man mit einem Magneten über den Eisennagel streicht, dann richten sich die Elementarmagnete gleichsinnig aus: Alle Nordpole der Elementarmagnete zeigen nach rechts, alle Südpole zum anderen Ende. Dadurch addieren sich die Wirkungen der Elementarmagnete. Nur an den Enden bilden sich so die magnetischen Pole. Dadurch hat der Nagel an einem Ende einen Nordpol, am anderen einen Südpol erhalten. Der Nagel ist jetzt magnetisiert.

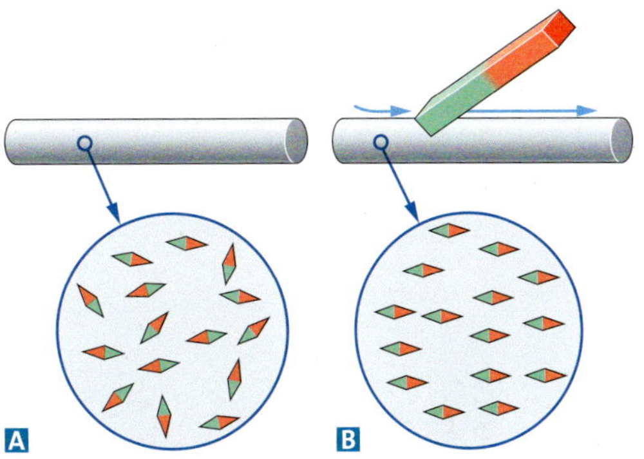

04 Modelle eines nicht magnetisierten und eines magnetisierten ferromagnetischen Körpers

Nach dem Modell der Elementarmagnete stellt man sich die Magnetisierung eines ferromagnetischen Körpers als einheitliche Ausrichtung der Elementarmagnete vor.

1 Nina und Marc magnetisieren einen Eisennagel. Marc behauptet: „Je öfter ich den Nagel über einen Magnetpol streiche, desto magnetischer wird der Nagel." Nina meint: „Einmal reicht!" Führe den Versuch mit deinem Nachbarn durch. Begründet euer Ergebnis im Modell.

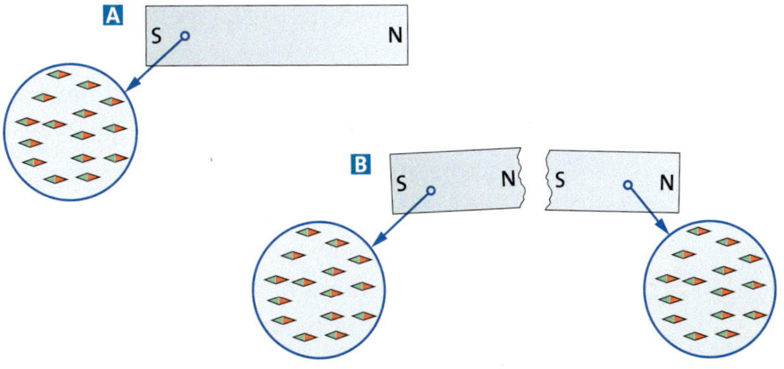

05 Durchbrechen eines magnetisierten Nagels im Modell

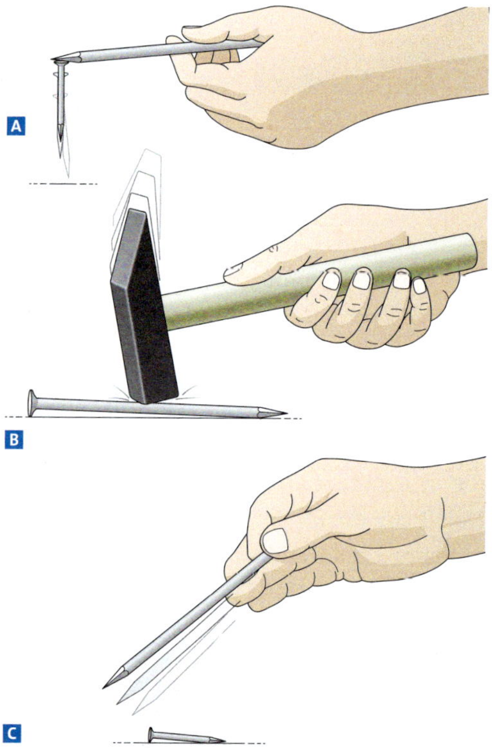

01 Entmagnetisieren durch Erschüttern

ENTMAGNETISIEREN IM MODELL · Bei einem magnetisierten Eisennagel sind nach unserer Modellvorstellung die Elementarmagnete des Eisennagels alle einheitlich ausgerichtet. Wenn wir den Nagel entmagnetisieren wollen, müssen wir die Elementarmagnete in Unordnung bringen. Aber wie schaffen wir das?

Wir versuchen es mit heftigen Erschütterungen. Hierzu legen wir den magnetisierten Nagel auf eine feste Unterlage, zum Beispiel ein Holzbrett, und schlagen mit einem Hammer mehrmals auf den Nagel. Anschließend testen wir wie in ▸ Bild 01C, ob der Nagel noch magnetisch ist. Nach einigen Schlägen hat der Nagel seine magnetische Wirkung verloren. Nach unserem Modell weisen die Elementarmagnete nun wieder in beliebige Richtungen. Ihre magnetischen Wirkungen heben sich nach außen hin auf und es gibt keine magnetischen Pole mehr.

Achtung: Verletzungsgefahr!

Gibt es noch eine weitere Möglichkeit, den Nagel zu entmagnetisieren?

Du weißt bereits, dass sich die Teilchen eines Stoffs nach dem Teilchenmodell bei hohen Temperaturen heftiger bewegen als bei Zimmertemperatur. Entmagnetisiert die heftigere Bewegung auch unseren Eisennagel?

Um dies zu klären, erhitzen wir den magnetisierten Nagel längere Zeit in der Flamme eines Bunsenbrenners. Die anschließende Prüfung mit der Magnetnadel zeigt: Wir haben eine weitere Möglichkeit gefunden, den Nagel zu entmagnetisieren.

In unserer Modellvorstellung werden durch das Erhitzen des Nagels die Elementarmagnete in Unordnung gebracht. Sie weisen anschließend in beliebige Richtungen.

Ein ferromagnetischer Körper wird durch Erschütterungen oder Erhitzen entmagnetisiert. Hierdurch werden die Elementarmagnete in seinem Inneren in Unordnung gebracht.

1 „Magnetpapier" hat eine speziell beschichtete Rückseite. Dadurch haftet es auf ferromagnetischen Flächen. Man benutzt das Papier, um damit Hinweis- und Werbeschilder zu drucken und anschließend an magnetisierbaren Flächen anzubringen. Tintenstrahldrucker sprühen beim Drucken winzige Tröpfchen auf die Papierschicht. Laserdrucker dagegen fixieren die Schrift- oder Bildpartikel bei hohen Temperaturen. Erkläre, warum man Magnetpapier nicht mit Laserdruckern bedrucken soll.

2 „Bitte die Magnete nicht fallen lassen!" Begründe diese Regel mithilfe des Modells der Elementarmagnete.

VERSUCHE ▸ Magnetisieren und Entmagnetisieren

In den folgenden Versuchen untersuchst du, wie Magneten aufeinander einwirken.

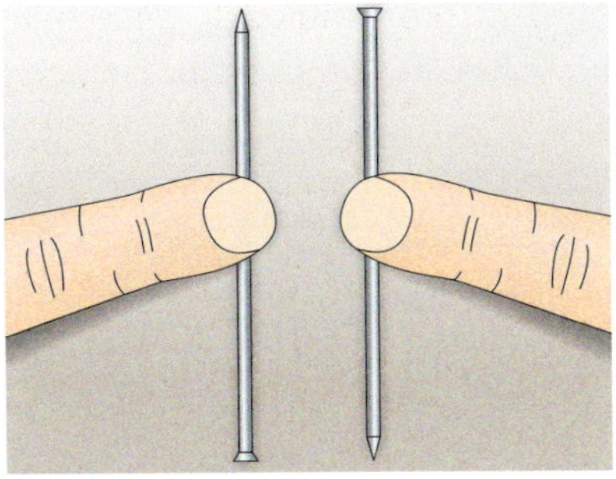

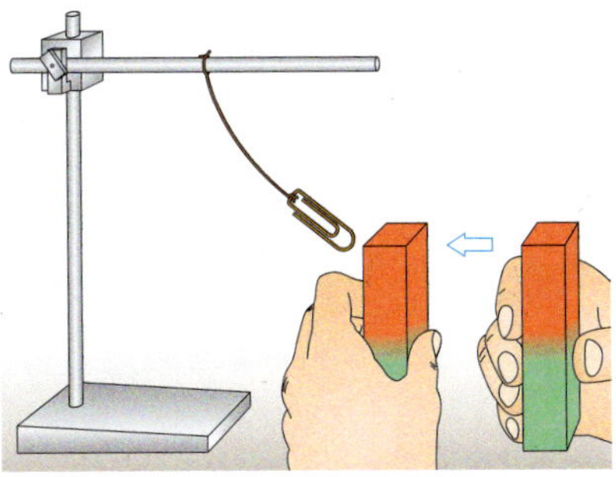

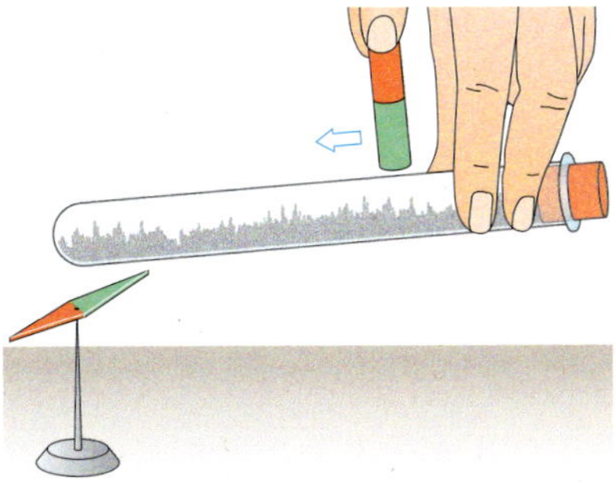

V1 Magnetisiere Eisennägel

Material:
zwei Nägel aus Eisen mit möglichst kleinem Kopf, Magnet

Durchführung:
Magnetisiere die beiden Nägel. Nun schiebe die Nägel wie im Bild langsam aufeinander zu. Wenn die Nägel nur noch einen Zentimeter voneinander entfernt sind, nimm beide Finger weg und überlasse die Nägel sich selbst. Wiederhole den Versuch, nachdem du einen der Nägel umgedreht hast.

a) Erkläre die Magnetisierung der Nägel mit dem Modell der Elementarmagnete.

b) Nenne und erkläre deine Beobachtung.

V2 Büroklammer am Faden

Material:
zwei Stabmagnete, Stativ, an einem Faden aufgehängte Büroklammer

Durchführung:
Nähere die an einem Faden hängende Büroklammer zunächst einem Stabmagneten. Die Klammer soll wie im Bild angezogen werden, ohne den Magneten zu berühren. Nun schiebe langsam den zweiten Stabmagneten an den ersten Magneten heran und beobachte die Wirkung. Wiederhole den Versuch. Drehe den zweiten Magneten diesmal um.
Beschreibe und erkläre, was du gesehen hast.

V3 Ein Modell zum Anfassen

Material:
Reagenzglas, Eisenfeilspäne, Kompassnadel, Stabmagnet

Durchführung:
Fülle das Reagenzglas mit Eisenfeilspänen und verschließe es.

a) Magnetisiere den Inhalt des Reagenzglases. Überprüfe die Magnetisierung mit der Kompassnadel.

b) Schüttle nun das Reagenzglas und überprüfe erneut mit der Magnetnadel.

c) Stelle in einer Tabelle dar,
- was dieses Modell gut veranschaulicht,
- wo du Grenzen des Modells siehst.

Präsentiere deine Ergebnisse.

Material A ▸ Magnetisieren und Entmagnetisieren

A1 Jans Hausschlüssel ist durch das schwere Gitter des Abtreters gefallen. Jan kann das Gitter nicht anheben. Ein Magnet passt nicht durch die Löcher des Gitters. Erläutere, wie Jan seinen Schlüssel dennoch mit einem Magneten und einem langen Schraubendreher zurückbekommen kann.

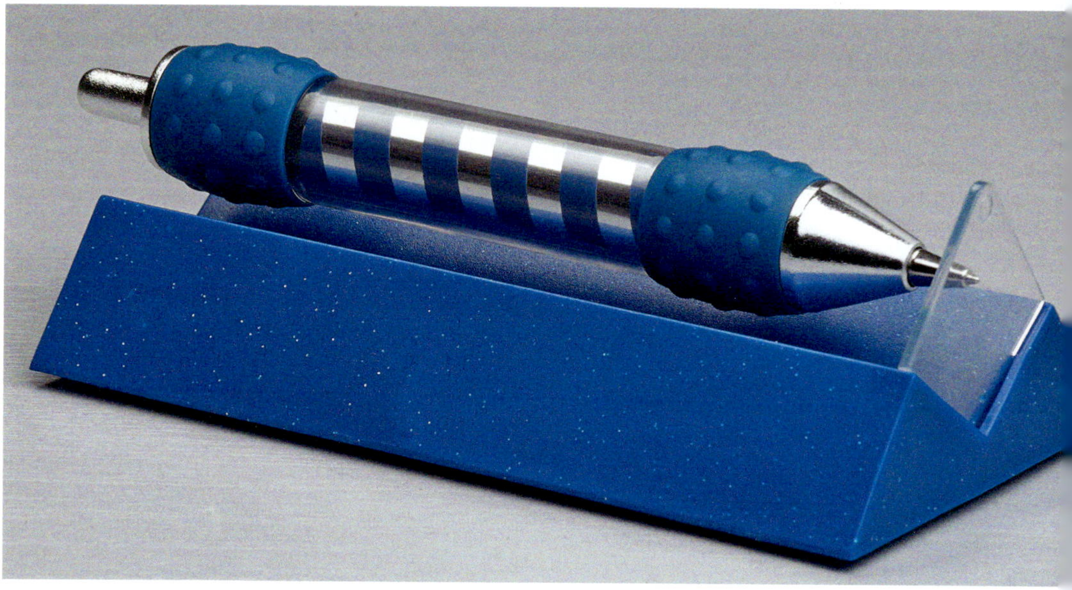

01 Warum schwebt der Stift?

Das Magnetfeld

Der Stift schwebt frei über der schwarzen Unterlage. Auf den ersten Blick ist das überraschend. Aber vielleicht vermutest du es schon: In der Unterlage und im Stift befinden sich Magnete. Wirken Magnete auch über diese Entfernung hinweg?

WIRKUNG OHNE DIREKTEN KONTAKT · Wir untersuchen genauer, über welche Entfernung Magnete aufeinander wirken. Dazu legen wir einen Stabmagneten auf einen Wagen und nähern ihm vorsichtig einen zweiten Stabmagneten. Bereits in einiger Entfernung, also lange bevor sich die Magnete berühren, beobachten wir die magnetische Wirkung: Entsprechend der Polregel wird der Wagen mit dem Magneten angezogen oder abgestoßen.

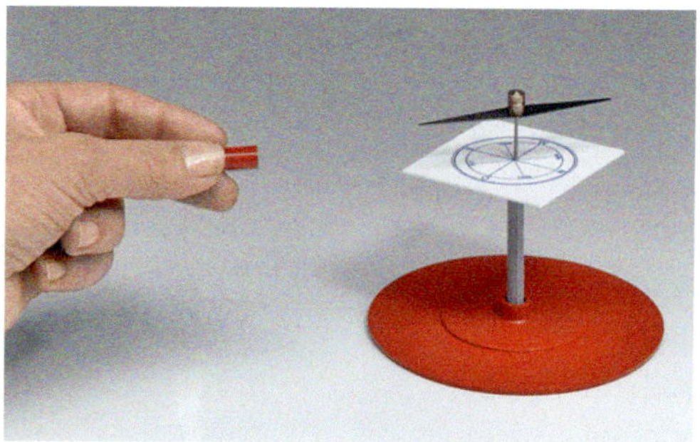

02 Magnet und Magnetnadel

Mit einer drehbar gelagerten Magnetnadel können wir die magnetische Wirkung wie in ▸ Bild 02 in noch größerer Entfernung beobachten. Je empfindlicher ein Messgerät ist, desto größer ist der Abstand, in dem man die Wirkung eines Magneten noch messen kann: Sie lässt zwar mit der Entfernung nach, reicht aber unendlich weit.

In der Umgebung eines Magneten gibt es also eine magnetische Wirkung auf andere Magnete und magnetisierbare Körper. Man sagt: Der Magnet hat ein Magnetfeld.

Magnete werden von einem unsichtbaren Magnetfeld umgeben. Hier wirken magnetische Anziehung und Abstoßung ohne direkten Kontakt.

Nun können wir erklären, warum der Stift in ▸ Bild 01 schwebt: Die in Stift und Unterlage eingelassenen Magnete stoßen sich auch über größere Entfernung hinweg ab.

DAS MAGNETFELD · Wir wissen bereits, dass es in der Umgebung des Magneten Anziehung und Abstoßung gibt. Können wir das Magnetfeld auch sichtbar machen? Hierzu untersuchen wir, wie ein Stabmagnet auf einen magnetisierten Nagel wirkt. Dazu befestigen wir den Stabmagneten am Rand eines Wasserbeckens (▸ Bild 03). Der magnetisierte Nagel steckt in einem Schwimmkorken. Sein oberes Ende ist der magnetische Nordpol. Es ist den Polen des Stabmagneten stets näher als der unter Wasser liegende Südpol. Deshalb wirkt der Stabmagnet vor allem auf den Nordpol des schwimmenden Magneten.

Wenn wir den Nagel beim Nordpol des Stabmagneten im Wasser loslassen, wird er zunächst abgestoßen. Er bewegt sich langsam auf einer geschwungenen Bahn vom Nordpol weg und schließlich zum Südpol des Stabmagneten hin. Wenn wir den Versuch mehrfach wiederholen, beobachten wir verschiedene Bahnen. So können wir uns nach und nach ein Bild vom Magnetfeld machen.

Aber wir haben noch andere Möglichkeiten, uns einen Überblick über das Magnetfeld eines Stabmagneten zu verschaffen: Hierzu nutzen wir Magnetnadeln oder Eisenspäne auf einer Glasplatte (▸ Bild 04 A, B). Die magnetisierten Eisenspäne ordnen sich so an, dass man sich dazu passende geschwungene Linien vorstellen kann.

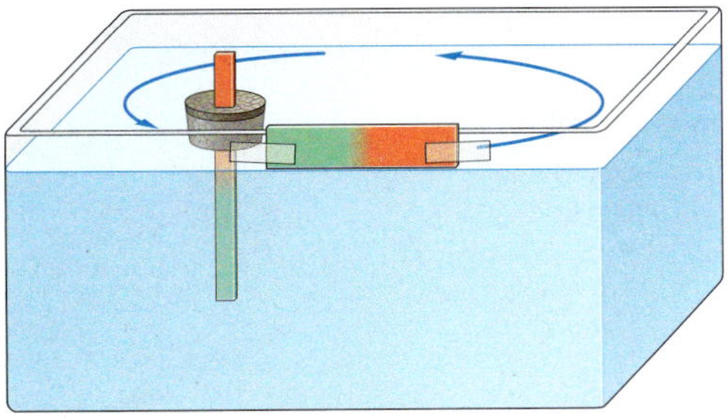

03 Schwimmender Magnet im Magnetfeld

DAS FELDLINIENMODELL · Die geschwungenen Linien denkt man sich nicht nur dort, wo sie zufällig sichtbar gemacht werden, sondern überall im Magnetfeld. Sie heißen **Feldlinien.** Mithilfe solcher Linien können wir uns Magnetfelder besser vorstellen und in Zeichnungen darstellen. Magnetnadeln richten sich im Magnetfeld immer entlang der gedachten Feldlinien aus. Die Pfeilspitze an einer Feldlinie weist in die Richtung, in die sich die Magnetnadel mit dem Nordpol ausrichtet, wie im Feldlinienbild in ▸ Bild 04 C.

Magnetnadeln oder Eisenspäne richten sich im magnetischen Feld entlang der (gedachten) Feldlinien aus. Feldlinienbilder verdeutlichen die magnetische Wirkung in der Umgebung eines Magneten.

1 Unter einem Tisch ist ein Stabmagnet angebracht. Erläutere, wie du seine genaue Lage herausfinden kannst, ohne nachzusehen.

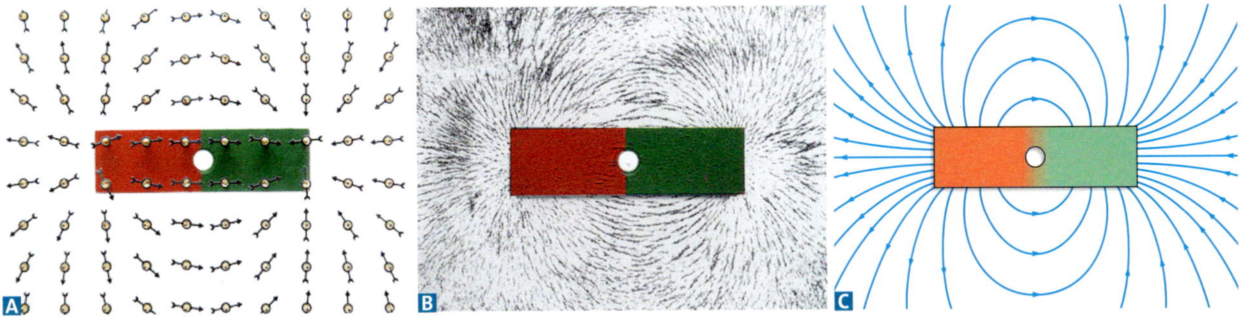

04 Veranschaulichung des Magnetfelds eines Stabmagneten durch Magnetnadeln, Eisenspäne und im Feldlinienmodell

BLICKPUNKT

Auch die Erde hat ein Magnetfeld

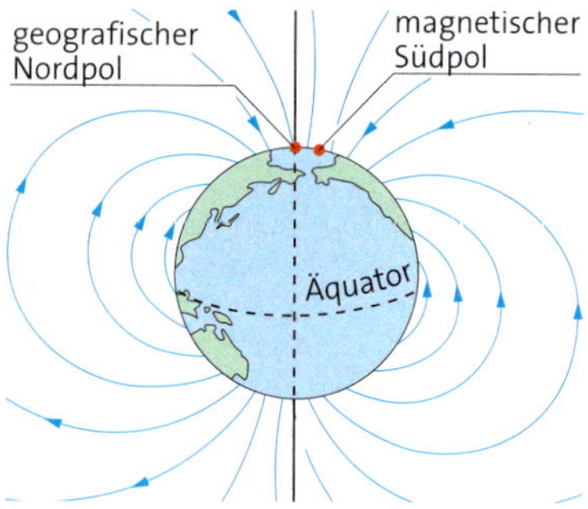

01 Erdmagnetfeld

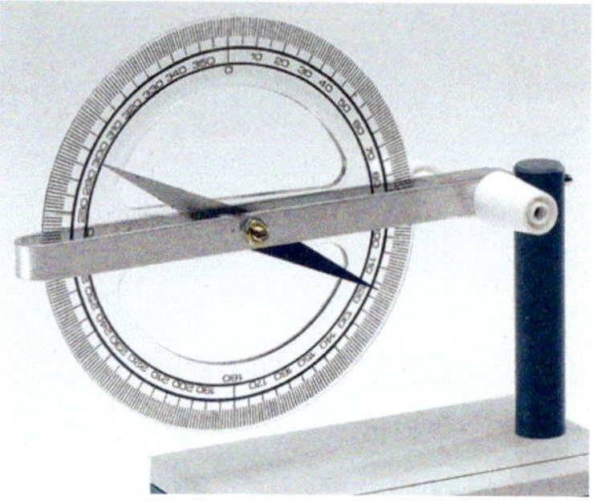

02 Inklinationsnadel

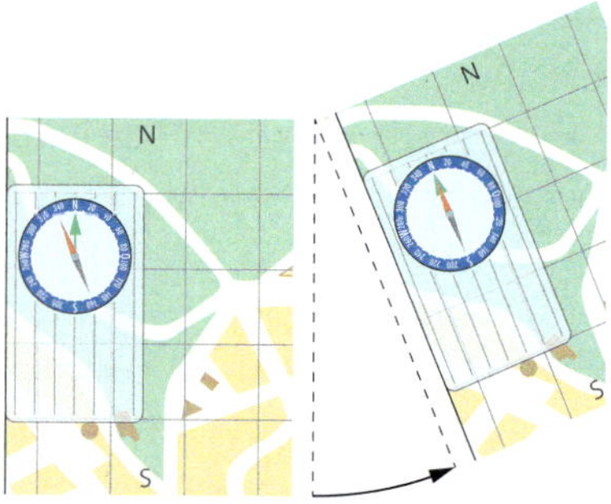

03 Karte einnorden

Das Erdmagnetfeld · Kompassnadeln richten sich in Nord-Süd-Richtung aus. Wenn man einen Magneten an einen Faden hängt, dann richtet er sich ebenfalls allmählich in Nord-Süd-Richtung aus. Deshalb nennt man die Pole eines Magneten Nordpol und Südpol.

Im Altertum nahm man an, der Polarstern sei die Ursache der Auslenkung von Magnetnadeln. Im 16. Jahrhundert wurde ein riesiger „Magnetberg" im Nordmeer vermutet. Heute wissen wir: Ursache für die Auslenkung der Magnetnadeln ist ein Magnetfeld, das die gesamte Erde umgibt (▸ Bild 01). Es ähnelt dem Feld eines Stabmagneten. Dabei verlaufen die Feldlinien in unseren Breiten nicht parallel zur Erdoberfläche. In Deutschland münden sie schräg in den Erdboden. Mit einer speziellen Magnetnadel (▸ Bild 02) kannst du den Verlauf der Feldlinien prüfen. Den Winkel zwischen der Horizontalen und den Feldlinien nennt man **Inklination.**

Der Pol liegt nicht am Pol · ▸ Bild 01 zeigt auch: Die Verbindungslinie der magnetischen Pole ist gegenüber der Drehachse der Erde leicht geneigt. Der magnetische Pol liegt nicht am geografischen Pol, sondern nur in dessen Nähe.

Wenn ein Flugzeug in die vom Kompass als „Norden" angezeigte Richtung fliegt, landet es auf einer etwa 1670 km vom Nordpol entfernten kanadischen Insel. Diese Abweichung nennt man **Missweisung.**

Orientierung mit Kompass und GPS · Viele Tierarten orientieren sich am Magnetfeld der Erde. Besonders einige Zugvögelarten haben einen empfindlichen Magnetsinn, den der Mensch nicht besitzt.

Bereits im 11. Jahrhundert nutzten die Chinesen das Erdmagnetfeld zur Navigation ihrer Schiffe mithilfe eines Kompasses. Noch heute verwenden viele Outdoor-Sportler, Wanderer und Pfadfinder einen Kompass wie in ▸ Bild 03. Aber das GPS (Global Positioning System) verdrängt die Orientierung mit dem Kompass zunehmend. Auch Autofahrer und Fußgänger vertrauen heute zur Orientierung vielfach auf Navigationsgeräte oder Smartphones mit GPS. Dabei ermitteln und aktualisieren die GPS-Geräte ständig ihren Standort mithilfe der Signale mehrerer Satelliten.

1 Baue einen „Schwimmkompass" mit einer magnetisierten, durch eine Korkscheibe geschobenen Nadel. Lege deinen Kompass vorsichtig auf eine Wasseroberfläche. Teste an verschiedenen Stellen im Wohnraum und im Freien, ob dein Kompass zuverlässig funktioniert.

2 Eine Eisenstange lässt sich auch durch Schläge mit einem Hammer auf eines ihrer Enden im Magnetfeld der Erde magnetisieren. Wie musst du die Stange dabei halten? Begründe deine Vermutung.

VERSUCH ▸ Wie kann man Magnetfelder abschirmen?

Viele empfindliche Geräte muss man gegen Magnetfelder abschirmen, damit sie richtig funktionieren. Teste selbst, welche Materialien hierzu benutzt werden könnten.

V1 Abschirmumg der magnetischen Wirkung

Material:

Magnet, Büroklammer aus Metall, verschiedene Gegenstände, z. B. Papier, Holzplatte, Aluminiumplatte, Eisenplatte, Trinkglas, PET-Flasche

Durchführung:

Halte das jeweilige Material wie im Bild zwischen Magnet und Büroklammer. Trage deine Beobachtungen in eine Tabelle. Vergleiche deine Ergebnisse mit denen deiner Mitschüler und formuliert gemeinsam einen Merksatz.

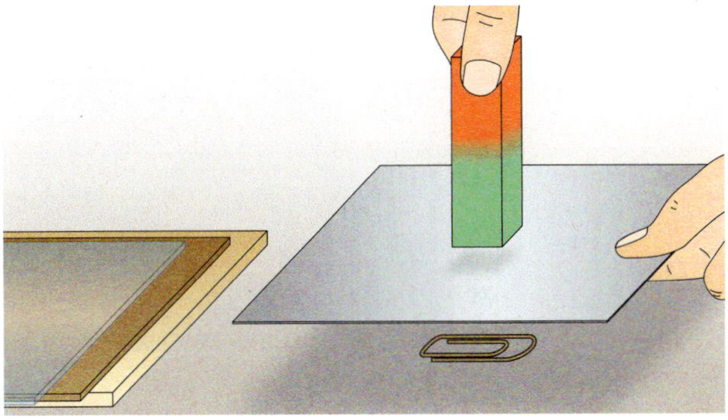

Material A ▸ Das Magnetfeld

A1 Übertrage das Bild unten in dein Heft.

a) Zeichne an den markierten Stellen ein, wie sich eine Magnetnadel dort ausrichtet.

b) Zeichne diejenigen Feldlinien ein, die durch die markierten Stellen laufen.

c) Was verändert sich beim Umdrehen des Magneten?

A2 Im unteren Bild fehlt der Stabmagnet. Übertrage das Bild in dein Heft.

a) Zeichne den fehlenden Magneten und weitere Kompassnadeln ein.

b) Skizziere die Feldlinien.

c) Erläutere, wie die Feldlinien auf der linken Seite des Magneten verlaufen.

A3 Die beiden Bilder zeigen jeweils zwei sich gegenüberliegende magnetische Pole, umgeben von Eisenfeilspänen.

a) Skizziere jeweils das entsprechende Feldlinienbild.

b) Gib an, welche magnetischen Pole sich gegenüberliegen.

c) Markiere die Richtung der Feldlinien mit Pfeilspitzen.

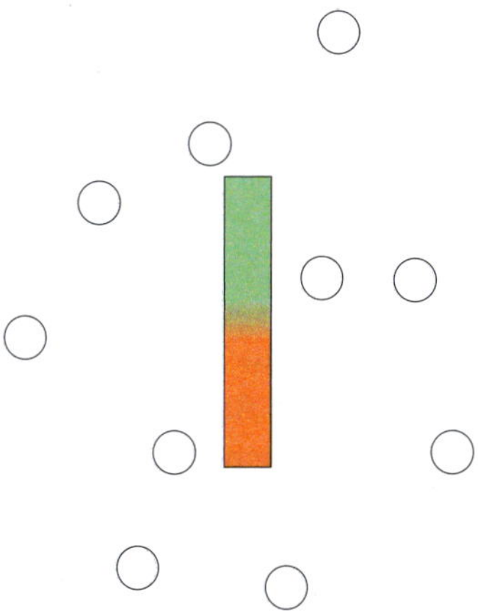

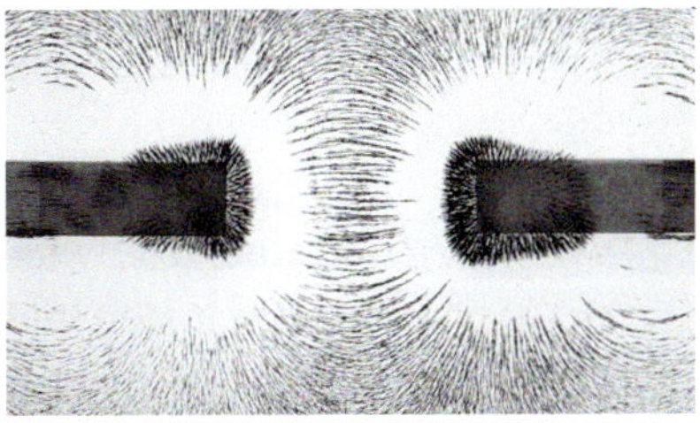

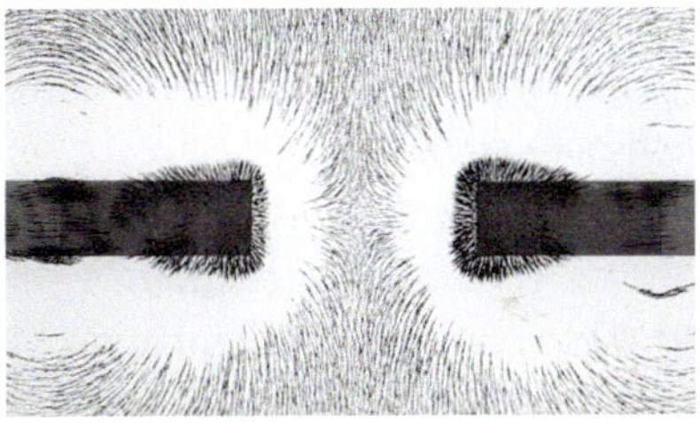

01 Kinder reparieren ein Fahrrad.

Elektrische Stromkreise

Dir ist es sicher schon mal passiert, dass das Licht an deinem Fahrrad nicht anging. Vielleicht hast du dann auch den Hinweis bekommen: „Deine Lampe leuchtet nicht, weil der Stromkreis unterbrochen ist.“ Aber wo sollst du jetzt nach dem Fehler suchen? Was ist überhaupt nötig, damit elektrischer Strom fließen kann?

02 Verschiedene Fahrraddynamos

DER STROMKREIS AM FAHRRAD · Die Fehlersuche bei der Fahrradbeleuchtung gestaltet sich manchmal gar nicht so einfach. Da hilft es, wenn du weißt, welche Bauteile zur Beleuchtung dazugehören und welche Aufgabe sie haben: Es gibt die Lampe, die Kabel und den Dynamo. Der Dynamo kann seitlich am Reifen laufen oder in der Radnabe versteckt sein (▸ Bild 02). Manche Fahrradlampen werden statt mit einem Dynamo auch über eine Batterie betrieben.

Aus dem Energiekapitel weißt du, dass eine leuchtende Glühlampe Energie abgibt. Das erkennst du z. B. am Licht, das die Lampe abstrahlt. Die erforderliche elektrische Energie zum Betrieb der Fahrradlampe liefert eine **elektrische Energiequelle,** kurz „elektrische Quelle“. Handelt es sich hierbei um einen Dynamo, musst du ihm selbst erst Energie zuführen, indem du das Fahrrad antreibst. Auch die Batterie ist eine elektrische Quelle. Ihr muss aber nicht ständig Energie zugeführt werden. Sie ist ein **Energiespeicher.**

Die Glühlampe benötigt elektrische Energie zum Betrieb. Man bezeichnet sie daher als ein **elektrisches Gerät.** Elektrische Quellen und Geräte werden durch Kabel verbunden.

AUFBAU EINES STROMKREISES · In ▸ Bild 03 siehst du zwei einfache Möglichkeiten, eine Glühlampe an eine Batterie anzuschließen. In beiden Fällen müssen das Gewinde und das Kontaktplättchen der Glühlampe mit jeweils einem Anschluss der Batterie verbunden werden. Diese Anschlussstellen der Batterie nennt man Pluspol und Minuspol.

Eine solche Verbindung einer elektrischen Quelle mit einem elektrischen Gerät heißt elektrischer Stromkreis. Dabei ist „Kreis" nicht im Sinne von „kreisförmig", sondern im Sinne von „Kreislauf" zu verstehen. Ein „Stromkreislauf" hat – wie andere Kreisläufe auch – keinen Anfang und kein Ende. Der elektrische Strom fließt von der Quelle zum Gerät und wieder zur Quelle zurück. Die elektrische Energie wird dabei von der Quelle zum Gerät transportiert.

/// Ein elektrischer Strom fließt nur dann, wenn der Stromkreis geschlossen ist. Dabei wird elektrische Energie von der Quelle zum Gerät transportiert.

GERÄT UND QUELLE MÜSSEN PASSEN · Wenn du statt der Glühlampe einen Haartrockner an die Batterie anschließt, funktioniert er nicht. Du musst ihn an eine Steckdose anschließen. Umgekehrt darfst du eine Fahrradlampe niemals an eine Steckdose anschließen! Das wäre viel zu gefährlich, außerdem würde das die Glühlampe zerstören.

Auf elektrischen Quellen finden sich Angaben über die so genannte **elektrische Spannung.** Eine einfache Batterie ist z.B. mit 1,5 V („1,5 Volt") beschriftet. Auch auf elektrischen Geräten stehen meist Spannungsangaben. Wozu dienen sie?

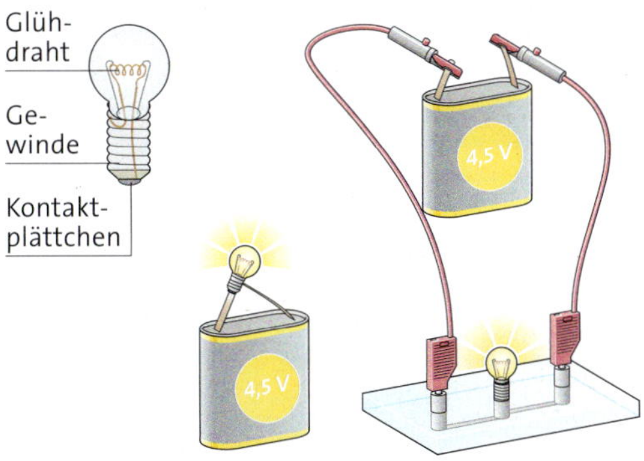

03 Glühlampe an einer Batterie

Wir schließen eine Glühlampe mit der Aufschrift 4 V an eine 1,5-V-Batterie an. Sie leuchtet nicht. Wenn wir sie an eine Flachbatterie mit 4,5 V anschließen, dann leuchtet sie normal hell. Schließen wir die Lampe an eine Blockbatterie mit 9 V an, dann leuchtet sie sehr hell, brennt aber nach kurzer Zeit durch. Offensichtlich bedeutet die Aufschrift 4 V auf der Glühlampe, dass man sie an eine elektrische Quelle von etwa 4 V anschließen muss, damit sie wie gewünscht leuchtet.

/// Ein elektrisches Gerät benötigt eine passende elektrische Quelle. Die Spannungsangaben von Gerät und Quelle müssen so gut wie möglich übereinstimmen.

An der Spannungsangabe lässt sich auch erkennen, wie gefährlich eine elektrische Quelle ist. An einer Steckdose liegen 230 V an. Diese Spannung ist lebensgefährlich. Nur mit Spannungen unter 25 V darfst du experimentieren.

1) Untersuche deine eigene Fahrradbeleuchtung genauer. Mache Angaben zur elektrischen Quelle.

2) Gib Elektrogeräte aus deinem Umfeld an, die nicht mit 230 V Spannung betrieben werden. Gib auch die entsprechenden Spannungen an.

GEFAHRENHINWEIS

Umgang mit Elektrizität

- Experimentiere niemals mit dem elektrischen Strom aus der Steckdose!
- Berühre niemals die Buchsen einer Steckdose oder eine schadhafte Leitung mit bloßen Händen oder einem Werkzeug!
- Benutze beim Experimentieren nur Batterien oder spezielle Netzgeräte der Schule als elektrische Quellen!

04 Batterie 1,5 V „Micro" (AAA)

05 Flachbatterie 4,5 V

06 Blockbatterie 9 V

UNTERBROCHENE STROMKREISE · Wenn die Fahrradbeleuchtung plötzlich nicht mehr funktioniert, dann liegt das nicht daran, dass Gerät und Quelle nicht zueinander passen. Schließlich brannte das Licht ja kurz vorher noch.
Stattdessen liegt meist eine Unterbrechung des Stromkreises vor. Deswegen kann kein Strom fließen und keine Energie von der elektrischen Quelle zur Lampe transportiert werden: Die Lampe leuchtet nicht. Ursachen können z.B. gelockerte Kontakte zwischen Kabel und Lampe, ein gebrochenes Kabel oder eine durchgebrannte Glühlampe sein.

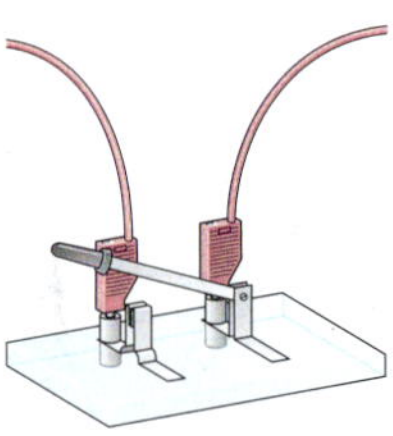

01 Schalter

SCHALTER UNTERBRECHEN STROMKREISE · Es gibt auch Situationen, in denen der Stromkreis absichtlich unterbrochen wird. Das ist z.B. bei einem batteriebetriebenen Rücklicht der Fall. Das Licht soll nur eingeschaltet sein, wenn du mit dem Fahrrad fährst. Hier eignet sich ein Schalter wie in ▸ Bild 01. Je nach Stellung des Schalters ist der Stromkreis geschlossen oder unterbrochen.

02 Achtung: Kurzschluss – nicht nachmachen!

KURZSCHLUSS · Manchmal leuchtet die Fahrradlampe nicht, weil ein sogenannter Kurzschluss vorliegt. Bei einem Kurzschluss sind beide Pole der elektrischen Quelle direkt miteinander verbunden (▸ Bild 02).

Wenn wir diese Schaltung ausnahmsweise aufbauen, dann beobachten wir, dass die Leitungen und die Batterie sehr warm werden. Die Quelle gibt ihre Energie im Kabel und in der Quelle selbst ab. Es fehlt ein Gerät, das die elektrische Energie aufnehmen könnte. Die Quelle kann dabei leicht zerstört werden. Außerdem wird das Kabel möglicherweise so heiß, dass ein Brand entsteht.

Einen Kurzschluss erhält man auch, wenn es eine leitende Verbindung der Pole am elektrischen Gerät vorbei gibt (▸ Bild 03 B). Auch in diesem Fall wird die Energie der Quelle nicht im Gerät abgegeben.

LEUCHTDIODEN · Immer mehr Fahrradlampen nutzen Leuchtdioden (LEDs) statt einer Glühlampe. LEDs nutzen die Energie effektiver zur Lichterzeugung als Glühlampen. Bei gleicher Energiezufuhr leuchten sie heller, werden aber nicht so warm.

Im Unterschied zu einer Glühlampe musst du bei Anschluss einer LED auf die Polung achten. Das lange Beinchen der LED muss mit dem Pluspol und das kurze mit dem Minuspol einer elektrischen Quelle verbunden werden, damit die LED leuchtet. Wenn du sie andersherum anschließt, dann leuchtet sie nicht.

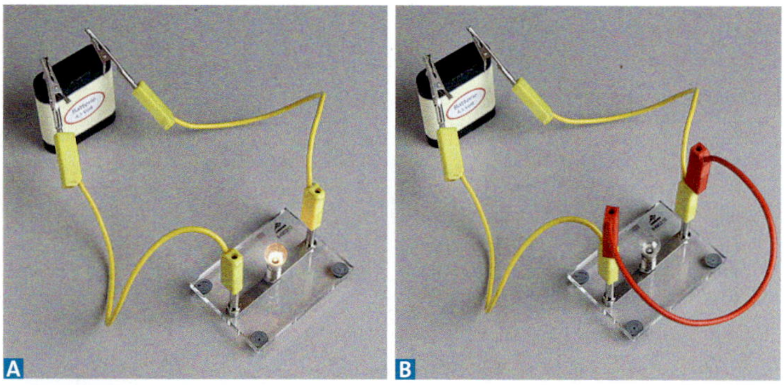

03 **A** Korrekter Stromkreis. **B** So nicht!

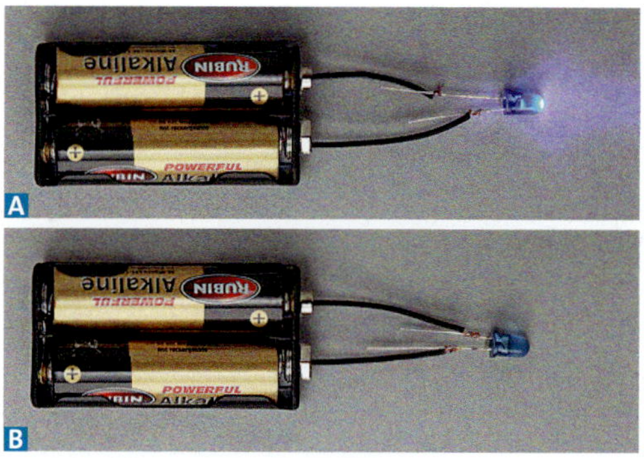

04 Anschließen einer Leuchtdiode

VERSUCHE ▸ Glühlampe im Stromkreis

Mit den folgenden Versuchen untersuchst du genauer, wie du eine Glühlampe anschließen musst, damit sie leuchtet.

V1 Kontakte der Glühlampe

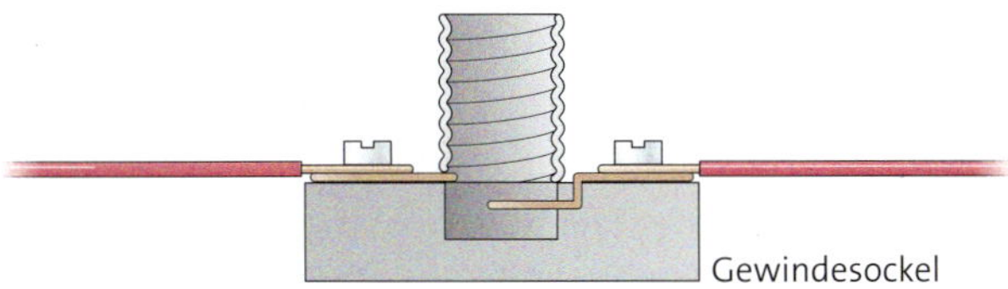

Material:

Flachbatterie, Glühlampe, Fassung, Kabel

Durchführung:

Schließe einen Gewindesockel über Kabel an eine Batterie an.

a) Schraube die Glühlampe ein. Gib an, wann sie zu leuchten beginnt.

b) Zeichne die Glühlampe von Seite 81 ab. Ergänze nun die Fassung, sodass in deiner Zeichnung die Kontakte zwischen ihnen deutlich zu erkennen sind.

c) Beschreibe deinem Sitznachbarn den Weg des Stroms durch die Fassung und die Glühlampe.

V2 Stromkreise

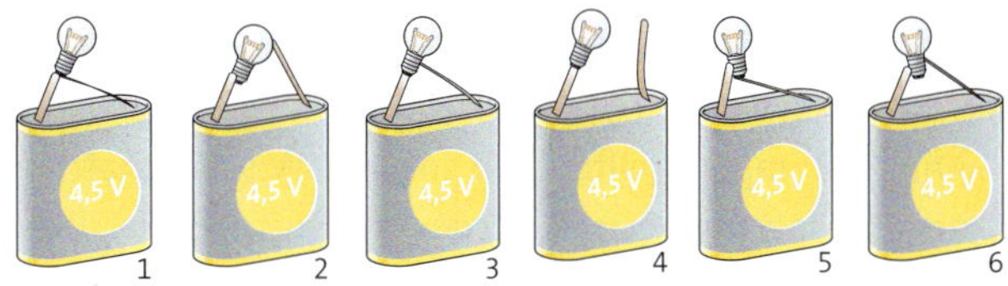

Material:

Flachbatterie, Glühlampe, Kabel, Klemmen

Durchführung:

Hier siehst du verschiedene Möglichkeiten, eine Glühlampe mit einer Batterie zu verbinden.

a) Überlege zunächst, bei welchen Anordnungen die Lampe leuchten wird. Überprüfe dein Ergebnis, indem du die verschiedenen Schaltungen ausprobierst. Achtung: Unterbrich den Stromkreis sofort, wenn die Lampe nicht leuchtet!

b) In einigen Fällen leuchtet die Lampe nicht. Begründe jeweils, warum dies so ist.

Material A ▸ Elektrischer Strom im Alltag

25 000 Menschen noch immer ohne Strom

Münster – 28.11.2005 Seit drei Tagen sind die Menschen rund um die Kleinstadt Ochtrup bereits von der Stromversorgung abgeschnitten. Auslöser war ein Schneesturm, der den gesamten 25. November über anhielt und über 50 cm Neuschnee mit sich brachte. Unter dem Gewicht von Eis und Schnee knickten mehr als 80 Strommasten um. Damit ging für die Bevölkerung viel mehr als nur das Licht aus. Es droht nun die vierte Winternacht ohne Heizung.

A1 Gib eine Erklärung dafür, dass die Oberleitung bei der Eisenbahn nur aus einer Leitung bestehen muss, während der elektrische Stadtbus zwei Oberleitungen benötigt.

A2 Stell dir vor, bei euch fällt der Strom ebenfalls für mindestens einen ganzen Tag aus. Schreibe darüber einen Artikel für die Schülerzeitung.

BLICKPUNKT

Was passiert im Stromkreis?
Wenn du eine Leuchtdiode verwenden möchtest, dann musst du auf die richtige Polung achten, damit sie leuchtet. Warum ist das so?

Ähnliche Fragen stellten sich auch die Wissenschaftler des 19. Jahrhunderts, seit der italienische Physiker ALESSANDRO VOLTA um 1800 den ersten Vorläufer einer elektrischen Batterie entwickelt hatte. Niemand wusste, was in elektrischen Stromkreisen genau geschieht. Aber bald stellte sich heraus, dass manche Experimente je nach Polung der Batterie unterschiedlich verlaufen. Die Physiker beobachteten zum Beispiel, dass Kompassnadeln in der Nähe stromdurchflossener Leiter abgelenkt werden. Die Richtung dieser Ablenkung hängt dabei von der Polung der Batterie ab. Daraus schlossen die Forscher, dass der elektrische Strom in einer bestimmten Richtung durch den Stromkreis fließen muss.

Um sich über derartige Experimente und deren Deutung besser unterhalten zu können, legte der französische Physiker ANDRÉ-MARIE AMPÈRE 1822 die **Stromrichtung** fest: Der Strom fließt vom Pluspol der elektrischen Quelle durch die Leiter zum Minuspol und innerhalb der Quelle zurück zum Pluspol.

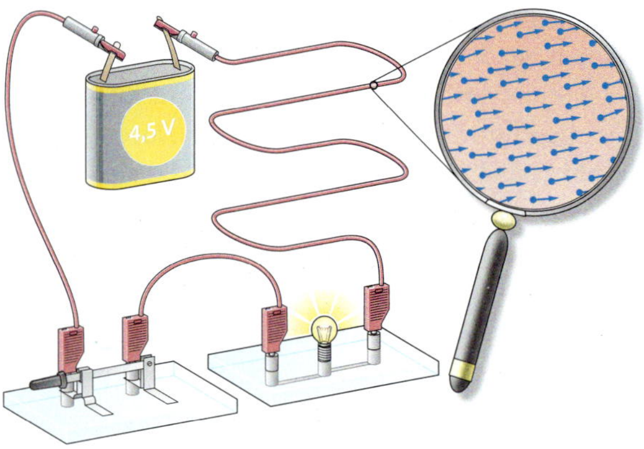

01 Beim Schließen des Stromkreises leuchtet die Glühlampe sofort auf.

Was strömt denn da?
Ende des 19. Jahrhunderts wurden winzige elektrisch geladene Teilchen entdeckt, die für die Stromleitung wichtig sind. Diese sogenannten **Elektronen** sind Bestandteil aller Stoffe.
In Metallen, aus denen die meisten Leiter bestehen, kann sich ein Teil der Elektronen relativ frei bewegen. Wenn ein Stromkreis geschlossen wird, dann bewegen sich diese Elektronen langsam in eine gemeinsame Richtung. Es ergibt sich ein elektrischer Strom, der von der elektrischen Quelle angetrieben wird. Allerdings bewegen sich die Elektronen vom Minuspol zum Pluspol der elektrischen Quelle – also entgegen der von AMPÈRE festgelegten Stromrichtung. Bezieht man sich auf die Elektronenbewegung, so spricht man oft von der „physikalischen" Stromrichtung.

Wenn du den Schalter im Stromkreis aus ▸ Bild 01 schließt, dann leuchtet die Glühlampe sofort auf. Da die Kabel sehr lang sind, können die Elektronen in der kurzen Zeit aber nicht von der Quelle bis in die Glühlampe gelangt sein. Dafür bewegen sie sich mit einigen Metern pro Stunde viel zu langsam. Die Glühlampe leuchtet sofort auf, weil die Leitungen bereits überall bewegliche Elektronen enthalten. Diese setzen sich alle gemeinsam in Bewegung, sobald der Schalter geschlossen wird – also auch diejenigen Elektronen, die sich bereits in der Nähe der Glühlampe befinden.

Durch den Stromfluss wird Energie von der Quelle auf die Geräte übertragen. Die Elektronen bleiben dabei aber nicht im Gerät, sondern strömen hindurch und kehren zur elektrischen Quelle zurück. Strom wird also nicht „verbraucht".
Es ist wie beim „Wasserverbrauch", bei dem das Wasser selbst nicht verschwindet, sondern bloß verschmutzt wird und dadurch zeitweilig seinen Nutzen verliert. Mit der umgangssprachlichen Rede vom „Stromverbrauch" ist also eine Umwandlung und letztlich auch eine Entwertung der elektrischen Energie gemeint.

METHODE

Der Wasserstromkreis als Modell für den elektrischen Stromkreis

Da man den elektrischen Strom nicht sehen kann, sind die Vorgänge im elektrischen Stromkreis recht unanschaulich. Aus diesem Grund machen wir uns ein Modell. Du weißt bereits, dass Modelle eine Vereinfachung der Wirklichkeit darstellen. Das hast du z. B. schon beim Teilchenmodell kennengelernt.

Der Wasserstromkreis ist ein Modell für den elektrischen Stromkreis. Man kann aus einer Pumpe, einem Wasserrad, einem Absperrhahn und Schläuchen einen solchen Wasserstromkreis aufbauen und damit experimentieren. Dabei zeigen sich viele Übereinstimmungen zwischen Wasser- und elektrischem Stromkreis. ▸ Tabelle 02 stellt diese Übereinstimmungen übersichtlich zusammen.

Modell und Wirklichkeit stimmen natürlich nicht in allem überein. So muss man die Schläuche erst mit Wasser füllen, bevor man den Wasserstromkreis in Betrieb nehmen kann. Dagegen muss man die Leitungen eines Stromkreises nicht erst mit Elektronen füllen. Sie sind schon in den Leitungen, Geräten und Energiequellen enthalten. Schläuche sind hohl, Drähte nicht. Dass in einem Draht dennoch überhaupt etwas fließen kann, ist nur schwer vorstellbar. Aber die Elektronen sind auch keine Flüssigkeit wie Wasser oder Blut.

1 Stelle die genannten Unterschiede von Wasserstromkreis und elektrischem Stromkreis zusammen. Findest du noch weitere?

Wasserstromkreis	Elektrischer Stromkreis
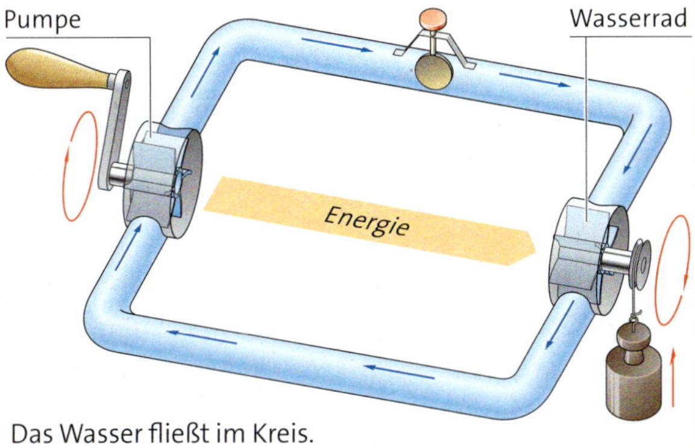 Das Wasser fließt im Kreis.	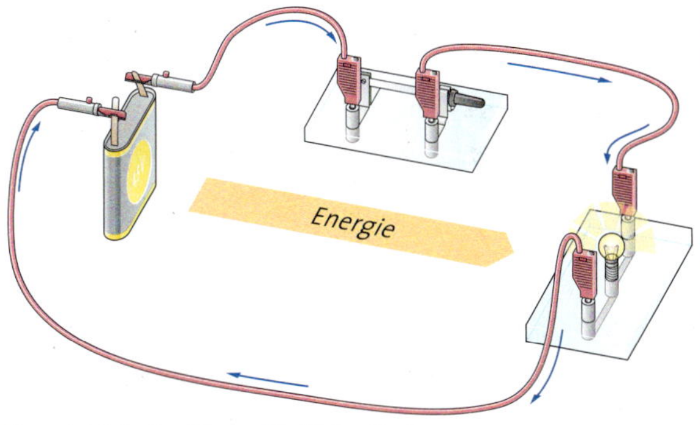 Der elektrische Strom fließt im Kreis.
Fließendes Wasser wird als Wasserstrom bezeichnet.	Fließende Elektronen werden als elektrischer Strom bezeichnet.
Es geht kein Wasser verloren.	Es geht kein elektrischer Strom verloren.
Wenn man den Absperrhahn betätigt, dann beginnt das Wasser im ganzen Wasserstromkreis sofort zu fließen bzw. hört sofort auf zu fließen.	Wenn man einen Schalter betätigt, dann beginnt der elektrische Strom sofort im ganzen Stromkreis zu fließen bzw. hört sofort auf zu fließen.
Die Pumpe treibt den Wasserstrom an. Dazu braucht die Pumpe Energie.	Die Batterie treibt den elektrischen Strom an. Dazu braucht die Batterie Energie.
Die Energie wird durch den Wasserstrom von der Pumpe auf das Wasserrad übertragen.	Die Energie wird durch den elektrischen Strom von der Batterie auf die Lampe übertragen.

02 Übereinstimmungen von Wasserstromkreis und elektrischem Stromkreis

01 Verkabelung in einem Sicherungskasten

Leiter und Nichtleiter

In einem Sicherungskasten sind sehr viele Kabel verlegt. Dabei müssen die verschiedenen Stromwege klar voneinander getrennt bleiben. Wie sind Stromkabel aufgebaut, um dies sicherzustellen? Welche Materialien eignen sich dafür?

AUFBAU VON KABELN · Für einen funktionierenden Stromkreis sind selbstverständlich Kabel wichtig, die den Strom gut leiten. Gleichzeitig dürfen aber keine zusätzlichen Stromwege oder Kurzschlüsse entstehen, wenn die Kabel einander berühren. Daher werden die Kabel mit einem Material umgeben, das den Strom nicht leitet. Auf diese Weise fließt der Strom nur auf den vorgesehenen Wegen und transportiert dabei elektrische Energie zu den Geräten im Stromkreis.

Das hat noch einen weiteren Vorteil: Man kann mehrere zusammengehörige Kabel, die sogenannten Adern, zu einem größeren Kabel zusammenfassen. Du kennst vermutlich die dreiadrigen Elektrokabel, wie sie in den Haushalten genutzt werden (▸ Bild 02). Zwei der Kabeladern sind nötig, um ein Elektrogerät mit Strom zu versorgen. Die dritte, meist gelb-grüne Ader ist wichtig für den Schutz vor möglichen Elektrounfällen.

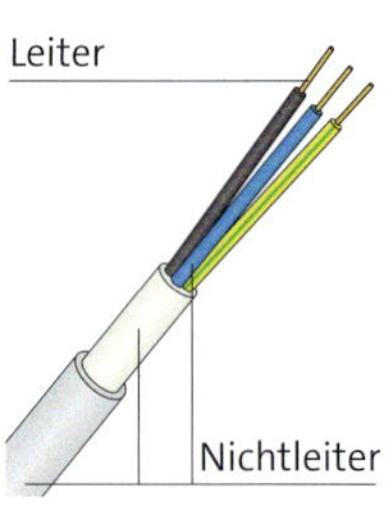

02 Elektrokabel

WELCHE MATERIALIEN LEITEN STROM? · Dieser Frage gehen wir mit einer Schaltung wie in ▸ Bild 03 nach. Wenn wir die freien Kontakte direkt verbinden, dann leuchtet die LED hell. Die Kabel, die Klemmen und die LED sind offenbar gute Leiter. Jetzt befestigen wir die freien Kontakte nacheinander an verschiedenen Gegenständen. Wir beobachten, dass die LED jeweils unterschiedlich hell leuchtet. Je heller sie leuchtet, desto besser leitet der Körper den Strom.

Entscheidend ist dabei, aus welchem Material der Körper besteht. So gibt es z. B. Büroklammern aus Metall oder aus Kunststoff. Die Ergebnisse einiger Versuche zeigt ▸ Tabelle 04.

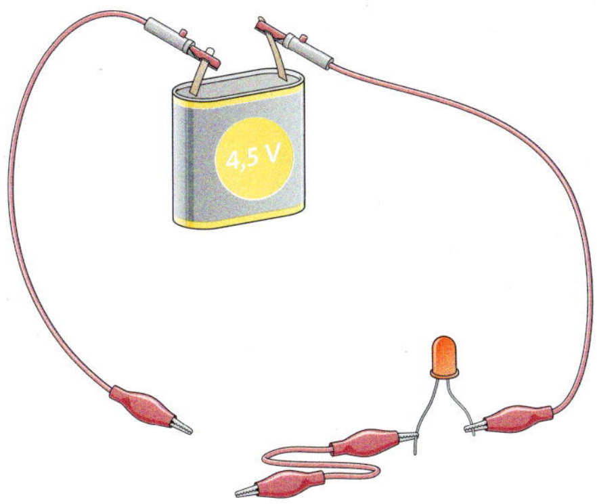

03 Welche Stoffe leiten den elektrischen Strom?

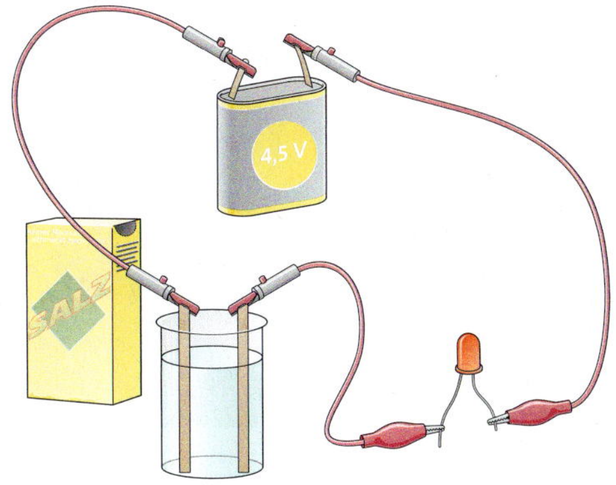

05 Leitet Wasser elektrischen Strom?

Als Ergebnis der Versuche können wir festhalten:

Metalle sind gute elektrische Leiter. Glas, Keramik und Kunststoffe leiten den Strom nicht. Man bezeichnet sie als Nichtleiter oder Isolatoren.

FLÜSSIGKEITEN · Bisher haben wir in unserem Versuch nur Festkörper untersucht. Du weißt aber auch, dass du im Badezimmer vorsichtig mit elektrischen Geräten umgehen musst. Deshalb prüfen wir, wie gut Wasser und andere Flüssigkeiten Strom leiten.

Körper	Material	Leitet Strom?
Schere	Metall	Ja
Lineal	Holz	Nein
Geodreieck	Kunststoff	Nein
Büroklammer	Metall	Ja
Büroklammer	Kunststoff	Nein
Bleistiftmine	Grafit	Ja (schwach)
Physikbuch	Papier	Nein
Schlüssel	Metall	Ja
Becher	Porzellan	Nein
Radiergummi	Kunststoff	Nein

04 Ergebnisse der Untersuchung von Festkörpern

Wir ersetzen im Versuchsaufbau die Lücke im Stromkreis durch ein Gefäß mit zwei Metallstäben und füllen dieses mit Leitungswasser (▸ Bild 05). Die LED leuchtet nur schwach. Leitungswasser leitet den Strom demnach nur schlecht. Gibt man aber Salz in das Wasser, leitet das Gemisch besser. Die im Wasser gelösten Stoffe sorgen dafür, dass normales Wasser den Strom leitet. Hochreines Wasser dagegen ist ein Nichtleiter.

Flüssigkeiten leiten elektrischen Strom meist schlechter als Festkörper.
Gelöste Stoffe in Flüssigkeiten sorgen für eine bessere Stromleitung.

Da Flüssigkeiten elektrischen Strom leiten können, musst du auf alle Fälle den Kontakt von elektrischen Quellen und Geräten mit Flüssigkeiten meiden! Also darfst du Quellen oder Geräte nicht nass reinigen und solltest auch keine Getränke darauf abstellen. Außerdem sollten deine Hände immer trocken sein!

1 Gib an, welche Materialien du für die Herstellung eines Stromkabels nutzen würdest. Begründe deine Antwort.

2 Benenne Gegenstände, die bei dir zu Hause elektrisch isoliert sind.

01 Gewitterblitz

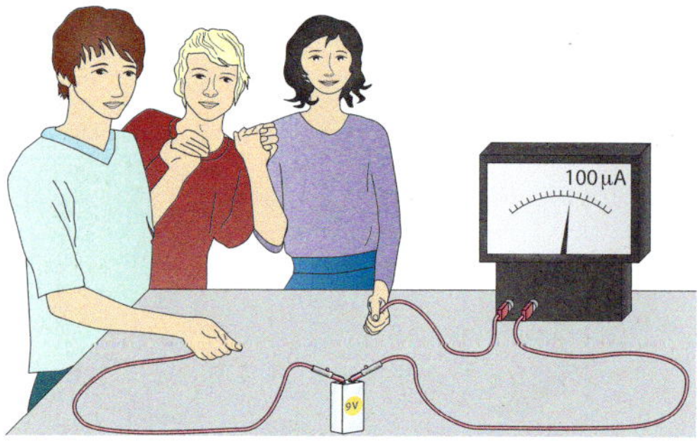

02 Durch die Menschenkette fließt ein Strom.

LUFT – EIN NICHTLEITER? · Wenn du einen Schalter in einem elektrischen Stromkreis öffnest, dann fließt kein Strom mehr. Luft scheint den elektrischen Strom also normalerweise nicht zu leiten.

Trotzdem kennst du eine Situation, in der auch Luft elektrischen Strom leitet: Entlang eines Gewitterblitzes ist die Luft für kurze Zeit leitend. Der Grund dafür liegt in der sehr hohen Spannung zwischen Wolke und Erde. Über 100 Millionen Volt können hier auftreten. Das ist mehr als 40 000-mal so viel wie bei unserer Netzspannung!

Auch andere Gase können unter bestimmten Bedingungen Strom leiten. Dies wird z. B. in Leuchtstofflampen genutzt.

DER MENSCH ALS ELEKTRISCHER LEITER · Unser Körper enthält viel Wasser und Salz. Blut, Schweiß und Urin leiten den elektrischen Strom sehr gut. Wenn ein genügend großer Strom durch unseren Körper fließt, dann kann das zu schweren Verletzungen oder gar zum Tod führen. Besonders groß ist die Gefahr bei feuchten Händen. Dann kann der Strom besonders leicht durch die Haut dringen.

Der menschliche Körper ist ein elektrischer Leiter.

Auch ohne äußere Einflüsse fließen im menschlichen Körper schwache elektrische Ströme. Sie dienen der Übertragung von Informationen innerhalb der Nerven oder zur Steuerung von Muskeln und Herz.
Wenn der Mensch zum Teil eines elektrischen Stromkreises wird, dann führt der von außen kommende Strom zu Störungen der inneren Ströme: Kleine Ströme reizen die Nerven nur wenig. Wenn du dir z. B. eine Flachbatterie an die Zunge hältst, dann führt der dadurch verursachte Strom nur zu einem Kribbeln und einem leicht säuerlichen Geschmack im Mund. Große Ströme überlagern aber die Nervenströme. Die Folge sind Verkrampfungen und Herzrhythmusstörungen, die zum Herzstillstand und damit zum Tod führen können. Außerdem kommt es zu Verbrennungen.

1 Stellt euch vor, Luft wäre ein Leiter. Diskutiert, welche Konsequenzen das im Alltag hätte.

2 Erläutere die Gefahr, die von einem Haartrockner am Badewannenrand ausgeht. Vergleiche hierzu die Situation mit einer am Rand liegenden Armbanduhr.

3 Notiere Verhaltensregeln für den Umgang mit elektrischen Geräten in Badezimmer und Küche.

VERSUCHE ▸ Leiter und Nichtleiter

In diesen Versuchen untersuchst du, wie gut Flüssigkeiten und du selbst den elektrischen Strom leiten.

V1 Stromleitung von Flüssigkeiten

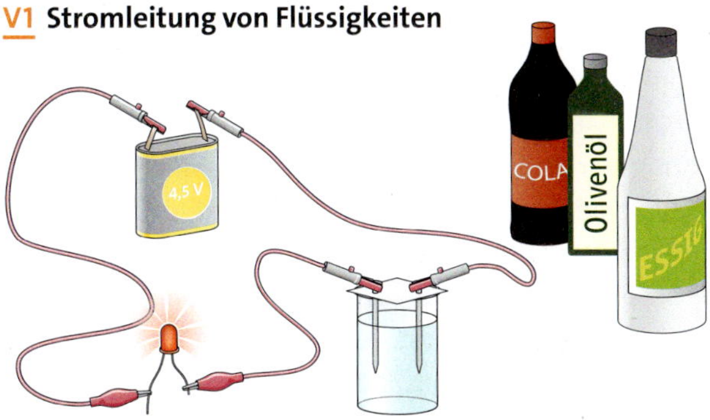

Material:
Flachbatterie, LED, Kabel mit Krokodilklemmen, Nägel, Pappe, Glas, Leitungswasser, Pflanzenöl, Essig, Cola

Durchführung:
Baue den Versuch wie im Bild oben auf. Achte darauf, dass das lange Bein der LED mit dem Pluspol der Batterie verbunden ist. Teste die Schaltung, indem du die Nägel aneinanderhältst.
a) Untersuche, wie gut die verschiedenen Flüssigkeiten Strom leiten. Notiere deine Beobachtungen.
b) Ordne die Flüssigkeiten entsprechend deiner Ergebnisse aus Versuchsteil a.

V2 Ungefährliche Ströme durch den Körper

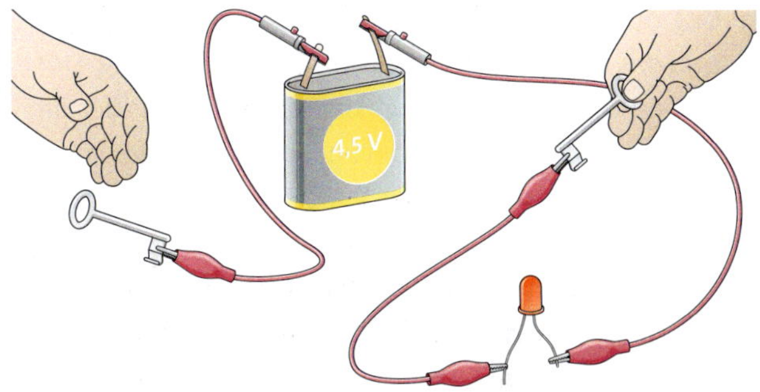

Material:
4,5-V-Batterie, LED, Kabel mit Krokodilklemmen, zwei Schlüssel

Durchführung:
Baue einen Stromkreis auf, bei dem zwei Kabel offen enden. Klemme je einen Schlüssel an die Enden der Kabel.
a) Untersuche, wie gut dein Körper den Strom leitet. Nimm je einen Schlüssel in eine Hand. Drücke erst schwach und dann stark zu und beobachte dabei die LED. Notiere deine Beobachtungen.
b) Wiederhole Versuchsteil a mit feuchten Händen.

Material A ▸ Lügendedektor ?

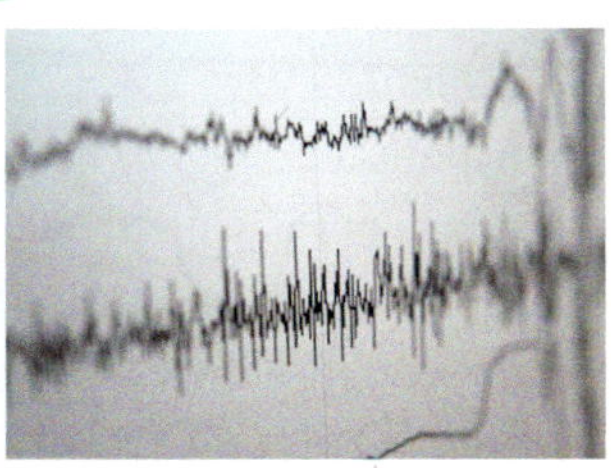

A1 Bei einem Lügendetektor wird ein Stromkreis geschlossen, indem einer Person elektrische Kontakte an die Finger gesetzt werden. Der Person werden dann Fragen gestellt. Lügt sie bei der Beantwortung, fließt mehr Strom als bei wahren Antworten. Erkläre, wie dies zustande kommt.

Material B ▸ Leiter im Alltag

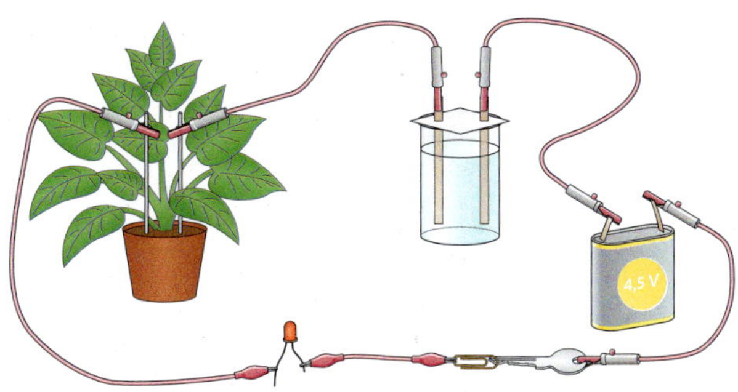

B1 Die LED im Bild leuchtet nicht, obwohl der Stromkreis geschlossen ist. Begründe die Änderungen, die nötig sind, damit die LED leuchtet.

METHODE

Sicherer Umgang mit elektrischem Strom

Aus deiner Umgebung kennst du viele elektrische Geräte wie Lampen, Fernseher, Handys oder Mixer. Sicher bist du mit ihrem Umgang vertraut. Batteriewechsel und das Aufladen von Akkus gehören zum Alltag. Doch während die Verwendung von Batterien oder der ordnungsgemäße Gebrauch von Spielzeugtrafos ungefährlich ist, ist die Spannung an einer Steckdose lebensgefährlich. Gerade im Haushalt kommt es immer wieder zu lebensbedrohlichen Unfällen. Bastle daher nie an der elektrischen Anlage im Haus herum und überlasse die Reparatur von Haushaltsgeräten stets den Fachleuten! Beachte auch beim einfachen Umgang mit Elektrogeräten immer die unten stehenden Sicherheitsregeln!

Sicheres Experimentieren · Wenn du experimentierst, musst du immer sorgfältig und vorsichtig sein. Achte beim Arbeiten mit elektrischen Schaltungen immer darauf, dass du dich nicht verletzt und keinen elektrischen Schlag bekommst (▸ Sicherheitsregeln). Zugleich sollen aber auch die Bauteile wie Glühlampen, LEDs oder Netzgeräte nicht beschädigt werden, damit sie auch weiterhin in Schülerexperimenten eingesetzt werden können.

Beginne beim Experimentieren immer erst dann mit dem Aufbau deiner Schaltungen, wenn dir der Arbeitsauftrag wirklich klar ist. Häufig ist es sinnvoller, zunächst einen Schaltplan zu zeichnen und nicht direkt die Schaltung aufzubauen. Mit ein wenig Übung sind die Schaltpläne schnell erstellt und viel übersichtlicher als die Schaltungen selbst. Fehler sind dann leichter zu finden. Wenn der Schaltplan fertig ist, hast du einen einfachen Bauplan, den du mit den richtigen Bauteilen leicht umsetzen kannst.

Wenn doch einmal etwas passiert, dann ist es vor allem wichtig, Ruhe zu bewahren. Wenn du gerade in der Schule experimentierst, dann drücke im Notfall den Not-Aus-Schalter, der alle Strom- und Gaszuleitungen im Raum unterbricht. Berühre aber bei einem Stromunfall niemals die betroffene Person direkt oder mit einem leitenden Gegenstand, solange der Stromkreis noch nicht unterbrochen ist. Informiere sofort deinen Lehrer oder deine Lehrerin.

Sicherheitsregeln zum Umgang mit Elektrizität

- Berühre niemals blanke Kabel oder die Kontakte einer Steckdose – auch nicht nur einen!
- Ziehe Netzkabel immer am Stecker, nicht am Kabel selbst aus der Steckdose.
- Benutze keine Geräte mit defekten Leitungen.
- Hantiere nicht mit feuchten Händen an elektrischen Geräten.
- Nutze keine an eine Steckdose angeschlossenen Geräte, wenn du in der Badewanne bist oder auf feuchtem Boden stehst.
- Ziehe immer erst den Stecker aus der Steckdose, bevor du ein Gerät feucht abwischst.
- Schraube keine Elektrogeräte auf und lass Reparaturen nur von Fachleuten durchführen.

Regeln zum Experimentieren

- Beachte stets die Exprimentieranweisungen.
- Sorge zunächst für einen freien Arbeitsplatz und bemühe dich immer um einen übersichtlichen Aufbau.
- Experimentiere nur mit trockenen Händen.
- Nutze nur Batterien oder spezielle Netzgeräte mit Spannungen unter 25 Volt.
- Achte darauf, dass die Quelle und die Geräte zueinander passen.
- Vermeide Kurzschlüsse.
- Schalte die Quelle erst nach einer Kontrolle der aufgebauten Schaltung ein.
- Schalte die Quelle vor jedem Umbau der Schaltung aus.

METHODE

Umgang mit Schaltplänen

Wenn du den Aufbau einer Schaltung wiedergeben möchtest, könntest du sie fotografieren oder eine genaue Zeichnung des Versuchsaufbaus anfertigen. Für ein Foto brauchst du eine Kamera, zeichnen ist aufwändig. Einfacher geht es mit einem Schaltplan. ▸ Bild 01 zeigt alle drei Möglichkeiten.

Ein Schaltplan ist dabei nicht nur einfach und schnell erstellt; er ist meistens auch übersichtlicher als ein Foto oder eine Zeichnung. Dabei werden für die einzelnen Bauteile einfache **Schaltsymbole** verwendet, die international festgelegt sind (▸ Tabelle). Die Schaltpläne können so auf der ganzen Welt gelesen werden, auch wenn die einzelnen Bauteile in den verschiedenen Sprachen sehr unterschiedliche Namen haben und im Detail oft recht unterschiedlich aussehen.

Einen übersichtlichen Schaltplan erhältst du am leichtesten dann, wenn du die nachfolgenden Regeln zum Zeichnen von Schaltplänen anwendest.

Regeln zum Zeichnen von Schaltplänen
- Achte auf eine übersichtliche Darstellung.
- Verwende stets einen Bleistift.
- Zeichne die Leitungen mit dem Lineal.
- Zeichne jede Leitung entweder waagerecht oder senkrecht.
- Beachte, dass elektrische Quellen und Geräte immer zwei Anschlüsse haben.
- Zeichne Symbole nicht in die Ecken.
- Vermeide Kreuzungen der Leitungen.

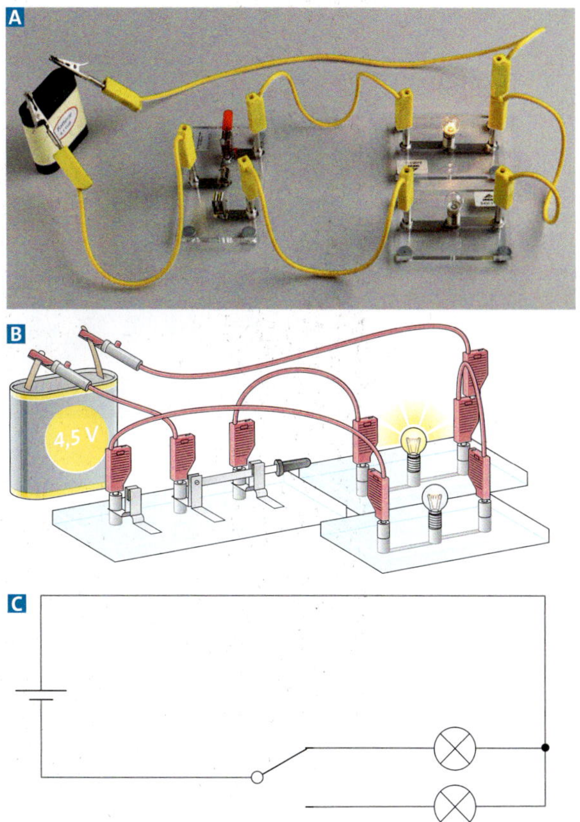

01 Darstellungsformen eines Stromkreises:
A Foto, **B** genaue Zeichnung, **C** Schaltplan

1 Baue eine Schaltung aus Lampen, Schaltern und einer Batterie auf. Zeichne den zugehörigen Schaltplan. Beachte dabei die nebenstehenden Zeichenregeln. Kann dein Nachbar die Schaltung anhand deines Schaltplans nachbauen?

Die folgende Tabelle zeigt einige Schaltsymbole:

Elektrische Quelle (Batterie)	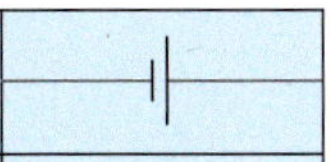	Glühlampe	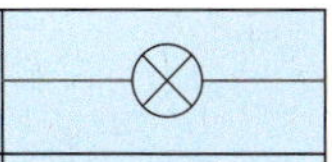	Schalter	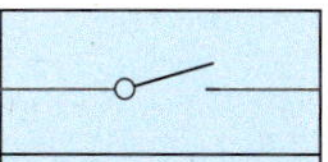
Elektrische Quelle (allgemein)	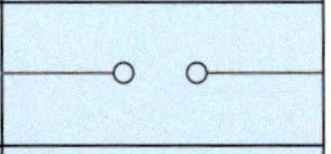	Leuchtdiode (LED)	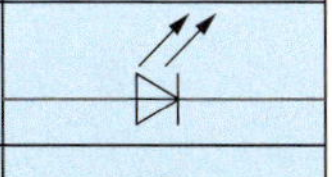	Umschalter	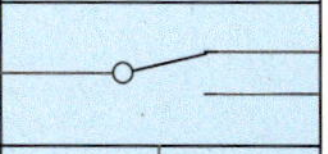
Spule	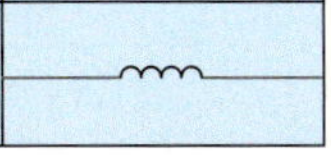	Verzweigung	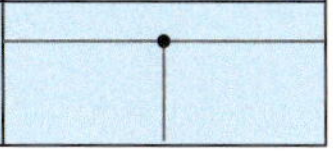	Kreuzung ohne Kontakt	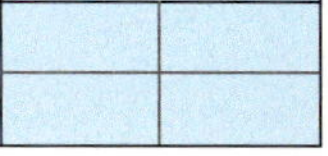

01 Elektrifiziertes Modellhaus

Einfache Schaltungen

In großen Räumen werden häufig mehrere Lampen mit einem einzigen Lichtschalter gleichzeitig ein- und ausgeschaltet. Manchmal werden auch mehrere Schalter im gleichen Raum genutzt.
Wie funktionieren solche Schaltungen?

SCHALTUNGEN VON MEHREREN LAMPEN · Wenn große Räume gleichmäßig erhellt werden sollen, dann sind meist mehrere Lampen erforderlich. So können sie verschiedene Bereiche des Raums ausleuchten. Die Lampen lassen sich oft gemeinsam ein- und ausschalten. Wenn eine Lampe durchbrennt, dann leuchten die anderen trotzdem weiter.

In einem kleinen Experiment möchten wir herausfinden, wie die Lampen dafür in den Stromkreis eingebaut werden müssen. Dazu schließen wir zwei Glühlampen und einen Schalter an eine Batterie an. Dies kann man grundsätzlich auf zwei Arten tun (▸ Bild 02, 04). In beiden Fällen lassen sich die Lampen mit dem Schalter gemeinsam schalten.
Im ersten Fall (▸ Bild 02) liegen die Glühlampen in einer Reihe im Stromkreis. Daher

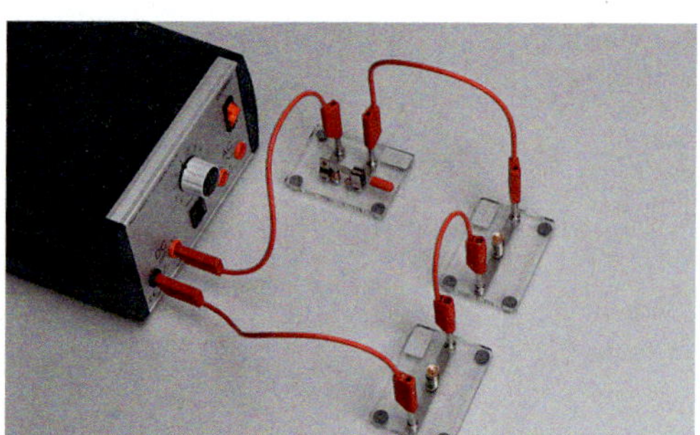

02 Reihenschaltung von zwei Glühlampen

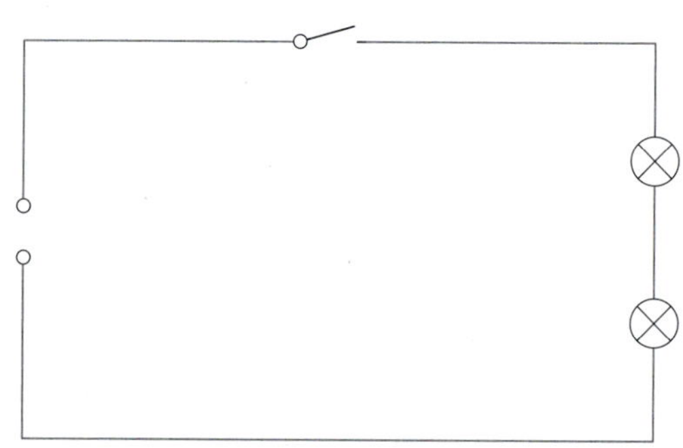

03 Reihenschaltung – Schaltplan

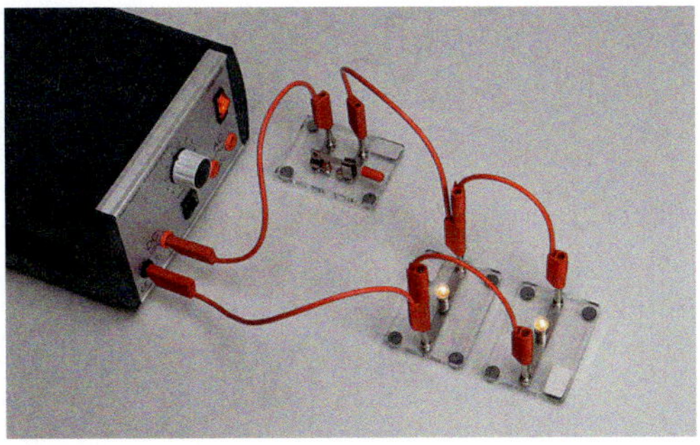

04 Parallelschaltung von zwei Glühlampen

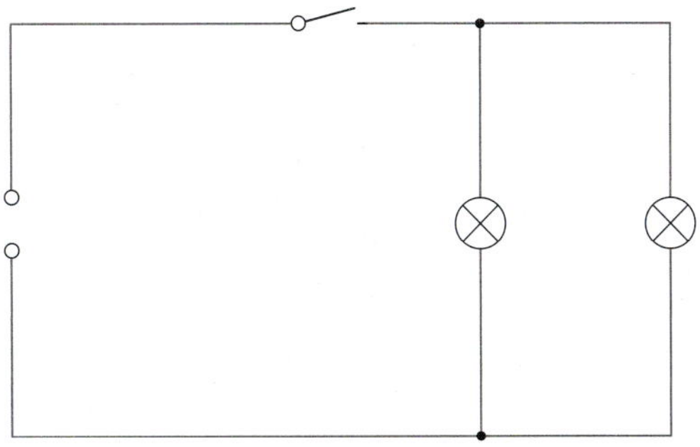

05 Parallelschaltung – Schaltplan

heißt diese Schaltung **Reihenschaltung.** Da es in diesem Fall nur einen einzigen Stromweg gibt, spricht man auch von einem unverzweigten Stromkreis.
Dieser Stromkreis ist nur dann geschlossen, wenn alle Glühlampen intakt und richtig eingeschraubt sind. Sobald eine der Lampen durchbrennt oder wir sie aus der Fassung drehen, erlischt auch die andere. Damit eignet sich die Reihenschaltung nicht für die Beleuchtung von Räumen. Hier soll das Licht schließlich weiterhin brennen, auch wenn eine der Lampen nicht mehr funktioniert.

In Versuchen können wir noch einen weiteren Nachteil der Reihenschaltung beobachten: Je mehr Glühlampen in Reihe geschaltet sind, desto schwächer leuchten sie.

Im zweiten Fall verbinden wir beide Glühlampen direkt mit den Polen der Batterie, wie in ▸ Bild 04. Wie du im Schaltplan (▸ Bild 05) erkennen kannst, verzweigt sich der Stromkreis bei diesem Aufbau. Die Lampen liegen in parallelen Zweigen des Stromkreises. Eine solche Schaltung heißt daher **Parallelschaltung.**
Wenn wir nun eine der beiden Glühlampen aus der Fassung drehen, dann leuchtet die andere unverändert weiter: Der Stromweg durch die eine Lampe ist zwar unterbrochen, der Stromweg durch die andere aber nicht.

Ein weiterer Vorteil der Parallelschaltung liegt darin, dass hier die Glühlampen in den einzelnen Zweigen des Stromkreises heller leuchten als in der Reihenschaltung mit mehreren Glühlampen. In den Zweigen fließt also mehr Strom als in der Reihenschaltung.

In einer Reihenschaltung befinden sich die Bauteile in einem unverzweigten Stromkreis.
In einer Parallelschaltung verzweigt sich der Weg des Stroms zu den verschiedenen Bauteilen.

1 Viele Schaltungen bestehen aus Kombinationen von Reihen- und Parallelschaltungen verschiedener Bauteile. Vergleiche für die in ▸ Bild 06 dargestellte Schaltung die Helligkeiten der einzelnen baugleichen Glühlampen. Begründe deine Aussagen.

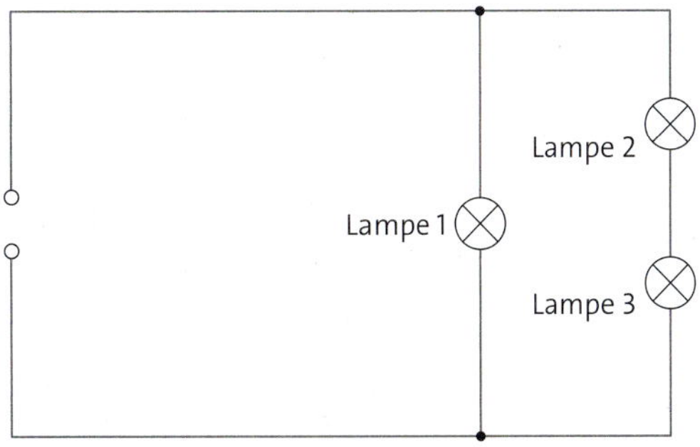

06 Reihen- und Parallelschaltungen kombiniert

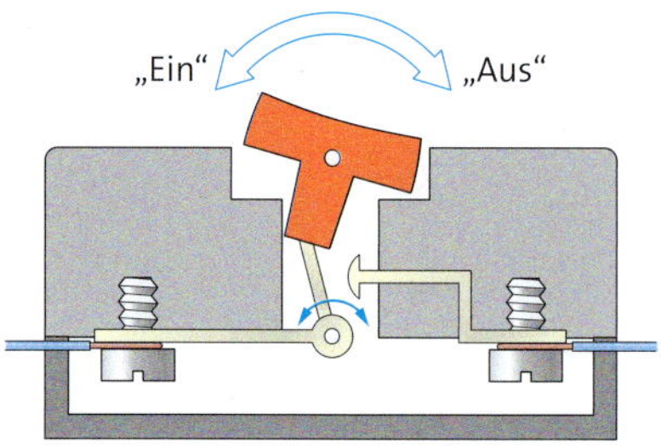

01 Schalter

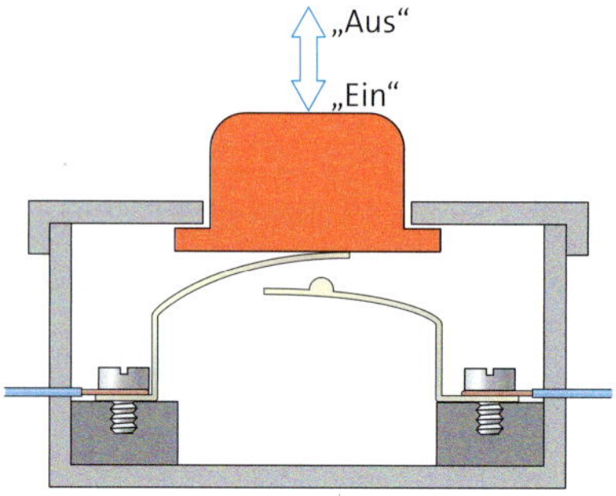

02 Taster

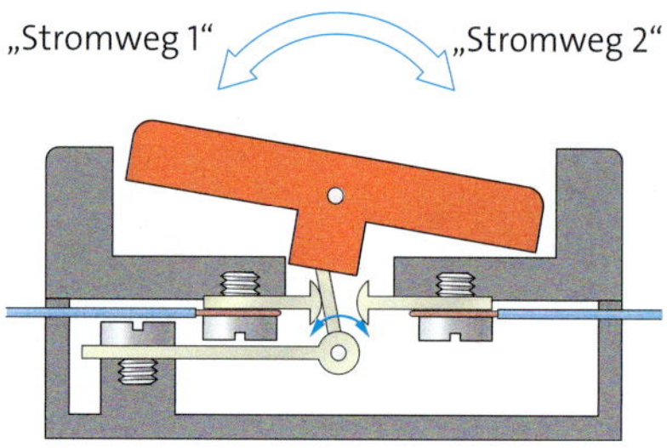

03 Umschalter

SCHALTER IM STROMKREIS · In vielen alltäglichen Schaltungen werden nicht nur mehrere Lampen gemeinsamen ein- und ausgeschaltet. Häufig befinden sich auch mehrere Schalter in einem Stromkreis. Dabei treten verschiedene Sorten von Schaltern auf.

Die Schalter, die wir bisher genutzt haben, haben zwei Stellungen: In der Stellung „Aus" unterbricht der Schalter den Stromkreis, bei „Ein" ist der Stromkreis geschlossen. Im Gegensatz zu Experimentierschaltern sind die Schalter in Wohnräumen so gebaut, dass niemand direkt mit ihren Anschlüssen in Berührung kommen kann (▸ Bild 01). Denn hier liegen lebensgefährliche Spannungen an. Solche Schalter findest du als Lichtschalter oder als Hauptschalter an Elektrogeräten.

Eine andere Sorte Schalter taucht bei Türklingeln auf. Der Klingelton soll nur so lange ertönen, wie der Schalter gedrückt wird. Das erreicht man mit **Tastern** (▸ Bild 02).

Ein besonderer Schalter ist der **Umschalter** (▸ Bild 03). Mit ihm wird der Stromkreis nicht geöffnet oder geschlossen. Stattdessen wird zwischen zwei verschiedenen Stromwegen gewechselt, die unterschiedliche Geräte enthalten können. Im Gegensatz zu Geräten in einer Parallelschaltung werden sie aber nie gleichzeitig vom Strom durchflossen.

Mit Umschaltern können wir z.B. eine Fußgängerampel aufbauen. Bei einer Fußgängerampel dürfen die rote und die grüne Lampe nie gleichzeitig leuchten. Um dies sicherzustellen, wechseln wir mit einem Umschalter zwischen den Stromwegen der grünen und der roten Lampe (▸ Bild 04).

ANORDNUNG VON SCHALTERN · Oft werden Computer, Drucker, Scanner und häufig noch weitere Geräte an eine gemeinsame Steckerleiste angeschlossen, die einen eigenen Schalter hat. Dieser ist dann mit den Schaltern der einzelnen Geräte in Reihe geschaltet. Auf diese Weise lassen sich auch Geräte komplett stromlos schalten, die sonst im Stand-by-Betrieb bleiben würden. Dann kannst du nur drucken, wenn du den Schalter des Druckers *und* den der Steckerleiste gleichzeitig schließt. Man spricht von einer **UND-Schaltung** (▸ Bild 05).

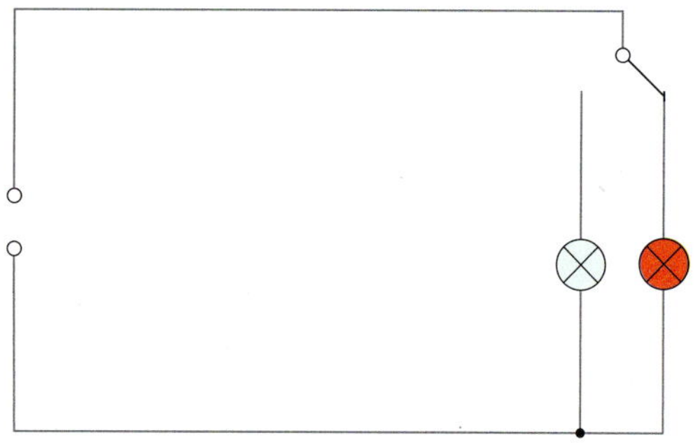

04 Schaltung einer Fußgängerampel

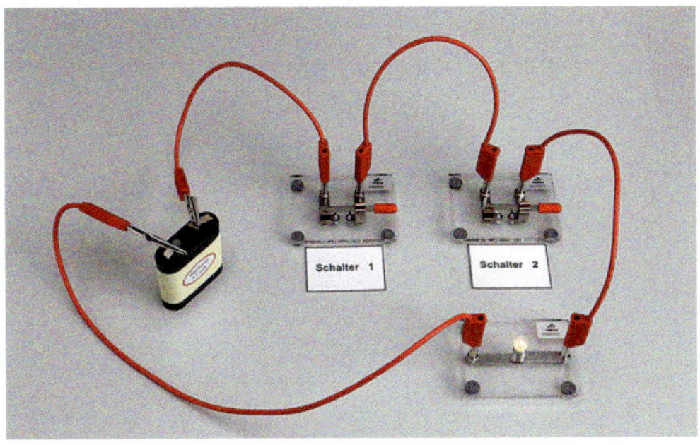

05 UND-Schaltung

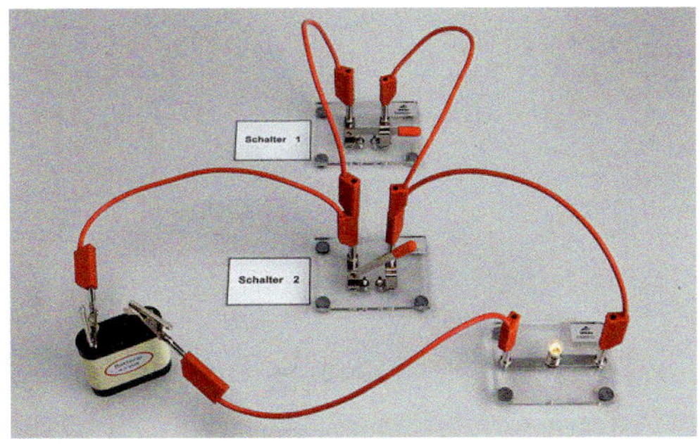

06 ODER-Schaltung

Die Klingel einer Wohnung in einem Mehrfamilienhaus muss dagegen in zwei verschiedenen Fällen läuten: Entweder wird die Klingeltaste an der Haustür gedrückt *oder* die an der Wohnungstür. Da die Klingel läutet, wenn der eine oder der andere Taster gedrückt wird, spricht man hier von einer **ODER-Schaltung.** Dazu werden die Taster parallel geschaltet (▸ Bild 06).

Bei einer UND-Schaltung sind die Schalter in Reihe geschaltet.
Bei einer ODER-Schaltung sind die Schalter parallel geschaltet.

1 Die Innenbeleuchtung im Auto geht an, wenn eine der Türen geöffnet wird. Gib den Schaltungstyp an. Begründe.

2 Eine Spülmaschine lässt sich nur einschalten, wenn die Tür dicht geschlossen ist. Dafür sorgt ein versteckter zweiter Schalter.
a) Du kennst sicher den eigentlichen Einschaltknopf eurer Spülmaschine. Gib an, wo sich der zweite Schalter befinden könnte. Begründe.
b) Gib begründet an, ob hier eine UND- oder eine ODER-Schaltung vorliegt.

UND-Schaltung	ODER-Schaltung
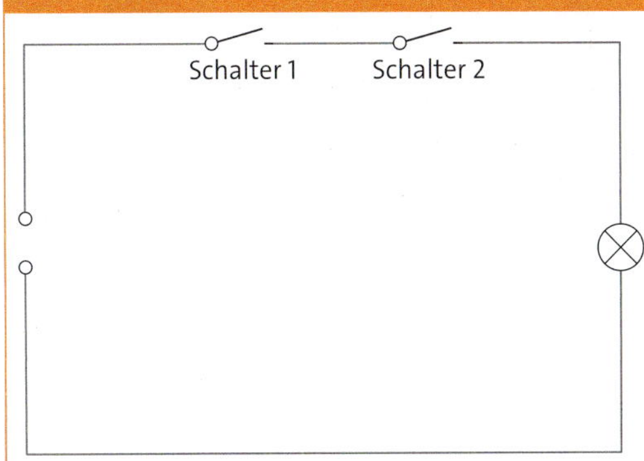	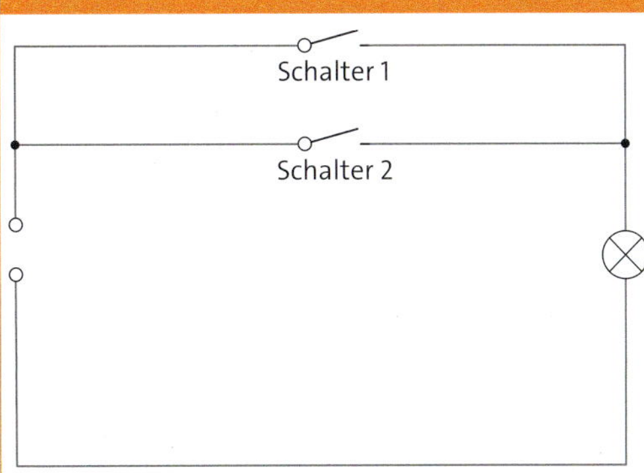
Die Schalter 1 und 2 sind in Reihe geschaltet.	Die Schalter 1 und 2 sind parallel geschaltet.
Die Lampe leuchtet, wenn Schalter 1 *und* Schalter 2 geschlossen sind.	Die Lampe leuchtet, wenn Schalter 1 *oder* Schalter 2 geschlossen ist.

07 Übersicht UND- und ODER-Schaltung

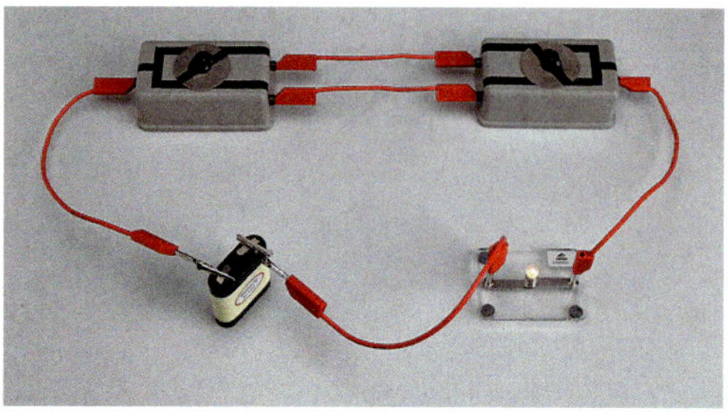

01 Foto einer Wechselschaltung

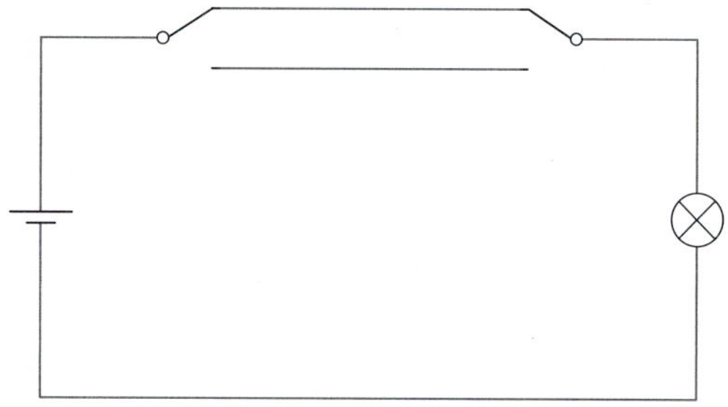

02 Wechselschaltung

WECHSELSCHALTUNG · In großen Räumen oder im Flur ist es wichtig, nicht den ganzen Raum durchqueren zu müssen, um an den Schalter zu kommen. Mithilfe der so genannten **Wechselschaltung** können an zwei Stellen des Raums Schalter angebracht werden (▸ Bild 01), um das Licht zu schalten.

Um eine Wechselschaltung zu erhalten, verbindest du zwei gegenüberliegende Umschalter so miteinander, dass die Lampe leuchtet (▸ Bild 02). Wenn du nun einen der beiden Schalter umlegst, dann sind beide möglichen Stromwege unterbrochen. Sowohl mit dem ersten als auch mit dem zweiten Schalter kannst du den Stromkreis aber wieder schließen.

KOMBINIERTE SCHALTUNGEN · Die meisten Schaltungen sind komplizierter aufgebaut. Im Prinzip bestehen sie aber alle aus mehreren ineinander verschachtelten Reihen- und Parallelschaltungen.
Wie bereits bei der UND-Schaltung erwähnt, schließt man Computer, Drucker und Scanner häufig an eine gemeinsame Steckerleiste an (▸ Bild 03). Deren Schalter ist mit den Schaltern der einzelnen Geräte in Reihe geschaltet. Die Geräte selbst sind über die Anschlüsse der Steckerleiste parallel zueinander geschaltet. Dies ist nötig, damit die einzelnen Geräte unabhängig voneinander arbeiten können.

1 Notiere Beispiele von UND-, ODER- und Wechselschaltungen aus deiner Umgebung und beschreibe ihren Nutzen.

2 Zeichne die Wechselschaltung von ▸ Bild 02 mit allen möglichen Schalterstellungen auf. Kennzeichne jeweils, ob die Lampe leuchtet oder nicht.

3 Entwirf einen Schaltplan für die Steckerleiste in ▸ Bild 03.

4 Zeichne möglichst viele unterschiedliche Schaltpläne mit je einer Batterie, zwei Schaltern und drei Glühlampen. Benenne jeweils die auftretenden Schaltungstypen.

03 Geräte an einer Steckerleiste

VERSUCHE ▸ Aufbau von Schaltungen

In den folgenden Versuchen verwendest du die verschiedenen Schaltungstypen und kombinierst sie.

Material:

drei Glühlampen in verschiedenen Farben, Batterie, zwei Schalter, zwei Umschalter, Kabel, Klemmen

Durchführung:

V1 Der Motor einer Heckenschere darf nur laufen, wenn jede Hand einen Schalter gedrückt hält.
a) Erkläre dies und zeichne einen passenden Schaltplan.
b) Ersetze den Motor durch eine Lampe und prüfe die Schaltung.

V2 Die Lampen in der Schaltung rechts sind alle gleich.
a) Wie ändert sich die Helligkeit der Lampen L_1 bis L_3, wenn man die Schalter S_1 oder S_2 oder beide zugleich schließt?
b) Baue die Schaltung auf und überprüfe deine Vorhersagen.
c) Benenne den vorliegenden Schaltungstyp bei geschlossenen Schaltern.

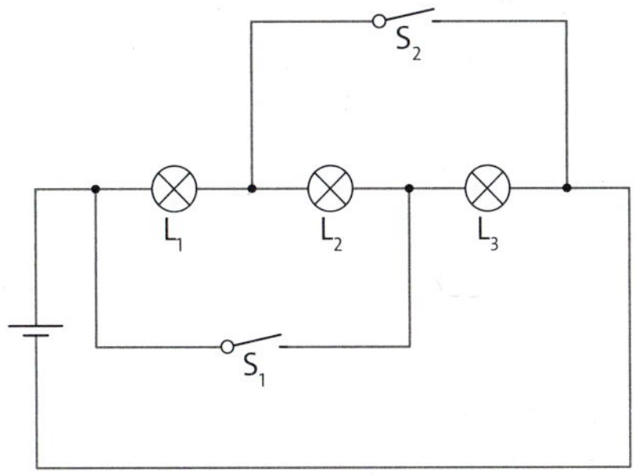

V3 Eine dreifarbige Ampel schaltet in folgenden Phasen:
grün – gelb – rot – gelb – grün.
a) Entwirf eine passende Schaltung mit zwei Umschaltern.
b) Die meisten Ampeln in Deutschland schalten aber grün – gelb – rot – gelb/rot – grün. Füge einen zusätzlichen Schalter in den Schaltplan ein, um dies zu erreichen. Beschrifte die drei Schalter dabei mit S_1, S_2, S_3.
c) Baue die Schaltung aus Versuchsteil b auf und teste sie.
d) Erstelle eine Tabelle und gib darin die Schalterstellungen für die einzelnen Ampelphasen an.

Material A ▸ Knobelschaltungen

A1 Betrachte die drei Schaltungen A bis C.
a) Erkläre zu den Schaltungen A und B, welche Schalter jeweils geschlossen sein müssen, damit die Lampe leuchtet.
b) Schaltung C enthält Umschalter. Diese haben die Schalterstellungen „oben" und „unten". Benenne die Stellungen der drei Schalter, bei denen die Lampe leuchtet.

A2 Über Tims Heft ist Tinte ausgelaufen und dabei muss er heute seine Ergebnisse abgeben! Zum Glück hat er die Anforderungen an die Schaltung aufgeschrieben: Drei Lampen sind mit drei Schaltern S_1, S_2 und S_3 verbunden und leuchten. Wird S_1 geöffnet, gehen alle Lampen aus. Wird nur S_2 geöffnet, geht nur L_1 aus, und wird nur S_3 geöffnet, erlöschen L_2 und L_3.

Hilf Tim und zeichne seine Schaltung neu.

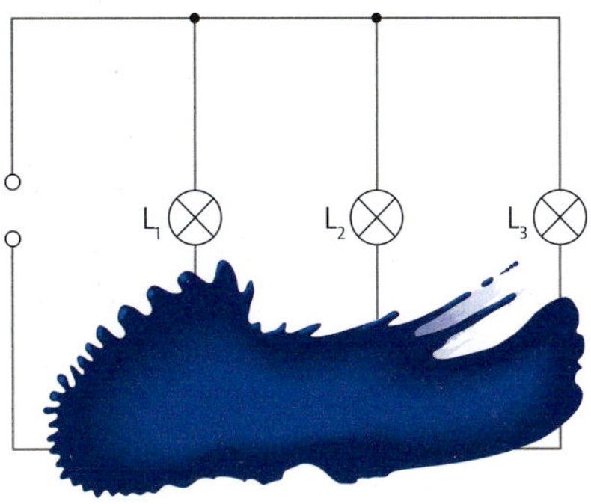

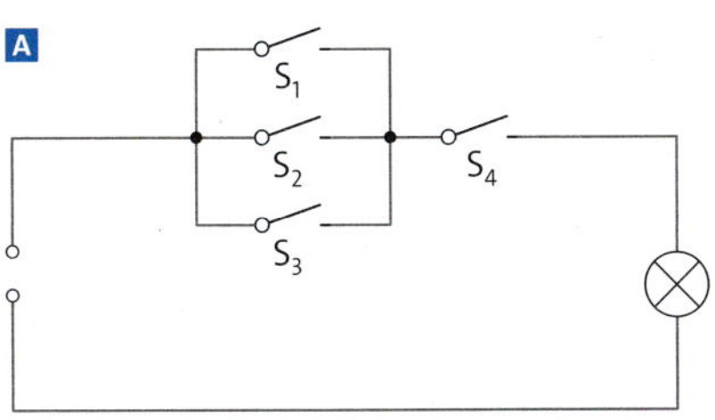

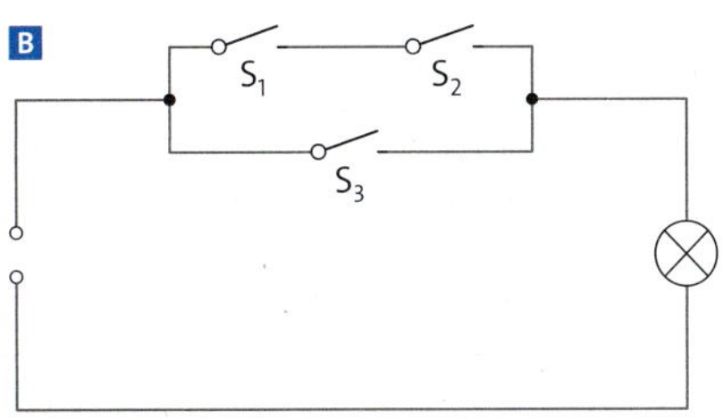

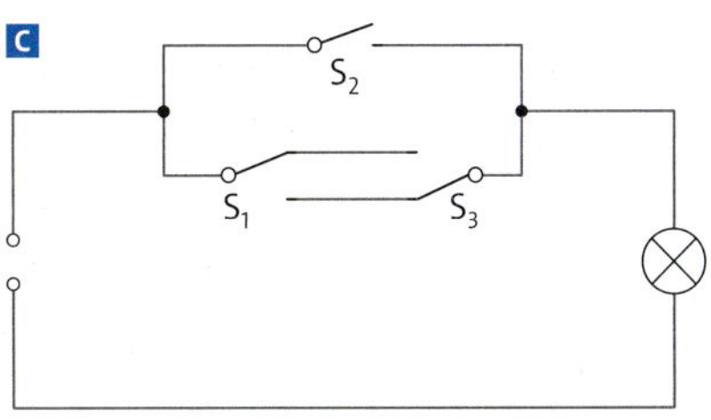

Lichtwirkung → Glühbirne
Wärmewirkung → Herdplatte/Fön
magnet. Wirkung → Recycling / Autoschrott
Chem. Wirkung → Leitfähigkeit in einer Lösung
↓
Exp. Leiter/Nichtleiter
Bewegung → Motoren

01 Warme Luft aus dem Haartrockner trocknet die Haare.

Strom erzeugt Wärme

Die Heizdrähte aus einem Haartrockner sind dünn und zu engen Wendeln aufgedreht. Offensichtlich wird so die beste Heizwirkung erreicht. Warum ist das so?

ELEKTRISCHER STROM ERZEUGT WÄRME · Um der Sache auf den Grund zu gehen, lassen wir Strom durch einen langen, dünnen Draht fließen (▸ Bild 02). Wir beobachten, dass der Draht sich verformt und durchhängt. Fließt ein noch stärkerer Strom durch den Draht, beginnt er zu glühen und schmilzt schließlich. Unsere Beobachtungen zeigen, dass sich der Draht durch den Stromfluss erwärmt und sich daher ausdehnt. Wird er zu heiß, schmilzt er.

Ein von elektrischem Strom durchflossener Draht erwärmt sich. Je mehr Strom fließt, desto heißer wird der Draht.

DÜNNE UND DICKE DRÄHTE · Ob sich ein Draht so weit erhitzt, dass er durchschmilzt, hängt nicht nur von der Stärke des Stroms ab.

Den Versuch in ▸ Bild 03 darfst du nicht selbst ausführen!

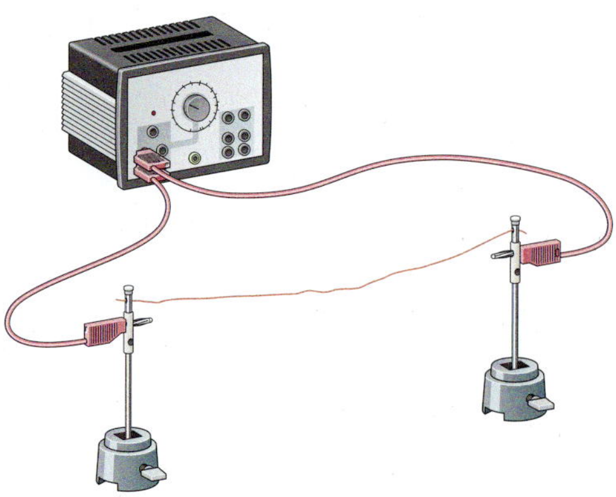

02 Ein stromdurchflossener Draht

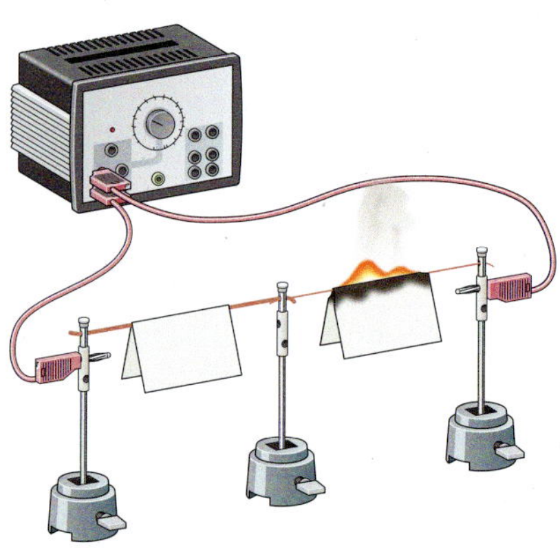

03 Unterschiedlich dicke Drähte im Stromkreis

Mithilfe des Versuchs in ▸ Bild 03 untersuchen wir dies genauer. Zwischen den Stützen erkennst du einen dünnen und einen dicken Draht aus gleichem Material. Beide Drähte befinden sich in einem gemeinsamen Stromkreis. Also fließt durch beide Drähte derselbe elektrische Strom. Über den Drähten hängt je ein Papierblättchen, aber nur das Blättchen über dem dünnen Draht fängt Feuer: Offenbar wird der dünne Draht bei gleich starkem Strom viel heißer als der dicke.

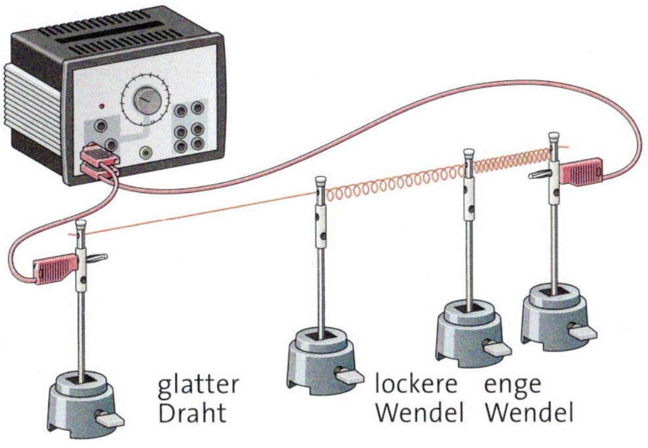

04 Enge Wendeln erhitzen den Draht stark.

DER TRICK MIT DER DRAHTWENDEL · Im Haartrockner ist der Heizdraht zu einer engen Spirale, einer Wendel, aufgedreht. Um deren Bedeutung zu verstehen, nehmen wir drei gleich lange und gleich dünne Drähte. Den ersten spannen wir wie zuvor ein, den zweiten wickeln wir zu einer lockeren Wendel und den dritten zu einer engen Wendel (▸ Bild 04). Fließt Strom durch die Drähte, beginnt die enge Wendel stark zu glühen. Die lockere Wendel glüht schwach und der gerade Draht gar nicht. Je enger der Draht aufgewickelt ist, desto heißer wird er offenbar.
Die heißen Drähte strahlen Wärme ab. Während aber der gerade Draht die Wärme an die Umgebung abgibt, erwärmen sich die einzelnen Windungen der Drahtwendeln auch gegenseitig. Dadurch heizen sie sich stärker auf.
Beim Haartrockner wird ständig Luft durch die Drahtwendel geblasen. Die Wendel besteht aus einem sehr langen, eng gebündelten Draht, der sehr viel Wärme abgibt. Diese Wärme wird von der strömenden Luft aufgenommen und abgeführt. Bei den meisten Haartrocknern glüht die Wendel daher nicht.

Bei der Glühlampe dagegen gibt es keinen kühlenden Luftstrom. Die einzelnen Windungen der Drahtwendel heizen sich so stark auf, dass sie viel heller leuchten als die Wendel in unserem Experiment (▸ Bild 05). Die starke Erwärmung ist allerdings auch ein wesentlicher Nachteil der Glühlampen gegenüber anderen Leuchtmitteln: Um das gewünschte Licht zu erzeugen, ist sehr viel Energie nötig. Nur etwa 5 Prozent davon werden in Form von sichtbarem Licht abgegeben. Den größten Teil der Energie geben Glühlampen in Form von Wärme ab. Ihr Verkauf für den Hausgebrauch ist daher verboten worden. Energiesparlampen und Leuchtdioden nutzen die zugeführte Energie besser aus.

1 Nenne möglichst viele Haushaltsgeräte, die gezielt die Wärmewirkung des elektrischen Stroms nutzen.

2 Bei einer Glühlampe leuchten die Zuleitungen zur Glühwendel nicht. Begründe.

05 Glühlampen nutzen die Wärmewirkung.

BLICKPUNKT

Sicherungen

Um zu verhindern, dass zu starke Ströme Leitungen oder Geräte zerstören, verwendet man elektrische Sicherungen. Sie sollen den Stromkreis unterbrechen, wenn der Strom zu stark wird.

In einem Modellversuch bauen wir einen dünnen Draht in den Stromkreis ein (▸ Bild 01). Wir überbrücken die Glühlampe mit einem Kabel und erzeugen so einen Kurzschluss. Dadurch fließt ein starker Strom. Der dünne Draht erhitzt sich so sehr, dass er schmilzt und den Stromkreis unterbricht, bevor Schlimmeres geschieht. Eine Sicherung, die so funktioniert, nennt man **Schmelzdrahtsicherung.**

Solche Schmelzdrahtsicherungen werden häufig in elektrischen Geräten und im Auto eingesetzt. Im Haus verwendet man meistens Sicherungen, die den Stromkreis unterbrechen, ohne zerstört zu werden.

Alle Sicherungen müssen auf ihren Stromkreis abgestimmt sein. Ein Elektroherd benötigt zum Beispiel einen stärkeren Strom für den Betrieb als die Zimmerbeleuchtung. Daher sollen seine Sicherungen den Stromkreis auch erst bei einem (noch) stärkeren Strom unterbrechen.

Temperaturschalter

Eine Kochplatte oder ein Bügeleisen darf nicht zu heiß werden. Um die Temperatur zu regeln, wird meist ein Schalter aus einem Bimetallstreifen genutzt. Bei einem Bimetallstreifen sind zwei verschiedene Metallschichten, z. B. Messing und Eisen, fest miteinander verbunden. Erwärmt sich der Streifen, dehnt sich das Messing stärker aus als das Eisen. Da die Metalle aber fest miteinander verbunden sind, krümmt sich der Bimetallstreifen zum Eisen hin. Krümmt er sich dabei von der Kontaktstelle eines elektrischen Stromkreises weg, so wird der Stromkreis unterbrochen.

Wir bauen eine solche Schaltung in einem Modellversuch nach (▸ Bild 02). Anfangs schließt der gerade Bimetallstreifen den Stromkreis. Die Glühlampe leuchtet und erhitzt dadurch das Bimetall. Es biegt sich nach oben und unterbricht bei einer bestimmten Temperatur den Stromkreis. Die Glühlampe erlischt und die Temperatur sinkt wieder. Dadurch biegt sich der Bimetallstreifen zurück und schließt den Stromkreis wieder. Unser Temperaturschalter unterbricht den Stromkreis also oberhalb einer bestimmten Temperatur und schließt ihn wieder, wenn sich das Gerät abgekühlt hat.

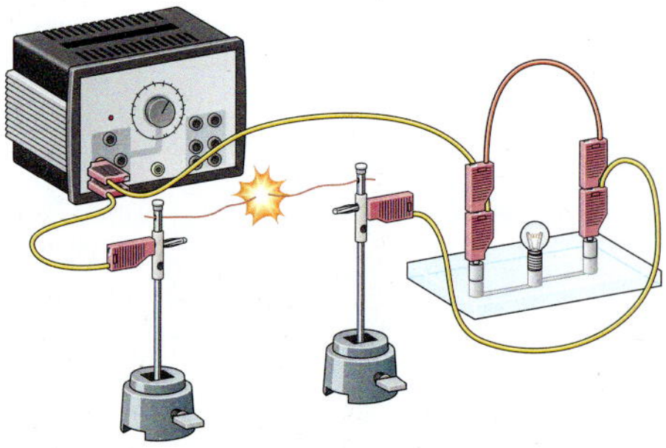

01 Beim Kurzschluss schmilzt der Schmelzdraht.

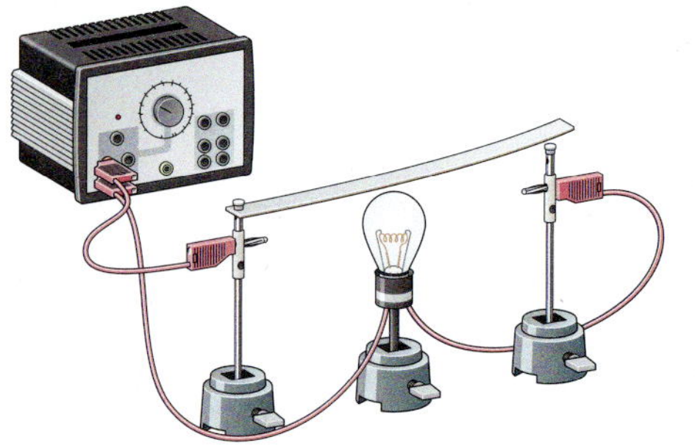

02 Temperaturregelung durch Bimetallstreifen

03 Gerätesicherung

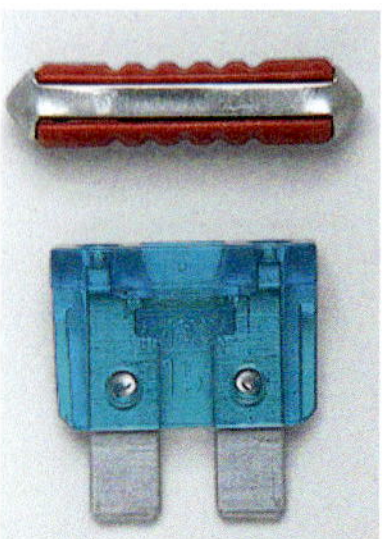

04 Autosicherungen

Den Versuch in ▸ Bild 01 darfst du nicht selbst ausführen!

VERSUCHE ▸ Wärmewirkung des elektrischen Stroms

In den folgenden Experimenten untersuchst du die Wärmewirkung des Stroms genauer.

V1 Haartrockner im Modell

Material:

Glühlampe, Motor, Bimetallstreifen, Kabel, ein Schalter, Stativmaterial, Netzgerät

Durchführung:

Baue die Schaltung aus ▸ Bild 02 auf und teste sie. Die Glühlampe stellt die Glühwendel des Haartrockners dar.

a) Erweitere die Schaltung durch einen einfachen Schalter, mit dem sich der Haartrockner insgesamt ein- und ausschalten lässt. Baue dann den Motor ein. Er steht für das Gebläse und soll immer dann laufen, wenn der Haartrockner eingeschaltet ist.

b) Erläutere den Zweck des Bimetallschalters.

c) Fertige die Schaltskizze an.

V2 Feuermelder

Material:

Batterie (4,5 V), Teelicht, Glühlampe, Kabel, Bimetallstreifen mit Stativmaterial (▸ Bild 02)

Durchführung:

a) Entwirf mit dem gegebenen Material eine Schaltung für einen einfachen Feuermelder.

b) Baue deine Schaltung auf und überprüfe sie.

V3 Styroporschneider

Material:

Konstantandraht (Durchmesser 0,2 mm), Stativmaterial, Netzgerät, Styropor

Durchführung:

Spanne etwa 50 cm Draht zwischen zwei Stativstangen ein. Verbinde den Draht mit dem Netzgerät zu einem geschlossenen Stromkreis.

a) Versuche mit dem eingespannten Draht ein Stück Styropor zu schneiden. (Jemand muss die Stativständer gut festhalten.) Wann geht dies besonders gut?

b) Beschreibe, was mit dem Styropor beim Schneiden passiert.

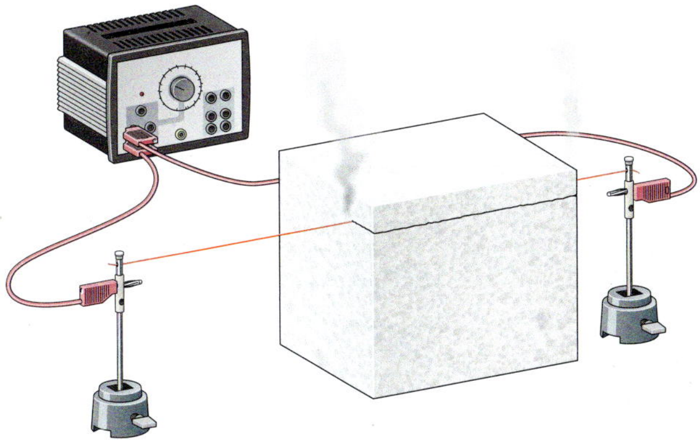

Material A ▸ Glühlampe vor Gericht

Seit September 2009 dürfen Glühlampen in der Europäischen Union nicht mehr als Leuchtmittel verkauft werden. Die EU hat in ihrer Verordnung allerdings nicht die Glühlampe an sich verboten, sondern Vorschriften für Leuchtmittel erlassen, die die Glühlampen nicht erfüllen können.
Leuchtende Glühlampen geben tatsächlich so viel Wärme ab, dass bei ihrer Verwendung nachweislich weniger geheizt werden muss.
Mit diesem Argument wollten Geschäftsleute die Glühlampen als Mini-Heizungen, sogenannte „Heatballs" weiterverkaufen. Der „Lichtverlust" sei nur ein Nebeneffekt der Wärmewirkung. – Der Verkauf der „Heatballs" wurde aber im Juni 2012 gerichtlich verboten.

A1 Trage Argumente für beide Parteien der Gerichtsverhandlung zusammen. Bewerte das Urteil.

A2 Informiere dich im Internet über die aktuellen Alternativen zur Glühlampe.

a) Gib jeweils Vor- und Nachteile an.

b) Diskutiert in Gruppen, welche Lampen ihr wo einsetzen würdet.

01 Müllsortierung nach einem Hausabriss

Strom erzeugt Magnetismus

Nach dem Abriss großer Gebäude müssen die einzelnen Bestandteile des Schutts sortiert und entsorgt werden. Im Bild werden Metallteile eingesammelt. Wie funktioniert das?

MAGNETISMUS AUS DER SPULE · Im Kopf des Maschinenarms in ▸ Bild 01 befinden sich dicht aufgewickelte Drähte, sogenannte Spulen.
Wenn du elektrischen Strom durch die Spule in ▸ Bild 02 fließen lässt, dann richten sich die kleinen Magnetnadeln aus. Offenbar erzeugt die stromdurchflossene Spule ein Magnetfeld. Dieses Magnetfeld ähnelt dem eines Stabmagneten und hat dementsprechend einen Nord- und einen Südpol (▸ Bild 03). Man spricht von einem **Elektromagnet.**
Ändern wir die Stromrichtung, dann vertauschen sich auch Nord- und Südpol des Magnetfelds der Spule.

Doch mit einer Spule allein lassen sich keine schweren Lasten heben. Das funktioniert nur dann, wenn sich in der Spule ein möglichst großes Stück Eisen befindet, ein Eisenkern.

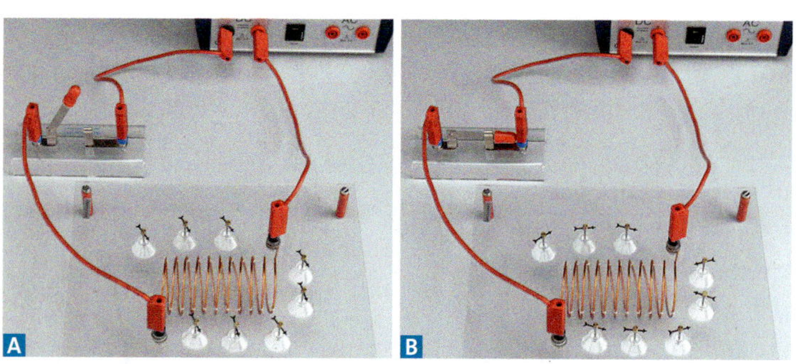

02 Die Magnetnadeln richten sich im Magnetfeld der stromdurchflossenen Spule aus.

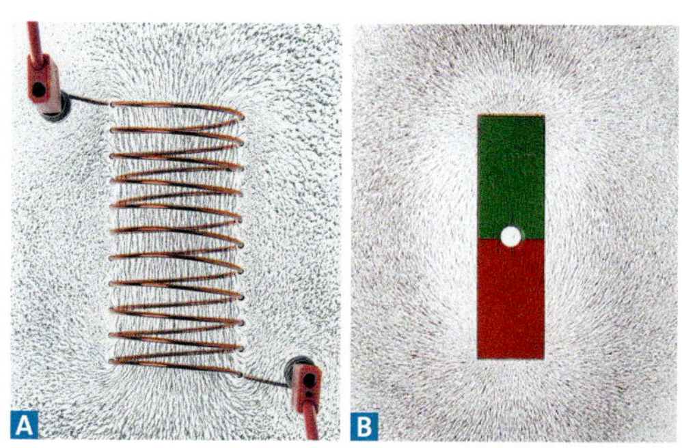

03 Magnetfeld einer stromdurchflossenen Spule **(A)** und eines Stabmagneten **(B)**

Die Funktion des Eisenkerns können wir mit dem Modell der Elementarmagnete verstehen: Wenn kein Strom durch die Spule fließt, dann sind die Elementarmagnete im Eisen völlig ungeordnet. Das Eisen ist nicht magnetisiert (▸ Bild 04 A). Fließt dagegen ein elektrischer Strom durch die Spule, dann richten sich die Elementarmagnete im magnetischen Feld der Spule aus und verstärken es (▸ Bild 04 B).

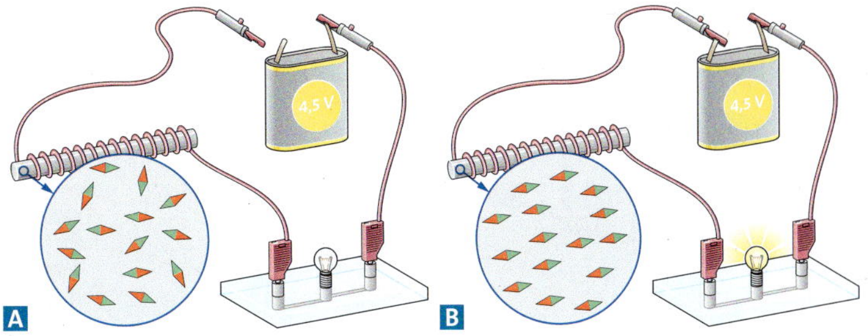

04 Die Elementarmagnete im Eisenkern richten sich im Magnetfeld der stromdurchflossenen Spule aus.

Eine stromdurchflossene Spule erzeugt ein schwaches Magnetfeld. Ein Eisenkern verstärkt dieses Magnetfeld.

GERADER LEITER · Fließt ein elektrischer Strom durch einen zur Spule gewickelten Draht, erzeugt er ein Magnetfeld. Trifft das auch auf einen geraden stromdurchflossenen Leiter zu? Um dies zu klären, spannen wir einen Kupferdraht in Nord-Süd-Richtung und verbinden ihn über einen Schalter mit den Polen einer regelbaren elektrischen Quelle. Dann stellen wir eine Magnetnadel unter den Draht (▸ Bild 05).

Sobald wir den Schalter schließen, wird die Magnetnadel abgelenkt. Je mehr Strom durch den Draht fließt, desto weiter weicht die Magnetnadel von der Nord-Süd-Richtung ab. Zum Schluss stellt sich die Nadel quer zum Draht ein. Halten wir die Magnetnadel dagegen nicht unter, sondern über den Draht, dann zeigt sie in die entgegengesetzte Richtung. Das liegt daran, dass ein stromdurchflossener gerader Leiter von einem Magnetfeld umgeben ist, dessen Feldlinien im Kreis verlaufen – es gibt weder einen Nord- noch einen Südpol (▸ Bild 06).

Polen wir die Stromrichtung um, dreht sich die Magnetnadel in die entgegengesetzte Richtung. Mit der Stromrichtung kehrt sich also auch die Richtung des Magnetfelds um.

Jeder stromdurchflossene Leiter ist von einem kreisförmigen Magnetfeld umgeben.

1 Erstelle einen tabellarischen Vergleich von Elektromagnet und Dauermagnet.

07 HANS CHRISTIAN OERSTED beobachtet, wie ein stromdurchflossener Leiter eine Magnetnadel beeinflusst.

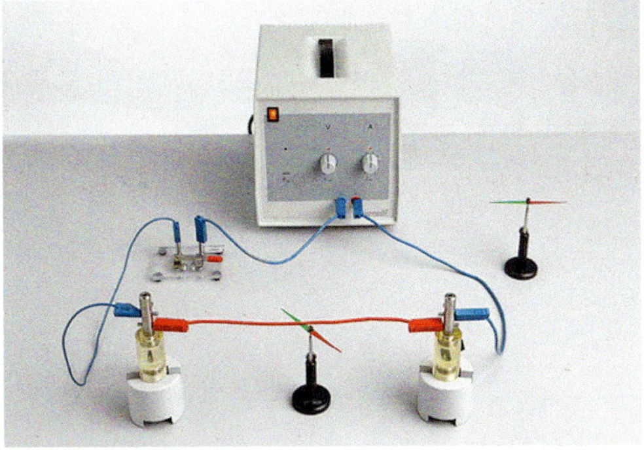
05 Eine Magnetnadel wird abgelenkt.

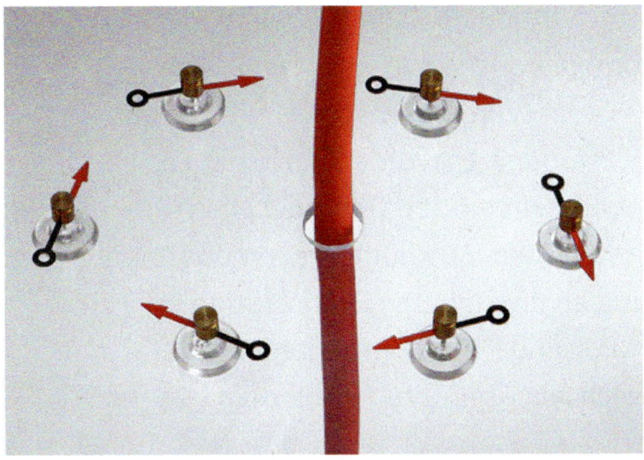
06 Kreisförmiges Magnetfeld um einen Leiter

BLICKPUNKT

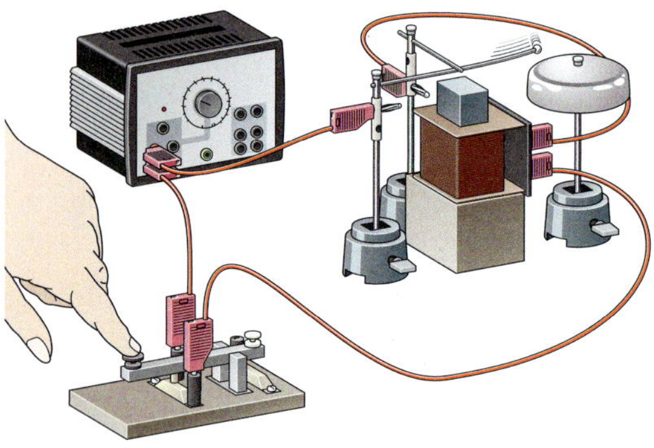

01 Modellversuch zur elektrischen Klingel

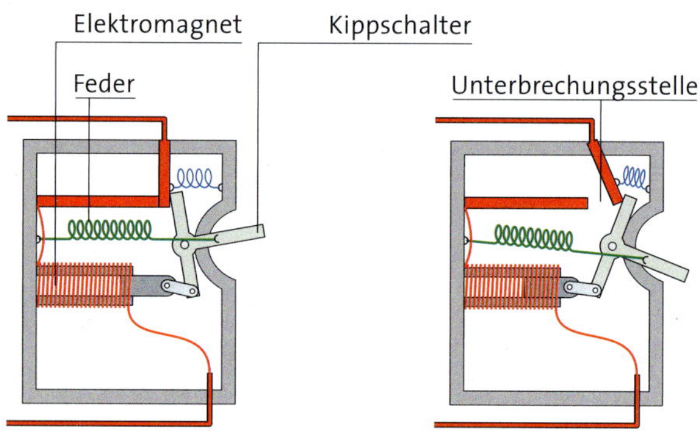

02 Sicherungsautomat

Elektrische Klingel
Eine Klingel besteht im Wesentlichen aus einem Elektromagneten, einem elastischen Metallstab und einer Glocke (▸ Bild 01). Schließt man den Klingelschalter, dann zieht der Elektromagnet den Metallstab an und dieser schlägt gegen die Glocke. Dabei entfernt sich der Metallstab aber auch von der Kontaktstelle. Der Stromkreis ist somit unterbrochen, der Metallstab wird nicht mehr angezogen und schwingt zurück. Dadurch wird der Stromkreis wieder geschlossen, der Metallstab wird wieder angezogen und der Vorgang wiederholt sich.

Relais
Man kann eine Spule nutzen, um einen entfernten Schalter in einem anderen Stromkreis zu betätigen (▸ Bild 03). Dazu schließt man einen Stromkreis (Steuerkreis), in dem sich ein Elektromagnet befindet. Dieser Elektromagnet zieht einen Schalthebel an, der einen anderen Stromkreis (Arbeitskreis) öffnet bzw. schließt. Ein solches Gerät wurde 1835 von dem Physiker JOSEPH HENRY erfunden. Es wurde bald in der Telegrafie als Signalverstärker genutzt. Denn die elektrischen Signale mussten alle 30 Kilometer erneuert werden. In Anlehnung an die früheren Relaisstationen der Post, an denen Reisende ihre Pferde gegen ausgeruhte Tiere auswechseln konnten, nennt man das Gerät auch Relais.

Sicherungsautomat
Ein Sicherungsautomat ist ein Schalter, der den Stromkreis unterbricht, wenn der Strom zu stark wird. ▸ Bild 02 zeigt die Funktionsweise: Fließt zu viel Strom, dann zieht der eingebaute Elektromagnet den am Kippschalter befestigten Eisenstab an. Dadurch kippt der Schalter in die untere Stellung und der Stromkreis wird unterbrochen (im Bild rechts). Die Feder verhindert, dass der Schalter in die obere Stellung zurückspringt. Den Sicherungsautomaten kann man wieder einschalten, wenn der Fehler, z. B. ein Kurzschluss, beseitigt ist.

1 Beschreibe die Funktionsweise des Relais.

2 Hat die Stromrichtung im Steuerstromkreis Einfluss auf die Funktion des Relais?

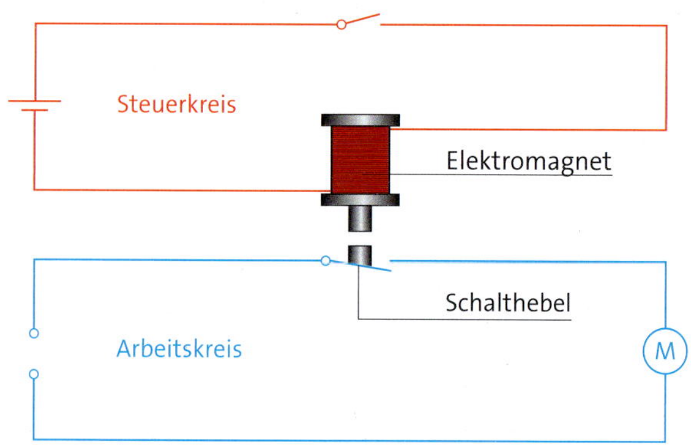

03 Schaltplan eines Relais

VERSUCHE ▸ Bau eines Elektromagneten

In den Versuchen untersuchst du, wie ein Elektromagnet funktioniert.

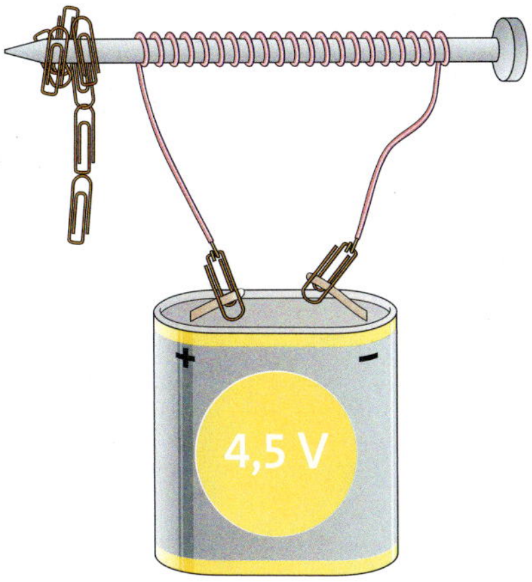

Material:
isoliertes Kabel, Eisennagel, Batterie, Büroklammern, Magnetnadel

Durchführung:
Baue einen Elektromagneten wie im Bild dargestellt. Entferne dazu die Isolierung an den Enden des Kabels.

V1 Versuche möglichst viele Büroklammern zu heben.

V2 Finde heraus, wie man den Elektromagneten verbessern kann. Dazu kannst du die Windungszahl ändern, Kerne verschiedener Länge oder aus verschiedenen Materialien verwenden, die Büroklammern neben- oder untereinander anordnen sowie die Batterien wechseln.

V3 Untersuche mit einer Magnetnadel, was passiert, wenn du die elektrischen Pole vertauschst.

Material A ▸ Türgong und Magnetschalter

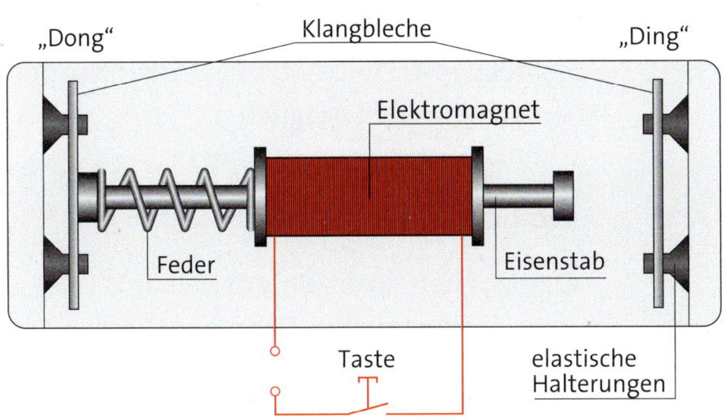

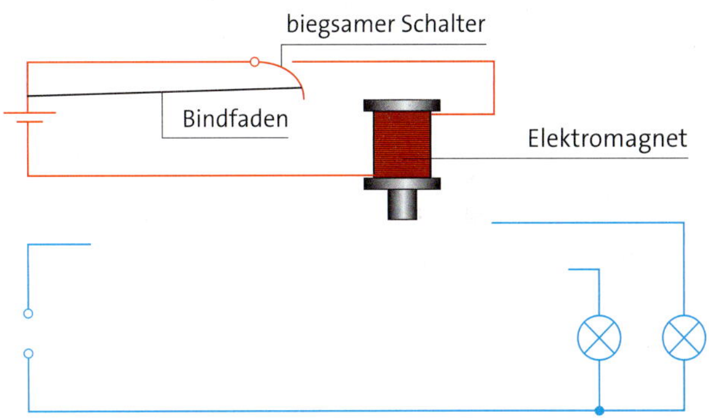

A1 Anstelle einer elektrischen Klingel findet man häufig einen Türgong. Wenn du auf den Klingelknopf drückst, ertönt ein „Ding“, beim Loslassen ein „Dong“.
a) Betrachte zunächst den Aufbau des Türgongs: In der Mitte zwischen zwei Klangblechen ist ein Elektromagnet befestigt. Auf der einen Seite der Spule befindet sich eine Metallfeder. An dieser Feder ist ein Eisenstab befestigt, der an der einen Seite die eine Klangplatte berührt und mit dem anderen Ende in die Spule hineinreicht. Erkläre die Bedeutung der Feder.
b) Erkläre die Funktionsweise des Türgongs.
c) Jana möchte bei ihrer Freundin „Sturm klingeln“. Gero meint, das sei mit einem Türgong gar nicht möglich. Beurteile die Ansichten der beiden.

A2 Emre hat sich eine tolle Alarmanlage ausgedacht. Wenn alles in Ordnung ist, dann soll die Lampe L_1 leuchten. Reißt der Bindfaden infolge eines Einbruchs durch, dann soll stattdessen L_2 leuchten.
a) Übernimm den unvollständigen Schaltplan in dein Heft und ergänze ihn so, dass er die genannten Anforderungen erfüllt.
b) Beschreibe die Funktionsweise der Alarmanlage.
c) Ein Einbrecher soll den regulären Zustand nicht einfach mit einem neuen Bindfaden wiederherstellen können. Daher hat der Schalthebel keine Rückstellfeder. Stattdessen nutzt Emre einen Magneten als Schalthebel. Gib an, wie man diesen wieder in seine Ausgangsposition bringen kann.

Magnetische Wirkung

Magnete wirken auf Körper, die Eisen, Nickel oder Kobalt enthalten. Körper aus solchen Materialien nennt man **ferromagnetisch.**
Ein Magnet und ein ferromagnetischer Körper ziehen sich gegenseitig an.

Magnetpole

Die Stellen des Magneten mit der stärksten Wirkung auf seine Umgebung heißen Pole. Jeder Magnet hat einen **Nordpol** und einen **Südpol.**

Es gibt keinen Magneten mit nur einem Pol. Beim Zerteilen eines Magneten entstehen jeweils neue Magnete mit Nord- und Südpol.

Polregel: Gleiche Pole stoßen sich ab, ungleiche Pole ziehen sich an.

Elementarmagnetemodell

Im Modell bestehen ferromagnetische Stoffe aus Elementarmagneten. Diese haben jeweils einen festen Platz, können sich aber drehen.

- Bei nicht magnetisierten Körpern sind die Elementarmagnete ungeordnet und zeigen in beliebige Richtungen.
- Bei Magneten sind die Elementarmagnete alle gleich ausgerichtet (geordnet).

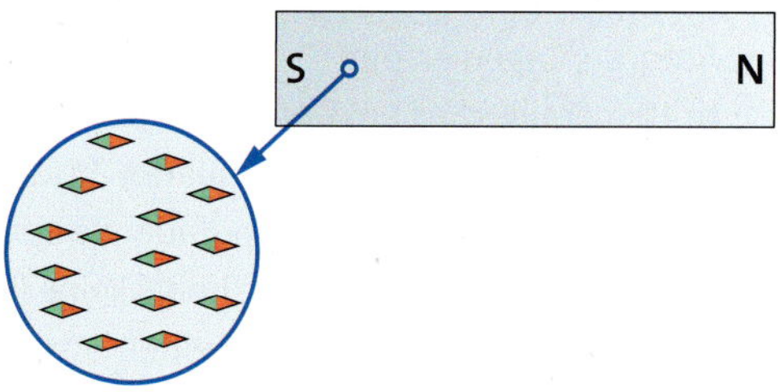

Magnetisieren

Man magnetisiert einen ferromagnetischen Körper, indem man ihn mit einem Magneten überstreicht. Durch Erschütterungen oder Erhitzen entmagnetisiert man den Körper wieder.
Im Modell führt das einheitliche Ausrichten der Elementarmagnete zur Magnetisierung. Zerstören der einheitlichen Ausrichtung entmagnetisiert den Körper.

Magnetfelder

Magnete sind von einem Magnetfeld umgeben. Hier wirken magnetische Anziehung und Abstoßung ohne direkten Kontakt. Magnetnadeln oder Eisenspäne richten sich im magnetischen Feld entlang der (gedachten) **Feldlinien** aus. Feldlinienbilder verdeutlichen die magnetische Wirkung in der Umgebung eines Magneten.

Erdmagnetfeld

Das Magnetfeld der Erde ähnelt dem Feld eines Stabmagneten. Der magnetische Südpol liegt in der Nähe des geografischen Nordpols. In Deutschland münden die Feldlinien schräg in den Erdboden.

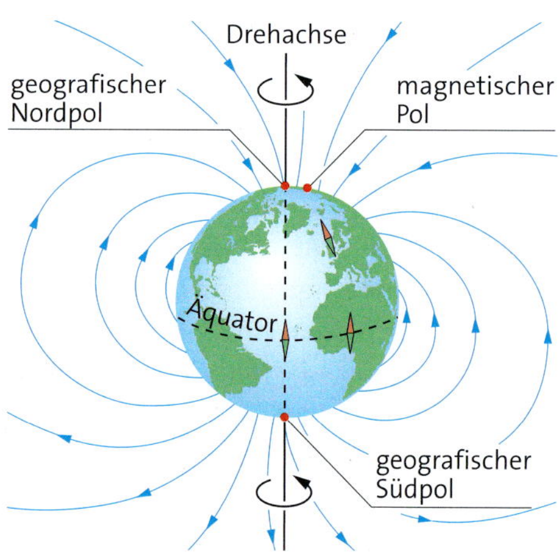

Stromkreise

Jeder **Stromkreis** enthält die Grundelemente:
- elektrische **Energiequelle** (z. B. Batterie)
- elektrische **Leiter** (z. B. Kabel)
- elektrische **Geräte** (z. B. Lampe)

Quellen und Geräte müssen dabei aufeinander abgestimmt sein: Ihre Spannungsangaben müssen möglichst gut zusammenpassen.

Metalle sind gute elektrische **Leiter.**
Glas, Keramik und Kunststoffe leiten den Strom nicht. Sie werden als **Nichtleiter** bzw. Isolatoren bezeichnet.
Flüssigkeiten leiten elektrischen Strom meist schlechter als Festkörper. Gelöste Stoffe in Flüssigkeiten sorgen für eine bessere Stromleitung.

Ein **elektrischer Strom** kann nur dann fließen, wenn der Stromkreis geschlossen ist. Dann wird Energie von der Quelle zu den Geräten transportiert.

Elektrische Schaltungen

In einer **Reihenschaltung** befinden sich die Bauteile in einem unverzweigten Stromkreis. In einer **Parallelschaltung** verzweigt sich der Weg des Stroms zu den verschiedenen Bauteilen.

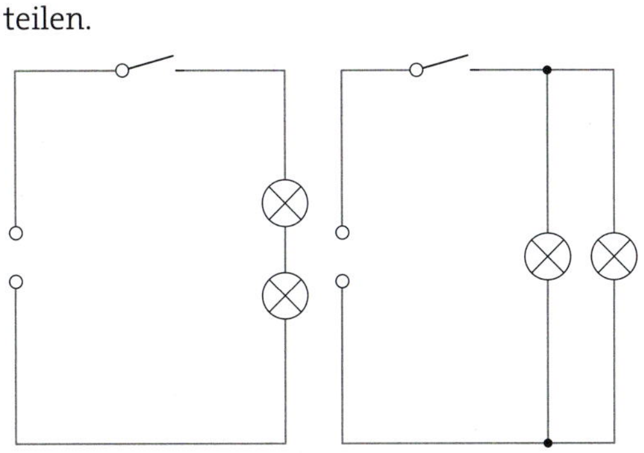

Bei einer **UND-Schaltung** sind die Schalter in Reihe geschaltet. Nur wenn alle Schalter geschlossen sind, fließt Strom.

Bei einer **ODER-Schaltung** sind die Schalter parallel geschaltet. Es fließt Strom, sobald mindestens einer der Schalter geschlossen ist.

Für eine **Wechselschaltung** werden zwei Umschalter so verbunden, dass zwischen zwei unterschiedlichen Stromwegen gewechselt werden kann.

Stromwirkungen

Elektrische Ströme lassen sich an ihren Wirkungen erkennen.
- Ein von elektrischem Strom durchflossener Draht erwärmt sich. Die **Wärmewirkung** macht sich umso mehr bemerkbar, je dünner der Draht und je stärker der Strom ist.
- Die **Lichtwirkung** des elektrischen Stroms zeigt sich z. B. bei Glühlampen und Leuchtdioden.
- Jeder stromdurchflossene Leiter ist von einem Magnetfeld umgeben. Diese **magnetische Wirkung** nutzt man beim Elektromagneten. Hier wird das Magnetfeld der stromdurchflossenen Spule durch einen Eisenkern verstärkt.

Sicherer Umgang mit Elektrizität

Werden beide Pole einer elektrischen Quelle direkt miteinander verbunden, entsteht ein **Kurzschluss.** Da dann besonders viel Strom fließt, kann dies gefährlich werden.

Das menschliche Blut leitet elektrischen Strom. Herz und Muskulatur sind elektrisch gesteuert. Deshalb ist dringend **Vorsicht beim Umgang mit Elektrizität** geboten. Experimentiere daher nur mit Batterien oder mit speziellen Netzgeräten der Schule. Schraube keine elektrischen Geräte auf und bastle nicht an Zuleitungen. Hier besteht Lebensgefahr!

A ▸ Magnetismus

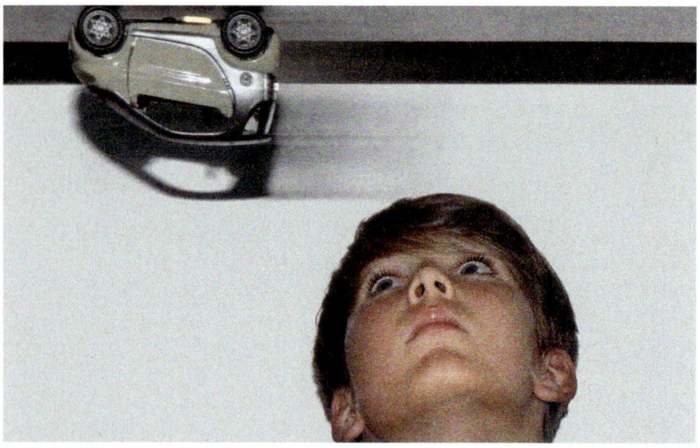

Kann ich ...

1 die Bezeichnung „ferromagnetische Körper" an Beispielen erläutern?

2 einen Versuch zur wechselseitigen Anziehung von Magneten und ferromagnetischen Körpern demonstrieren?

3 die Polregel an einem Beispiel erklären?

4 begründen, dass es keinen Magneten mit einem einzigen Pol gibt?

5 mit einer Magnetnadel magnetische Wirkung und Polung von Magneten prüfen?

6 erklären, wie man ferromagnetische Körper magnetisiert?

7 das Modell der Elementarmagnete auf die Magnetisierung und Entmagnetisierung eines Körpers anwenden?

8 erläutern, woran man ein magnetisches Feld erkennt?

9 mehrere Möglichkeiten angeben, um Feldlinienbilder zu erstellen?

10 Feldlinienbilder eines Stabmagneten und der Erde skizzieren?

11 ein Experiment zur Abschirmung der magnetischen Wirkung erläutern?

B ▸ Elektrizität

Kann ich ...

1 die Grundelemente eines Stromkreises nennen?

2 Beispiele für Leiter und Nichtleiter nennen?

3 beschreiben, wie man erreicht, dass Flüssigkeiten den elektrischen Strom besser leiten?

4 Schaltpläne zeichnen und Schaltungen nach Schaltplänen aufbauen?

5 Gemeinsamkeiten und Unterschiede von Parallelschaltung und Reihenschaltung angeben?

6 die Bezeichnungen der UND- und der ODER-Schaltung begründen?

7 den Schaltplan einer Wechselschaltung zeichnen und erläutern, was bei unterschiedlichen Schalterstellungen geschieht?

8 Wirkungen des elektrischen Stroms nennen?

9 Geräte nennen, die die Wärmewirkung des elektrischen Stroms nutzen?

10 erklären, welche Bedeutung der Eisenkern eines Elektromagneten hat?

Wir betrachten hier folgende Basiskonzepte: Energie, System, Wechselwirkung und Struktur der Materie. Mehr zu den Basiskonzepten erfährst du am Ende des Buches.

Struktur der Materie

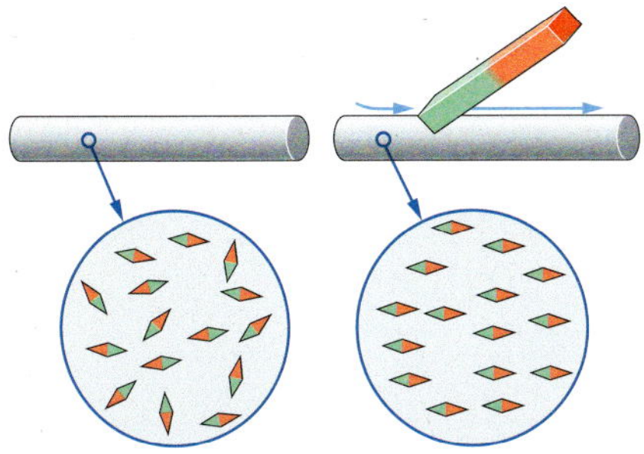

- Im Modell bestehen Magnete aus geordneten Elementarmagneten.
- Ferromagnetische Körper (die z.B. Eisen, Nickel oder Kobalt enthalten) können dauerhaft magnetisiert werden.
- Metalle sind gute elektrische Leiter. Glas, Keramik und Kunststoffe sind Nichtleiter bzw. Isolatoren. Flüssigkeiten sind meist relativ schlechte elektrische Leiter.

System

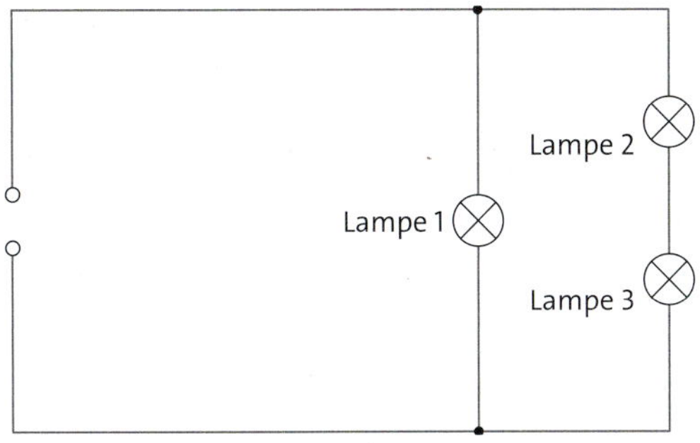

- Stromkreise sind Systeme, die eine Stromquelle, elektrische Leiter und elektrische Geräte enthalten.
- In einer Reihenschaltung fließt der gesamte Strom durch alle Geräte. In einer Parallelschaltung verteilt sich der Strom auf mehrere Geräte.
- In einer UND- bzw. ODER-Schaltung kombiniert man Schalter für einen bestimmten Zweck.

Wechselwirkung

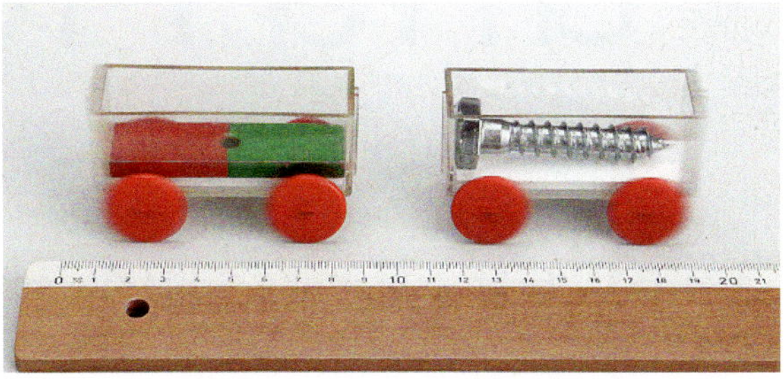

- Ein Magnet und ein ferromagnetischer Körper ziehen sich gegenseitig an: Sie wechselwirken.
- Gleiche Magnetpole stoßen einander ab, ungleiche Pole ziehen einander an.
- Im Magnetfeld wirken Magnete ohne direkten Kontakt auf andere Magnete oder ferromagnetische Körper.
- Stromdurchflossene Leiter werden warm und sind von einem ringförmigen Magnetfeld umgeben.

Energie

- In einem Stromkreis wird Energie von der Stromquelle auf die Geräte übertragen.

1 Ordne „Bimetalle" und „sicherer Umgang mit Elektrizität" Basiskonzepten zu. Vergleiche mit deinem Nachbarn. Diskutiert eure Entscheidungen.

Sehen und Hören

In diesem Kapitel beschäftigst du dich mit

- den grundlegenden Eigenschaften von Licht und Schall. Du lernst verschiedene Arten der Schallerzeugung kennen und erfährst dabei, wie Schall und Schwingungen zusammenhängen. Du lernst, wie man Schwingungen physikalisch beschreiben und bildlich darstellen kann.

- der Ausbreitung von Licht und Schall. Dabei erfährst du viel über das Sehen und Hören. Außerdem lernst du mithilfe des Lichtstrahlmodells die Ausbreitung des Lichts zu beschreiben. Du erfährst, dass der Schall Zeit braucht, um vom Sender zum Empfänger zu gelangen, und wie man die Schallgeschwindigkeit bestimmt. Du lernst auch, wie sich Licht und Schall beim Auftreffen auf Gegenstände und Körper verhalten.

- dem Auffangen von Licht und Schall. Du lernst, wie man mit einer Lochkamera Bilder erzeugt. Und du beschäftigst dich mit der Funktionsweise des menschlichen Ohrs und erfährst einiges über Lärm und Lärmschutz.

01 Radfahrer im Straßenverkehr

Licht und Sehen

Wenn du im Dunkeln draußen unterwegs bist, bist du nicht immer gut zu sehen. Auch du kannst nicht alles um dich herum gleich gut sehen. Wann kann man überhaupt etwas sehen und wann sieht man gar nichts?

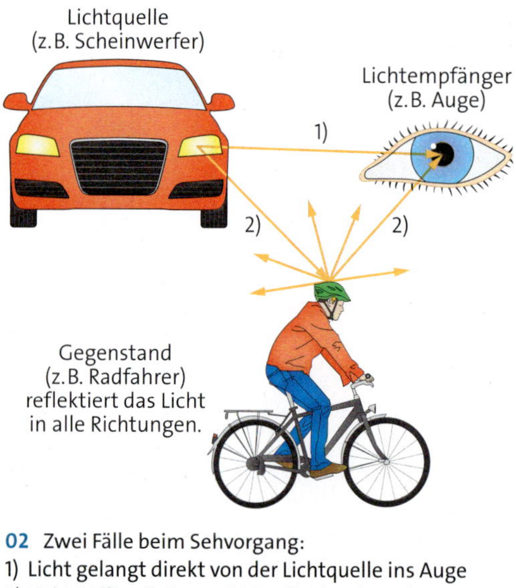

02 Zwei Fälle beim Sehvorgang:
1) Licht gelangt direkt von der Lichtquelle ins Auge
2) Licht trifft auf einen nicht selbstleuchtenden Gegenstand und ein Teil des Lichts gelangt von dort ins Auge.

WANN KANN MAN ETWAS SEHEN? · Zum Sehen braucht man nicht nur Augen, sondern auch Licht. Wenn es ganz dunkel ist, sieht man mit den besten Augen nichts. In einer Situation wie in ▸ Bild 01 siehst du also nur dann etwas, wenn Licht von den Scheinwerfern, vom Radfahrer, von der Straße oder von den Reflektoren in dein Auge gelangt.

SELBSTLEUCHTEND? BELEUCHTET? · Die Autoscheinwerfer leuchten selbst. Selbstleuchtende Körper nennt man in der Physik Lichtquellen. Die Scheinwerfer beleuchten Straße und Radfahrer. Beide reflektieren das Licht, das auf sie fällt, in verschiedene Richtungen (▸ Bild 02). Wenn dieses reflektierte Licht in dein Auge gelangt, dann kannst du Straße und Radfahrer sehen. Allgemein können wir sagen:

Du kannst selbstleuchtende und beleuchtete Körper nur dann sehen, wenn das von ihnen ausgehende Licht in dein Auge gelangt.

KANN MAN LICHT SEHEN? · Wenn du an einem sonnigen Morgen durch den Wald gehst und der Frühnebel noch zwischen den Bäumen hängt, sieht es so aus, als ob du Sonnenstrahlen sehen könntest (▸ Bild 03). Mit dem folgenden Versuch wollen wir dies genauer untersuchen.

In einem völlig abgedunkelten Raum leuchten wir mit einem Laser auf eine Wand (▸ Bild 04). Im Gegensatz zur Szene im Wald können wir den Weg des Lichts nicht erkennen. Wir beobachten lediglich einen roten Fleck an der Wand. Das Laserlicht wird von der Wand reflektiert, sodass ein Teil davon in unser Auge gelangt. Zwischen Laser und Wand können wir kein Licht sehen.

Der Frühnebel im Wald besteht aus vielen kleinen Wassertröpfchen. Wenn wir nun wie im Wald Wassertröpfchen zwischen Laser und Wand sprühen, dann wird der Lichtweg auch zwischen Laser und Wand sichtbar: Denn Licht, das auf dem Weg zur Wand auf Wassertröpfchen trifft, wird in alle Richtungen reflektiert. Ein Teil des reflektierten Lichts gelangt dann in unser Auge (▸ Bild 05).

Du kannst das Licht auf seinem Weg nicht sehen. Du siehst nur das Licht, das unterwegs von anderen Körpern in dein Auge reflektiert wird.

03 Sonnenlicht im Wald

1 **a)** Nenne fünf selbstleuchtende Körper.
b) Überlege, ob bei den fünf Körpern aus Teilaufgabe a die gesamten Körper selbst leuchten. Wenn das nicht der Fall ist, dann benenne die selbstleuchtenden Teile.
c) Entscheide, ob der Mond zu den selbstleuchtenden Körpern gehört. Begründe.

2 **a)** Nenne einen Körper, den du gerade sehen kannst, und begründe, warum du diesen Körper sehen kannst.
b) Nenne einen Körper, den du gerade nicht sehen kannst, und begründe, warum du diesen Körper nicht sehen kannst.

04 Der Laserstrahl ist unsichtbar. Wir sehen nur die Stelle, wo er auf die Wand trifft.

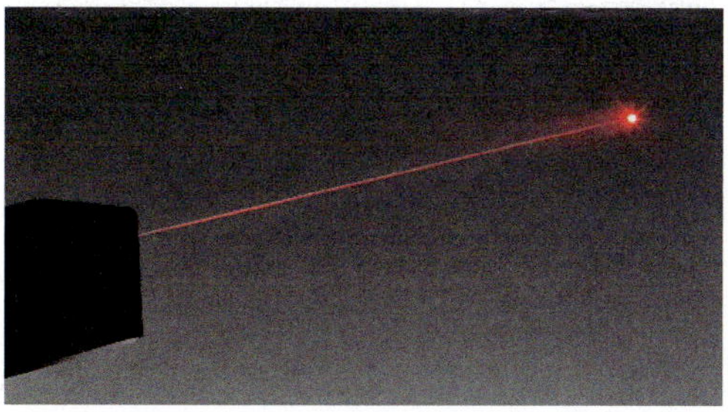

05 Wenn wir Wassertröpfchen in den Strahl sprühen, dann können wir den Weg des Lichts sehen.

01 Lichtbündel breiten sich geradlinig aus.

WIE BREITET SICH LICHT AUS? · Wenn du auf deinem Waldspaziergang den Weg des Lichts genau beobachtest, sieht es so aus, als würde es sich geradlinig ausbreiten. Mit dem Versuch in ▸ Bild 01 können wir dies bestätigen: In einem verdunkelten Raum überdecken wir eine Lampe mit einer durchlöcherten Alufolie. Wenn wir Mehl in der Nähe der Lampe zerstäuben, dann sehen wir, wie das Licht der Lampe aus den Löchern heraustritt. Wir erkennen dann schmale **Lichtbündel,** die sich geradlinig in den Raum ausbreiten.

/// Licht breitet sich geradlinig aus.

1 Erkläre, warum du die Lichtbündel in ▸ Bild 01 sehen kannst. Überlege dir mit einem Partner ein Experiment, mit dem ihr die geradlinige Ausbreitung von Licht untersuchen könnt. Stellt euer Experiment der Klasse vor.

2 Nenne Alltagssituationen, in denen die geradlinige Lichtausbreitung auffällt.

METHODE

Wie zeichnet man Licht? – Das Lichtstrahlmodell

Du findest viele Zeichnungen, in denen die Ausbreitung von Licht dargestellt wird. Wie zeichnet man Licht eigentlich?

Im Foto (▸ Bild 02 A) sehen wir Lichtbündel, die von einer Lichtquelle ausgehen. In der Zeichnung (▸ Bild 02 B) stellen wir die Lichtbündel als gelbe Flächen dar. Diese Flächen sind scharf begrenzt. Wir kennzeichnen die Begrenzungen durch rote Linien (▸ Bild 02 C). Da Licht sich geradlinig ausbreitet, können wir die Begrenzungslinien nach hinten bis zur Lichtquelle verlängern. Wir geben der roten Linie noch eine Pfeilspitze. Diese rote Linie mit der Pfeilspitze nennt man in der Physik einen **Lichtstrahl.** Die Lichtstrahlen, die die gelbe Fläche begrenzen, heißen Randstrahlen. Ist die Breite eines Lichtbündels wichtig, verwenden wir diese Randstrahlen. Wenn du nur die Ausbreitungsrichtung des Lichts angeben möchtest, genügt es, einen Lichtstrahl in der Mitte des Lichtbündels zu zeichnen (▸ Bild 02D).

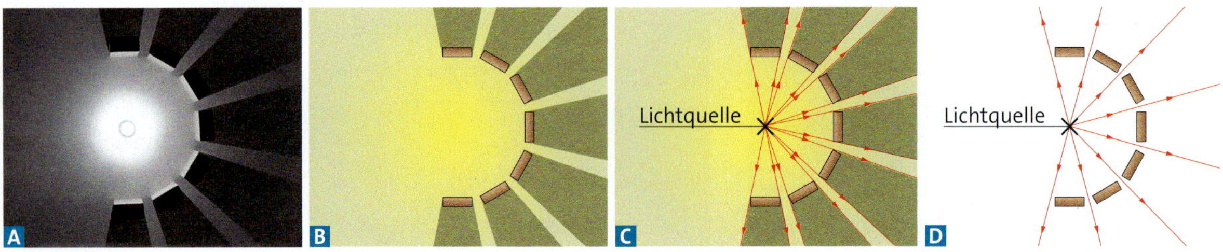

02 So zeichnet man Licht – vom Foto zum Lichtstrahl.

VERSUCHE ▸ In die Röhre schauen

Hier probierst du aus, wie du eine Pappröhre halten musst, damit das Licht einer Taschenlampe durch sie hindurchfällt.

Material:

Pappröhre, Taschenlampe, Tisch, leicht abgedunkelter Raum

Durchführung:

V1 Lege die Taschenlampe auf einen Tisch und nimm die Pappröhre in die Hand. Die Pappröhre soll mindestens 10 cm von deinem Auge und von der Taschenlampe entfernt sein. Betrachte die Taschenlampe durch die Pappröhre hindurch.

a) Beschreibe, wie du die Pappröhre halten musst, damit das Licht auch tatsächlich durch sie hindurchgelangt.

b) Beschreibe den Weg des Lichts.

V2 Stell dir folgende Situation vor: Das Licht der Taschenlampe soll durch zwei Pappröhren hindurch an die Wand gelangen. Dabei sollen die Pappröhren etwa 20 cm voneinander entfernt sein. Sie sollen sich auch nicht direkt an der Wand oder an der Taschenlampe befinden. Fertige eine Skizze von der Situation an.

Material A ▸ Wer sieht wen?

03 Auf der Bühne

A1 Die dunkle Bühne in ▸ Bild 03 wird von zwei Lampen beleuchtet. Die drei Schauspieler stehen am vorderen Bühnenrand. Tina kann Marco sehen, weil das Licht von Marco in Tinas Auge gelangt. Tina kann Eva nicht sehen, weil das Licht von Eva nicht in Tinas Auge gelangt.

a) Wenn Tina Marco sehen kann, ist Tina dann auch für Marco sichtbar?

b) Im Text stehen zwei Sätze über Tina. Schreibe ähnliche Sätze für Eva und Marco auf.

c) Die linke Lampe geht aus. Schreibe für diese Situation pro Schauspieler einen Satz auf.

Material B ▸ Violas Geburtstag

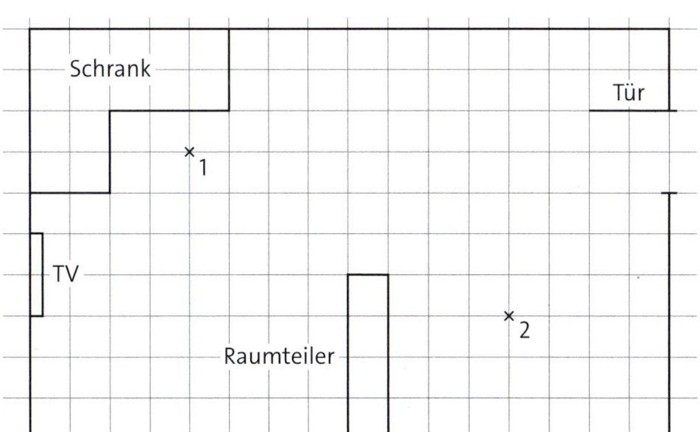

04 Violas Zimmer

Auf Violas Geburtstagsfeier gibt es einen Karaokewettbewerb.

B1 a) Begründe, warum man in ▸ Bild 04 von Punkt 1 den Fernseher sehen kann und warum man von Punkt 2 den Fernseher nicht sehen kann.

b) Wo können sich Violas Freundinnen hinsetzen oder hinstellen, damit sie den ganzen Fernseher im Blick haben? Übertrage die Zeichnung in dein Heft und schraffiere die Bereiche, von denen aus man den ganzen Fernseher sehen kann.

Tipp: Zeichne die Randstrahlen.

01 Kopfball mit einem Apfel?

Licht und Schatten

An der Wand sieht es so aus, als würde Anna einen Fußball köpfen. Tatsächlich ist es gar kein Ball, sondern ein Apfel. Wie kann es sein, dass der Schatten des Apfels viel größer ist als der Apfel selbst?

DAS SCHATTENBILD · Anna und der Apfel werden von vorne von einer Lampe beleuchtet. Auf der Wand entsteht das, was wir im Alltag als Schatten bezeichnen. In der Physik verwendet man dafür den Begriff **Schattenbild.** Das Schattenbild entsteht durch das Licht, das an Anna und dem Apfel vorbeigeht. Denn durch Anna und den Apfel dringt kein Licht hindurch. Sie sind **lichtundurchlässig.**

Das Schattenbild vom Apfel hat zwar einen ähnlichen Umriss wie der Apfel, aber nicht dieselbe Größe. Wovon hängt die Größe des Schattenbilds ab? Dies können wir mit einem einfachen Versuch herausfinden.

GRÖSSE DES SCHATTENBILDS · Im ▸ Bild 02 siehst du den Versuchsaufbau mit einer Kerze als Lichtquelle, einem Klotz als lichtundurchlässigem Körper und einer Leinwand. Wir können die Anordnung leicht verändern, indem wir z. B. die Lichtquelle dichter an den Körper heranschieben. Wenn wir die Entfernung zwischen Lichtquelle und Körper verringern, dann beobachten wir, dass das Schattenbild größer wird. Wir halten fest:

Je näher die Lichtquelle dem lichtundurchlässigen Körper kommt, desto größer wird sein Schattenbild.

Wenn wir hingegen die Leinwand dichter an den Körper heranschieben, dann beobachten wir, dass das Schattenbild kleiner wird.

Je näher die Wand dem lichtundurchlässigen Körper kommt, desto kleiner wird das Schattenbild.

02 Klotz vor einer Kerze

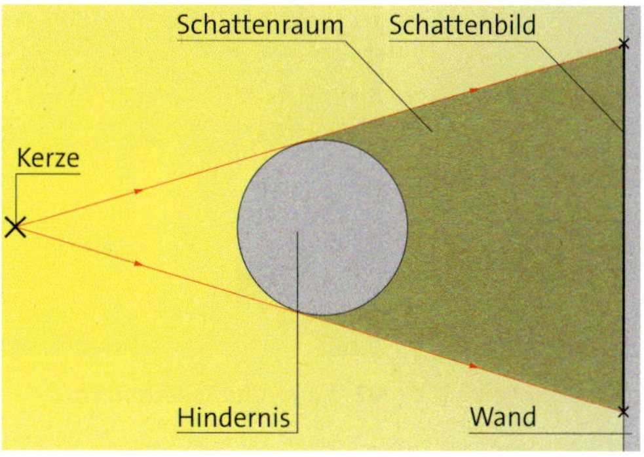

03 Konstruktion des Schattenbilds mit Lichtstrahlen

04 Im Schattenraum

DER SCHATTENRAUM · Nicht nur das Schattenbild, sondern auch der Raum zwischen dem Körper und der Wand wird nicht von der Lichtquelle beleuchtet. Dieser Raum wird im Alltag ebenfalls Schatten genannt. Wir bezeichnen ihn genauer als **Schattenraum.** Wenn du dich im Schattenraum befindest, dann kannst du die Lichtquelle nicht sehen, weil kein Licht von ihr in dein Auge gelangt. Die Person in ▸ Bild 04 kann lesen, obwohl sie sich im Schattenraumdes Schirms befindet, weil der Himmel das Buch beleuchtet.

SCHATTEN UND RANDSTRAHLEN · Mit Lichtstrahlen lassen sich leicht genaue Vorhersagen darüber treffen, wo und wie groß ein Schattenraum oder Schattenbild sein wird. Dazu zeichnest du eine Skizze wie in ▸ Bild 03. Ausgehend von der Lichtquelle zeichnest du dann nur diejenigen Lichtstrahlen ein, die gerade noch am Körper vorbeigehen. Diese Strahlen heißen Randstrahlen. Sie grenzen sowohl den Schattenraum als auch das Schattenbild von den beleuchteten Bereichen ab.

METHODE

Immer nur eine Größe ändern!

Beim Versuch zum Schattenbild haben wir den Körper nicht verschoben. Wir haben ganz bewusst die Kerze näher an den Körper gebracht. Warum?

Wenn wir herausfinden wollen, ob die Größe des Schattenbildes vom Abstand der Kerze zum Körper abhängt, dann dürfen wir auch nur diesen Abstand verändern (▸ Bild 05 B). Wenn wir dazu aber den Körper statt der Kerze verschieben, verändern wir nicht nur der Abstand zwischen Kerze und Körper, sondern gleichzeitig den Abstand zwischen Körper und Leinwand (▸ Bild 05 C). Ändern wir zwei Größen gleichzeitig, können wir nicht unterscheiden, welche Folgen die einzelnen Veränderungen haben.

Hier wird ein grundlegendes Prinzip beim Experimentieren deutlich:

Achte darauf, dass du immer nur eine physikalische Größe veränderst. Sonst kannst du aus deinen Beobachtungen keine eindeutige Abhängigkeit ableiten.

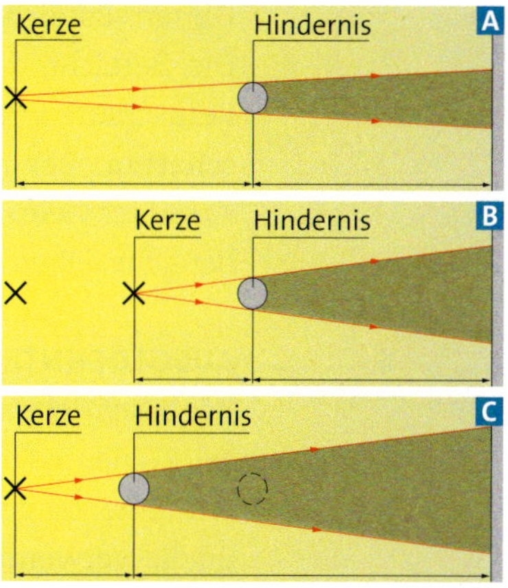

05 **A** Ausgangssituation, **B** Kerze verschoben, **C** Hindernis verschoben

01 Zwei Schatten bei zwei Lichtquellen

02 Kern- und Teilschatten

03 Schatten bei ausgedehnter Lichtquelle

ZWEI SCHATTENBILDER · Manchmal gibt es mehrere Schattenbilder. Wenn ein lichtundurchlässiger Körper von zwei Lichtquellen beleuchtet wird, dann kann es sein, dass man auf der Wand zwei Schattenbilder erkennt (▸ Bild 01). Das linke Schattenbild entsteht, weil dorthin kein Licht von der rechten Lichtquelle gelangt. Das rechte Schattenbild entsteht, weil dorthin kein Licht von der linken Lichtquelle gelangt.

KERNSCHATTEN · Wenn wir den Abstand zwischen den Lichtquellen verringern, dann sehen wir an der Wand, dass sich die beiden Schatten übereinanderschieben (▸ Bild 02). Dabei entsteht ein besonders dunkler Bereich. Dorthin gelangt weder Licht von der rechten noch von der linken Lichtquelle. Diesen Bereich nennt man **Kernschatten.** Die Bereiche des Schattens, die nicht zum Kernschatten gehören, nennt man **Teilschatten.** Bei mehr als zwei Lichtquellen kann es viele verschieden helle Schattenbereiche geben.

AUSGEDEHNTE LICHTQUELLEN · In den bisher beschriebenen Versuchen haben wir einzelne, kleine Lichtquellen verwendet. Wenn wir eine lange Leuchtstoffröhre als Lichtquelle verwenden, dann sind die Schattenränder unscharf (▸ Bild 03). Im Modell kannst du dir vorstellen, eine Leuchtstoffröhre sei aus vielen einzelnen, dicht nebeneinanderliegenden Lichtquellen aufgebaut. Das hat zur Folge, dass wir die einzelnen Schattenbilder nicht mehr getrennt wahrnehmen können. Das Schattenbild wird wieder schärfer, je weiter wir die ausgedehnte Lichtquelle vom Körper wegrücken. Das kannst du z.B. tagsüber bei Sonnenschein und nachts bei Vollmond beobachten. Sonne und Mond sind so weit von uns entfernt, dass sie uns wie einzelne, kleine Lichtquellen erscheinen und scharfe Schatten erzeugen.

Mehrere Lichtquellen erzeugen Teil- und Kernschatten. Unscharfe Schatten entstehen durch ausgedehnte Lichtquellen.

1 Erläutere, was in ▸ Bild 01 verändert werden muss, damit das rechte Schattenbild größer wird als das linke.

2 Beschreibe, was du tun musst, damit dir das Schattenbild deiner Finger „Hasenohren" macht, wie es in ▸ Bild 04 zu sehen ist. Stelle die Szene nach.

04 „Hasenohren"

VERSUCHE ▸ Veränderungen von Schattenbildern

Schattenbilder lassen sich verändern, indem man die Abstände zwischen Lichtquelle, Gegenstand und Wand verändert. Im Folgenden wendest du deine Kenntnisse an, um konkrete Aufgaben zu lösen.

Material:

zwei gleiche Lichtquellen (z. B. zwei Teelichter oder Taschenlampen ohne Reflektor), ein Bauklotz, Pappe, ein abgedunkeltes Zimmer

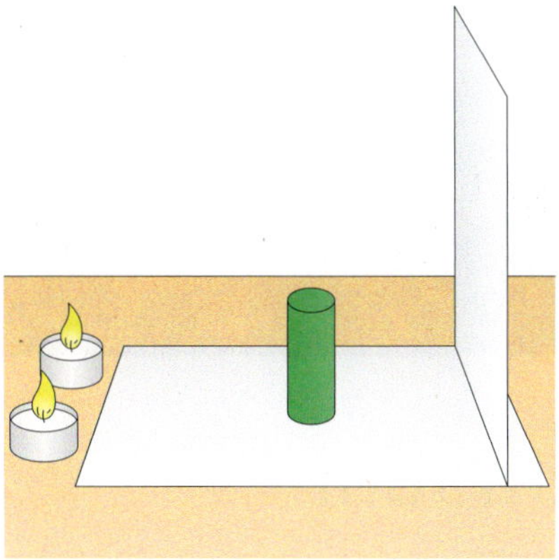

V1 Zwei Lichtquellen – viele Schatten

Durchführung:

Stelle zwei Lichtquellen nebeneinander, falte ein Stück Pappe zu einem Schirm und setze einen Gegenstand zwischen die Lichtquellen und den Schirm.

a) Beobachte, wo Kern- und Teilschatten entstehen. Stelle die Lichtquellen so auf, dass die Teilschatten möglichst klein werden.

b) Verschiebe die Lichtquellen so, dass der Kernschatten möglichst klein wird.

c) Ermittle, wo Lichtquellen und Gegenstand stehen müssen, damit zwei möglichst gleich große Teilschatten entstehen.
Skizziere deine Anordnung und formuliere eine Antwort in der Form „Wenn ..., dann sind die Teilschatten gleich groß".

V2 Küken im Ei

Durchführung:

a) Beleuchte den Pappschirm mit den Lichtquellen. Stelle ein ausgeschnittenes Pappküken und ein Ei so auf, dass das Schattenbild des Eies das Schattenbild des Kükens vollständig überdeckt.

b) Beschreibe dein Vorgehen bei der Lösung vonVersuchsteil a.

c) Überlege, welche der beiden Lichtquellen du ausschalten musst, damit nur das Schattenbild des Kükens bzw. des Eies zu sehen ist. Überprüfe deine Überlegung.

Material A ▸ Schatten auf dem Spielfeld

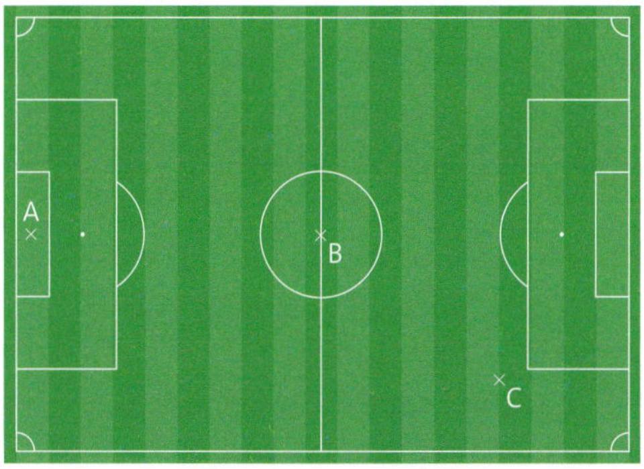

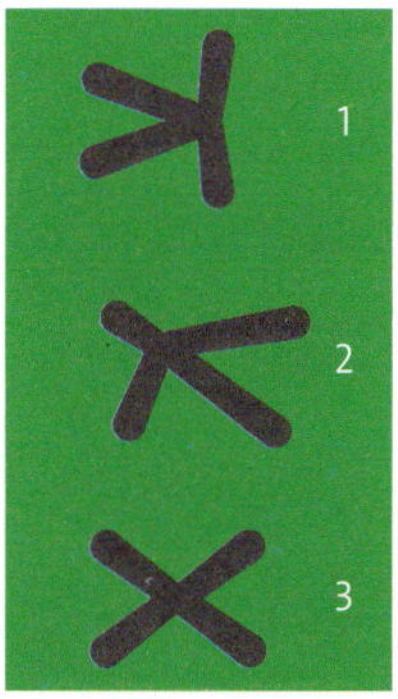

Das Bild zeigt die Positionen von drei Spielern auf einem beleuchteten Fußballplatz. Daneben siehst du die Schatten der Spieler auf dem Rasen.

A1 Betrachte die Schatten der Spieler. Von wie vielen Flutlichtern werden die Spieler angestrahlt? Begründe deine Aussage.

A2 Ordne die Schatten der Spieler jeweils den Positionen auf dem Spielfeld zu. Überlege zunächst, wo die Flutlichter stehen.

01 Phasen der totalen Sonnenfinsternis vom 11.8.1999, die auch in Deutschland sichtbar war.

Licht und Schatten im Weltraum

Eine Sonnenfinsternis ist ein beeindruckendes Naturschauspiel.
Wie entstehen Sonnen- und Mondfinsternisse?

MONDSCHATTEN AUF DER ERDE · In ▸ Bild 01 schiebt sich der Neumond als schwarze Scheibe vor die Sonne, bis er sie vollständig verdeckt. Den Schatten, den er dabei auf die Erde wirft, haben Astronauten von einem Raumschiff aus fotografiert (▸ Bild 02). Du kannst erkennen, dass der Schatten nur in der Mitte ganz dunkel ist. Dorthin gelangt kein Sonnenlicht. Dieser Bereich ist der Kernschatten des Mondes. Er hat einen Durchmesser von höchstens 300 Kilometer. Somit bedeckt er nur eine kleine Fläche auf der Erde. Die Menschen, die sich dort befinden, können etwa 7 Minuten lang eine **totale Sonnenfinsternis** wie in ▸ Bild 01 beobachten.

02 Totale Sonnenfinsternis, vom Weltraum aus gesehen

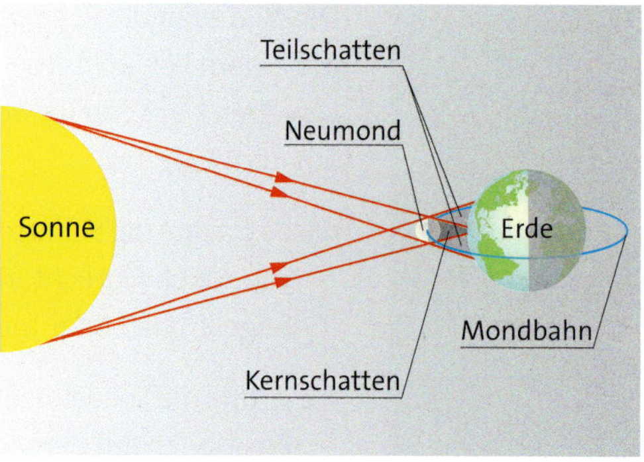

03 Schattenräume bei einer Sonnenfinsternis

In ▸ Bild 03 siehst du, dass es außer dem Kernschatten auch noch weitere Schattenräume gibt. Menschen, die sich innerhalb des Teilschattens befinden, sehen die Sonne nur teilweise verdeckt. Der Teilschatten ist in ▸ Bild 02 als hellgrauer Bereich rund um den Kernschatten herum zu sehen.

Totale Sonnenfinsternisse sind selten. An einem bestimmten Ort auf der Erde kommt es etwa alle 200 Jahre dazu.
Die nächste totale Sonnenfinsternis in Deutschland erwarten wir am 03.09.2081.

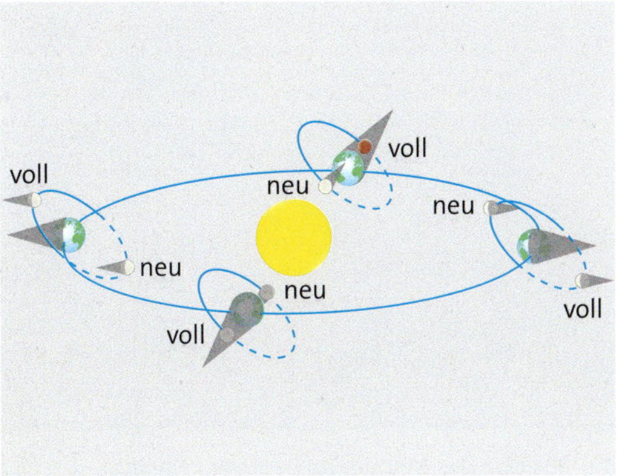

04 Bahnen von Mond und Erde

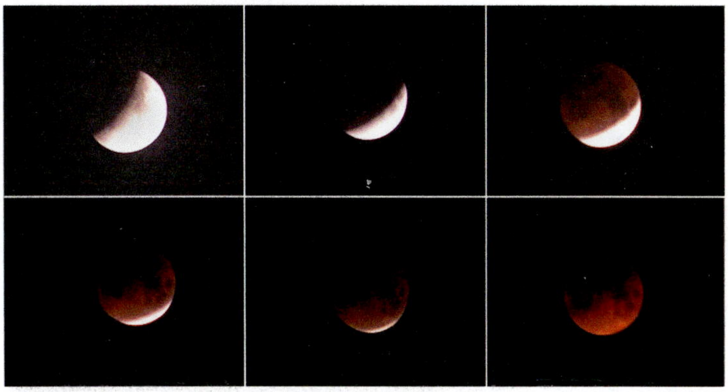

05 Verlauf einer Mondfinsternis

WIE HÄUFIG SIND SONNENFINSTERNISSE · Weltweit gib es von 2014 bis 2028 dreißig Sonnenfinsternisse, von denen nur sechs total sind – bei den anderen fällt nur der Teilschatten des Mondes auf die Erde **(partielle Sonnenfinsternis).** Sonnenfinsternisse lassen sich also nur etwa alle sechs Monate beobachten. Warum sind sie so selten?
Die Antwort auf diese Frage liefert ein Blick auf die Lage der Mondbahn (▸ Bild 04). Die Mondbahn ist etwas geneigt gegenüber der Bahn der Erde um die Sonne. Nur zweimal im Jahr kreuzt der Mond auf seiner Bahn die Verbindungsstrecke zwischen Erde und Sonne. Dann stehen Sonne, Mond und Erde in einer Linie und der Schatten des Mondes trifft die Erde. Nur wenn der Mond die Sonne dabei vollständig verdeckt, beobachten wir eine totale Sonnenfinsternis.

VERLAUF EINER MONDFINSTERNIS · Eine Mondfinsternis wie in ▸ Bild 05 kannst du nur bei Vollmond beobachten. Die Vollmondscheibe wird dabei immer mehr verdeckt. Die Mondfinsternis verläuft also ähnlich wie eine Sonnenfinsternis. Wie können wir das erklären?

Dazu schauen wir uns die Mondfinsternis von außerhalb der Erde an (▸ Bild 06):

Hinter der von der Sonne beleuchteten Erde entsteht ein Schattenraum. Der Mond bewegt sich in den Schattenraum der Erde hinein. Nach einigen Minuten befindet er sich vollständig im Kernschatten. Dieser ist fast dreimal so groß wie der Mond: So dauert es etwa zwei Stunden, bis der Mond den Kernschatten durchlaufen hat.

Pro Jahr treten gewöhnlich zwei Mondfinsternisse auf. Auch bei ihnen müssen Sonne, Erde und Mond in einer Linie stehen.

1 Diskutiere mit deinem Nachbarn, bei welchen Erdpositionen eine Mondfinsternis möglich ist. Wie viele findet ihr? Begründet, warum in anderen Positionen keine Mondfinsternis eintritt.

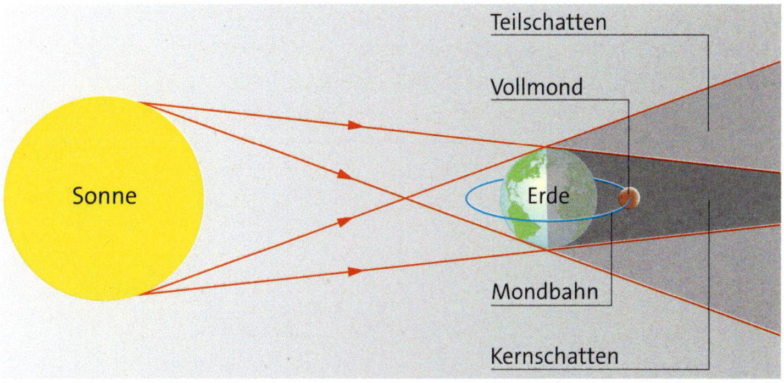

06 Schattenräume bei einer Mondfinsternis

01 Vielfältiges Aussehen des Mondes

02 Position des Mondes im Laufe der Nacht

MONDBEWEGUNG UND MONDPHASEN · Warum sehen wir den Mond mal teilweise und mal vollständig beleuchtet (▸ Bild 01)? Liegt das daran, dass der Mond sich bewegt?

Dazu beobachten wir den Vollmond mehrmals in einer Nacht. In regelmäßigen Abständen notieren wir jeweils die Himmelsrichtung und die Höhe des Mondes über dem Horizont. Das Ergebnis einer solchen Beobachtung zeigt ▸ Bild 02.

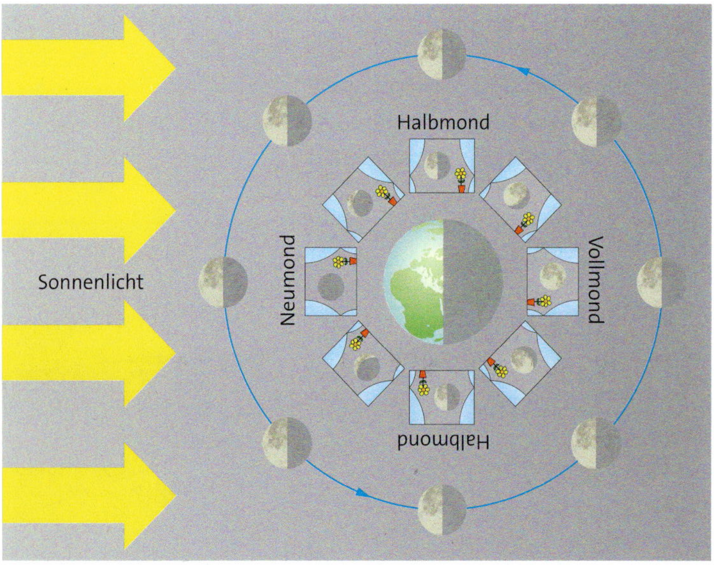

03 Wir beobachten einen Monat lang den Mond durch unser Fenster.

Wie die Sonne geht der Mond täglich im Osten auf, erreicht im Süden den höchsten Stand und geht im Westen wieder unter. Also muss auch hier die tägliche Drehung der Erde um ihre Achse die Ursache für den Weg des Mondes am Himmel sein.

Aber woran liegt es dann, dass der Mond in verschiedenen Nächten ganz unterschiedlich aussieht? Dazu beobachten wir den Mond einen Monat lang. Wir beginnen bei Vollmond. Während der folgenden zwei Wochen nimmt der sichtbare Teil des Mondes immer mehr ab (▸ Bild 01, oben), um während der nächsten vierzehn Tage wieder gleichmäßig zuzunehmen (▸ Bild 01, unten). Da sich das Aussehen des Mondes immer in dieser festen, wiederkehrenden Reihenfolge ändert, spricht man von **Mondphasen.**

▸ Bild 03 stellt unsere Beobachtungen übersichtlich dar: Der Mond umkreist jeden Monat einmal die Erde. Dabei wird er von der Sonne stets zur Hälfte beleuchtet. Von der Erde aus sehen wir die beleuchtete Hälfte beim Vollmond ganz, sonst nur teilweise und bei Neumond gar nicht.

1 Betrachte ▸ Bild 03 und erläutere, bei welcher Mondphase eine Sonnen- bzw. eine Mondfinsternis möglich ist.

VERSUCHE ▸ Zu Hause erlebt: ein Modell für die Sonnenfinsternis

Material:

Tennisball, große kugelförmige Lichtquelle

Durchführung:

V1 Stelle dich in 2 m Entfernung von der Lichtquelle auf. Schließe ein Auge und halte den Ball so vor das offene Auge, dass er die Lampe gerade vollständig bedeckt.

a) Bewege nun den Ball langsam nach links oder rechts. Notiere deine Beobachtungen.

b) In welchem Bereich des Schattenraums befindet sich dein Auge, wenn du die Lampe nicht sehen kannst?
Wo befindet es sich, wenn die Lampe gerade wieder sichtbar wird? Begründe.

c) Verdecke mit dem Ball wieder die Lichtquelle und wechsle dann das Auge. Notiere deine neuen Beobachtungen. Verwende dabei die Begriffe „Kernschatten“ oder „Teilschatten“.

Material A ▸ Die Erde aus dem All betrachtet

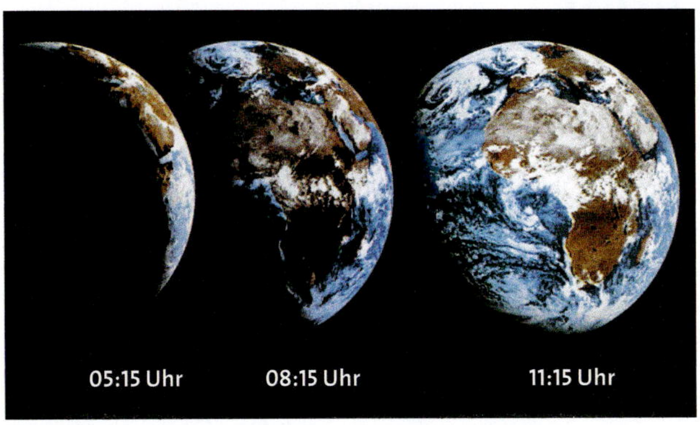

Die Abbildung zeigt die Erde, aufgenommen von einem Wettersatelliten aus 36 000 km Höhe. Die Aufnahmen wurden zu verschiedenen Zeiten gemacht und nebeneinandergestellt. Der Satellit befindet sich auf einer geostationären Bahn, d. h., er befindet sich in einer festen Höhe an einer bestimmten Position über der Erdoberfläche und dreht sich gemeinsam mit der Erde.

A1 Beschreibe, wie sich das Bild der Erde in der Zeit von 05:15 bis 11:15 Uhr verändert.

A2 Schätze ab, wann die Erde als vollständige Scheibe zu sehen sein wird.

A3 Entwirf Skizzen, mit denen du der Klasse demonstrieren kannst, wie Sonne, Satellit und Erde dann stehen.

Material B ▸ Annas Mondbeobachtungen

B1 Anna hat einige Wochen lang den Mond beobachtet und ihre Beobachtungen in eine Tabelle eingetragen.

a) Lies ab, wann Anna Vollmond beobachtet hat.

b) Begründe, warum der Mond am 11.01. nicht zu sehen war.

c) Am 18.01.ist die helle Seite rechts zu sehen. Notiere, welche Mondphase dann vorliegt.

d) Gib an, welche Mondphase am 28.01. vorliegt.

Datum 2012/13	Uhrzeit	Mond sichtbar	Heller Anteil	Helle Seite
17.12.	17:15	ja	$\frac{1}{4}$	rechts
20.12.	20:00	ja	$\frac{1}{2}$	rechts
24.12.	22:00	ja	$\frac{3}{4}$	rechts
28.12.	23:50	ja	1	
02.01.	06:15	ja	$\frac{3}{4}$	links
05.01.	07:00	ja	$\frac{1}{2}$	links
08.01.	08:45	ja	$\frac{1}{4}$	links
11.01.	22:00	nein	0	

01 Ein Stövchen, zwei Bilder

Löcher machen Bilder

Das Stövchen hat links ein großes Loch. Die Kerze scheint hindurch und erzeugt einen hellen Lichtfleck auf der Wand. Doch was ist mit dem kleinen Loch vorne? Anscheinend erzeugt es auf dem Deckel der Plastikdose ein Bild der Kerzenflamme. Wie funktioniert das? Und warum steht dieses Bild auf dem Kopf?

Eine Lochblende ist eine lichtundurchlässige Scheibe mit einem Loch.

LICHTAUSBREITUNG AN DER LOCHBLENDE · Jeder Punkt der Flamme erzeugt ein Lichtbündel und dadurch auf der Wand einen Lichtfleck. Wenn die Öffnung der Lochblende groß ist, dann überlappen sich die Lichtflecke und erzeugen ein Bild der Öffnung (▸ Bild 02, linke Hälfte).

Wenn die Öffnung der Lochblende kleiner wird, dann überlappen sich die Lichtflecke auf der Wand immer weniger. So werden Details der Flamme erkennbar und es entsteht Punkt für Punkt das Bild der Flamme (▸ Bild 02, rechte Hälfte). Das Bild steht auf dem Kopf, weil die Lichtstrahlen auf ihrem Weg durch das Loch von oben nach unten oder umgekehrt verlaufen. Genauso verhält es sich mit den Seiten.

Eine Lochblende mit genügend kleiner Öffnung bildet einen Gegenstand durch schmale Lichtbündel auf der Wand ab. Das Bild steht auf dem Kopf und ist seitenverkehrt.

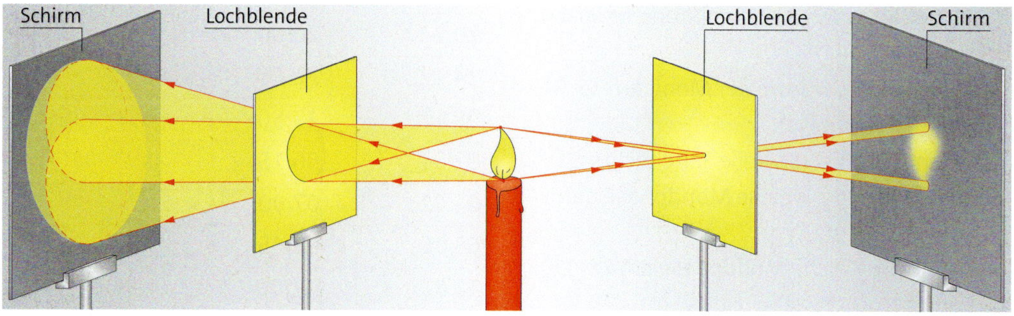

02 Lochblende mit kleiner Öffnung (rechts) und großer Öffnung (links)

BILDSCHÄRFE UND HELLIGKEIT · Wir machen die Öffnung in der Blende kleiner und stellen dabei fest: Je kleiner man die Öffnung macht, desto schärfer wird das Bild. Das liegt daran, dass sich die Lichtflecke auf dem Schirm immer weniger überlappen. Dabei erreicht weniger Licht vom Gegenstand den Schirm und das Bild wird dunkler (▸ Bild 02).

Bei kleinerer Öffnung erhält man ein schärferes, aber dunkleres Bild.
Bei größerer Öffnung ist das Bild heller, aber unschärfer.

BILDGRÖSSE · Wir möchten nun nicht nur ein scharfes, sondern auch ein großes Bild der Kerze erzeugen. Wovon hängt die Bildgröße ab? Wir vermuten, dass der Abstand zwischen Gegenstand und Lochblende, die **Gegenstandsweite,** und der Abstand zwischen Lochblende und Schirm (▸ Bild 03), die **Bildweite,** eine Rolle spielen. Im Versuch schieben wir die Kerze näher an die Lochblende und beobachten, dass das Bild größer wird. Wenn wir stattdessen den Schirm näher an die Lochblende schieben, dann wird das Bild kleiner.
▸ Bild 3 erklärt unsere Ergebnisse mit dem Lichtstrahlmodell:
In ▸ Bild 3 A sind Gegenstandsweite und Bildweite gleich groß gewählt. Dann ist das Bild genauso groß wie der Gegenstand.
Wir verkleinern jetzt die Gegenstandsweite (▸ Bild 3 B). Wie in unserem Versuch vergrößert sich dabei das Bild.
Zum Schluss wählen wir wieder die Gegenstandsweite aus ▸ Bild 3 A und verkleinern nun die Bildweite. ▸ Bild 3 C zeigt wie im Versuch: Das Bild ist kleiner geworden.

Je kleiner die Gegenstandsweite, desto größer ist das Bild. Je kleiner die Bildweite, desto kleiner ist das Bild.

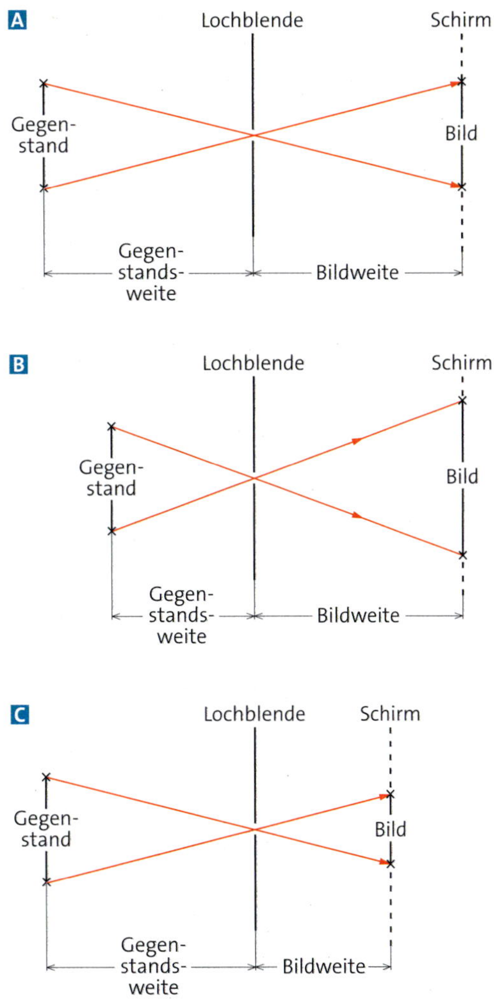

03 Bildgrößen bei der Abbildung mit einer Lochblende

Wenn wir also ein möglichst großes Bild der Kerze erzeugen wollen, dann müssen wir die Bildweite vergrößern und die Gegenstandsweite verkleinern.

1 Begründe, dass bei der Abbildung durch das Loch nicht nur oben und unten, sondern auch rechts und links vertauscht werden. Betrachte dazu ▸ Bild 02.

2 Gianni hat mit einer Lochblende den Buchstaben „F“ abgebildet. Gib an, welcher der Buchstaben in ▸ Bild 04 die Abbildung zeigt.

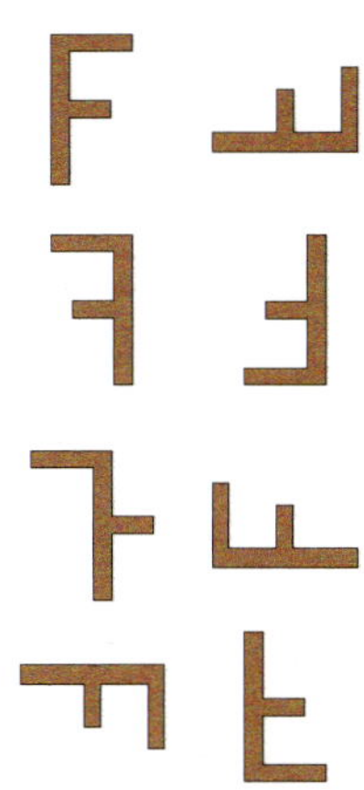

04 Welches „F“ ist richtig?

METHODE

Bau einer Lochkamera

Planung:
Wir benötigen zwei **undurchsichtige Röhren,** die gut ineinanderpassen (▸ Bild 02). An der inneren Röhre muss ein **Deckel** aus durchscheinendem Papier befestigt sein. Er ist unser **Schirm.** Die äußere Röhre dient als **Gehäuse,** damit kein störendes Licht auf den Schirm trifft. An ihr wird ein Deckel mit einem kleinen **Loch** in der Mitte befestigt.
Durch Verschieben der inneren Röhre können wir verschiedene Bildweiten und damit Bildgrößen einstellen. Die **Länge** der äußeren Röhre bestimmt die maximale **Bildweite** und damit die maximale **Bildgröße.**
Wenn wir den Einfluss der **Lochgröße** auf das Bild untersuchen wollen, dann brauchen wir dazu eine **variable Blende,** die verschieden große Lochblendenöffnungen besitzt (▸ Bild 01). Sie muss an dem bereits vorhandenen Deckel angebracht werden.

Werkzeug und Material:
Schere, Stecknadel, schwarze Pappe, durchscheinendes Papier, Klebstoff, Wasserflasche

Bau:
1. Rolle die Pappe für die innere Röhre auf eine Wasserflasche und klebe die entstehende Röhre zusammen (▸ Bild 02).
2. Klebe das durchscheinende Papier als Schirm vorne an die Röhre.
3. Rolle die zweite Pappe über die innere Röhre und achte darauf, dass sich die beiden Röhren gerade noch gegeneinander verschieben lassen. Klebe die äußere Röhre zusammen und sichere deine Arbeit mit einem Gummiband. Trenne die Röhren ab jetzt nicht mehr voneinander!
4. Bastle für die äußere Röhre einen gut passenden Deckel mit einem Loch von maximal 1 mm Durchmesser und klebe ihn vorne an der äußeren Röhre fest. Deine Kamera ist nun fertig.
5. Du kannst deine Kamera noch um eine variable Blende erweitern. Bevor du aber die nach ▸ Bild 01 gebastelte variable Blende befestigst, musst du die vorhandene Blendenöffnung auf ca. 5 mm Durchmesser vergrößern.
6. Nun kannst du das Loch für deine Beobachtungen auswählen, indem du den Blendenstreifen verschiebst.

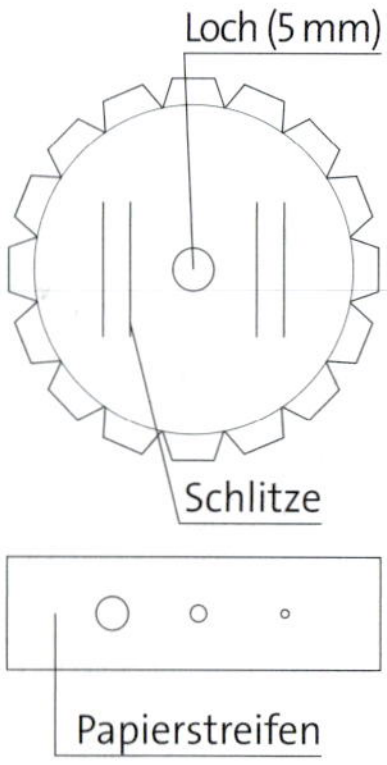

01 Variable Blende

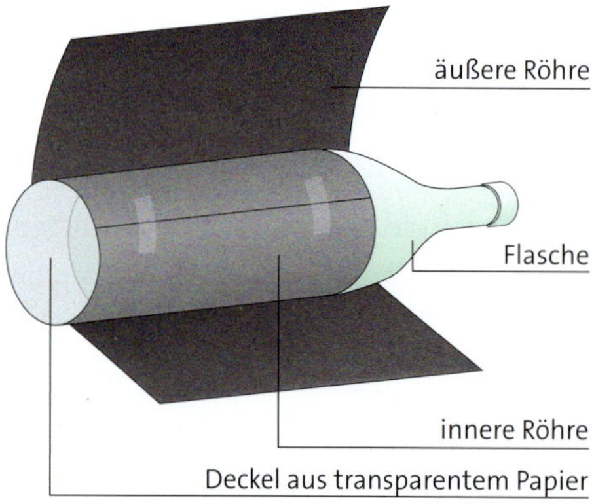

02 Perspektivzeichnung

03 Eine fertige Lochkamera

VERSUCHE ▸ Teelicht-Kamera

Mit einer einfachen Lochkamera untersuchst du Bildweite, Gegenstandsweite und Bildgröße.

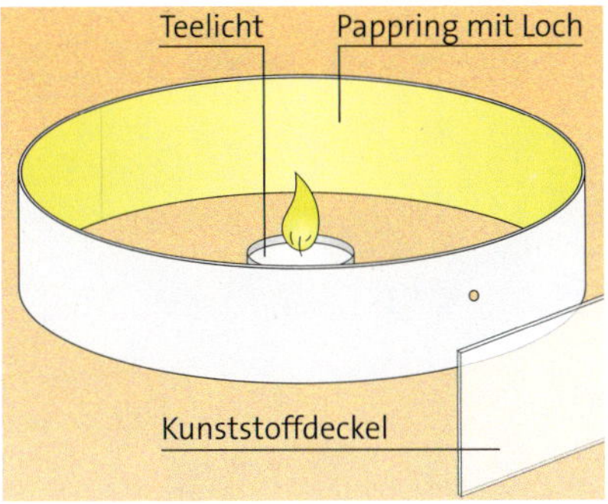

04 Teelicht-Kamera

Material:

Teelicht, Pappe, transparenter Kunststoffdeckel, Stecknadel, verdunkelter Raum

Durchführung:

Stelle um das Teelicht einen hohen Pappring mit einem kleinen Loch auf. Platziere den Kunststoffdeckel davor und zünde das Teelicht an.

V1 Beschreibe das Bild der Kerzenflamme auf dem Schirm.

V2 Verändere die Bildweite und beschreibe, wie sich die Bildgröße ändert.

V3 Verändere die Gegenstandsweite und beschreibe, wie sich die Bildgröße ändert.

Material A ▸ Größe der Lochblendenöffnung

05 Bilder einer Lochkamera

A1 Eine Kerzenflamme wurde zweimal mit einer Lochkamera abgebildet, einmal mit einer großen Öffnung, einmal mit einer kleinen Öffnung. Gib an, welche Aufnahme mit der großen Öffnung gemacht wurde.

A2 Suche nach einer Begründung für deine Zuordnung. Vergleiche mit einem Partner und überlege, ob es noch weitere Begründungen gibt. Wie viele findet ihr?

Material B ▸ Camera obscura

Im 17. Jahrhundert benutzten viele Maler eine „Camera obscura“. Das heißt übersetzt „dunkle Kammer“. Mit ihrer Hilfe malten sie detailreiche Landschafts- und Porträtbilder. In ▸ Bild 06 siehst du durch eine gedachte Öffnung in eine solche Kammer hinein.

B1 Erläutere, weshalb es im Innern der Camera obscura dunkel sein muss.

B2 Die Dame möchte ein lebensgroßes Gemälde und eine Miniatur haben. Beschreibe, was der Maler beim Aufstellen der Leinwand beachten muss.

B3 Die Leinwand des Malers steht nicht gerade. Überlege, welche Folgen dies für das Gemälde hat.

B4 Entwickle eine Camera obscura, mit der z. B. eine Rose vergrößert gemalt werden kann.

06 Camera obscura

01 Im Badezimmer

Licht trifft auf Oberflächen

Wenn du morgens im Badezimmer stehst, siehst du dein Spiegelbild möglicherweise nicht nur im Spiegel. Wie beeinflussen die Oberflächen der Gegenstände das, was wir sehen?

LICHTAUSBREITUNG IM BADEZIMMER · Du hast bereits gelernt, dass du Körper nur sehen kannst, wenn das von ihnen ausgehende Licht dein Auge erreicht. Wir können also den Duschraum in ▸ Bild 01 auch durch die Glasscheibe hindurch sehen, weil das Glas die geradlinige Ausbreitung des Lichts nicht behindert. Körper wie die Klarglasscheibe nennt man **lichtdurchlässig.**

Körper, die die geradlinige Ausbreitung des Lichts behindern und nur einen Teil des Lichts hindurchlassen, nennt man **durchscheinend:** Die Fensterscheibe aus Milchglas ist durchscheinend. Die Bäume dahinter kannst du nur verschwommen sehen.

Die Bademattе ist **lichtundurchlässig** und verschluckt das Licht. Den Vorgang des Verschluckens nennt man **Absorption.**

Aber gibt es auch Oberflächen, die Licht weder durchlassen noch absorbieren?

LICHT WIRD ZURÜCKGEWORFEN · Körper mit heller Oberfläche werfen einen großen Teil des Lichts zurück. Das Zurückwerfen von Licht bezeichnet man in der Physik als **Reflexion.**

Die meisten Körper besitzen mehrere optische Eigenschaften gleichzeitig. So wirft die helle Wand das Licht nicht vollständig zurück, sondern absorbiert auch einen Teil. Die Milchglasscheibe lässt einen Teil des Lichts hindurch und reflektiert den Rest in alle Richtungen. Auf Körpern mit spiegelglatter Oberfläche wie dem Toilettendeckel oder der Duschabtrennung kannst du sogar Spiegelbilder sehen.

Wie wird das Licht an den verschiedenen Oberflächen reflektiert?

REFLEXION – GENAUER UNTERSUCHT · Wir legen einen Spiegel auf einen Tisch und richten das schmale Lichtbündel eines Lasers darauf. Mit kleinen Wassertröpfchen machen wir den Weg des Lichts sichtbar (▸ Bild 02). Wir stellen dabei fest, dass das Licht nicht irgendwie, sondern nach bestimmten Gesetzmäßigkeiten reflektiert wird.

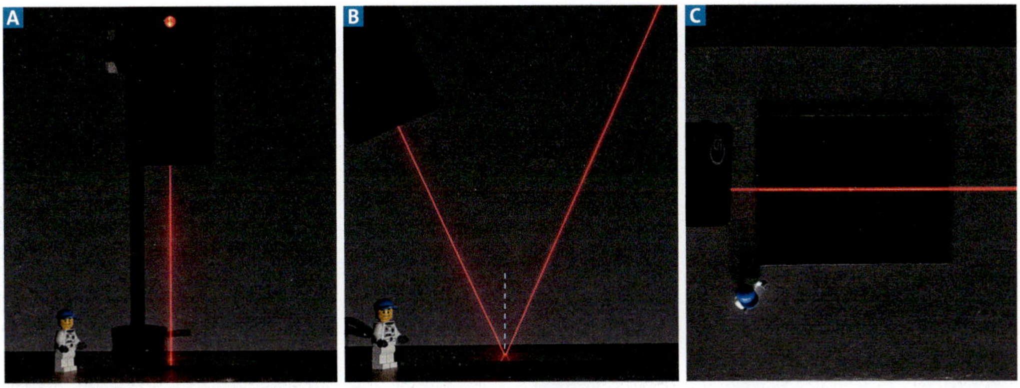

02 Reflexion von Licht: **A** bei senkrechtem Lichteinfall, **B** bei schrägem Lichteinfall, **C** Ansicht von oben

Im ersten Versuch richten wir den Laserstrahl senkrecht auf die Oberfläche des Spiegels (▸ Bild 02 A). Wir sehen keinen zweiten Lichtstrahl. Da wir wissen, dass der Spiegel das Licht nicht absorbiert, muss er es auf gleichem Weg senkrecht nach oben reflektieren.
Im zweiten Versuch fällt der Lichtstrahl nicht mehr senkrecht auf den Spiegel (▸ Bild 02 B). Je weiter wir den Laserstrahl zur Tischplatte absenken, desto weiter senkt sich auch der reflektierte Strahl. Wir vermuten, dass das einfallende Lichtbündel unter dem gleichen Winkel reflektiert wird, mit dem es auf den Spiegel trifft.
Unsere Vermutung überprüfen wir in einem weiteren Versuch. In ▸ Bild 02 B und ▸ Bild 03 siehst du eine senkrecht zum Spiegel verlaufende Linie. Sie wird **Lot** genannt. Wir messen den Winkel zwischen Lot und einfallendem Lichtbündel **(Einfallswinkel)** sowie zwischen Lot und reflektiertem Lichtbündel **(Reflexionswinkel).** Bis auf kleine Abweichungen, z.B. durch Ablesefehler, sind die gemessenen Winkel gleich (▸ Tabelle 04). Damit haben wir unsere Vermutung bestätigt.
Wenn wir abschließend noch einen Blick von oben auf den Versuchsaufbau werfen, dann stellen wir noch etwas anderes fest (▸ Bild 02 C): Von oben betrachtet ändert das Licht seine Ausbreitungsrichtung nicht.

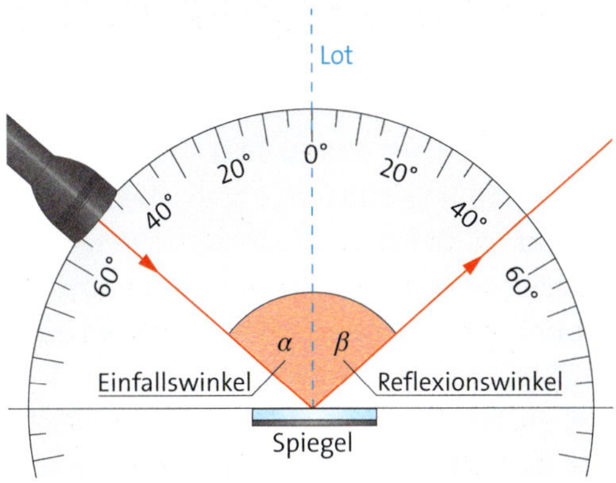

03 Messung von Einfalls- und Reflexionswinkel

Einfallendes und reflektiertes Lichtbündel liegen also in einer Ebene. In dieser Ebene liegt auch das Lot.
Wir fassen unsere Ergebnisse im **Reflexionsgesetz** zusammen:

Bei der Reflexion gilt:
Der Einfallswinkel und der Reflexionswinkel sind immer gleich groß.
Das einfallende Lichtbündel, das reflektierte Lichtbündel und das Lot liegen in einer Ebene.

1 In ▸ Bild 05 siehst du die Skizze eines Grabenspiegels. Übertrage die Zeichnung in dein Heft und zeichne den Weg des Lichts bis zum Auge des Betrachters.

Einfallswinkel α	Reflexionswinkel β
0°	0°
10°	10°
21°	20°
29°	30°
40°	41°
45°	44°
50°	51°

04 Messwerte

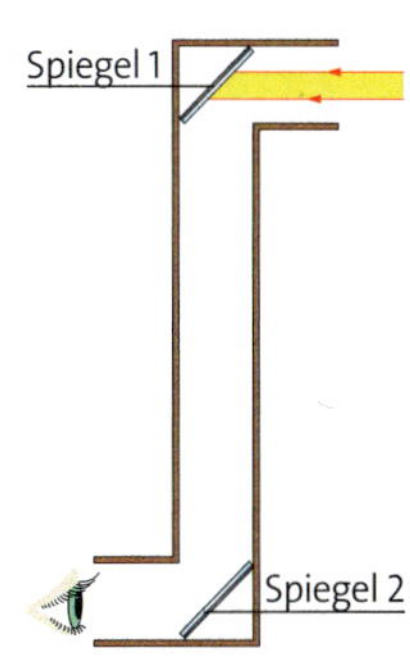

05 Grabenspiegel

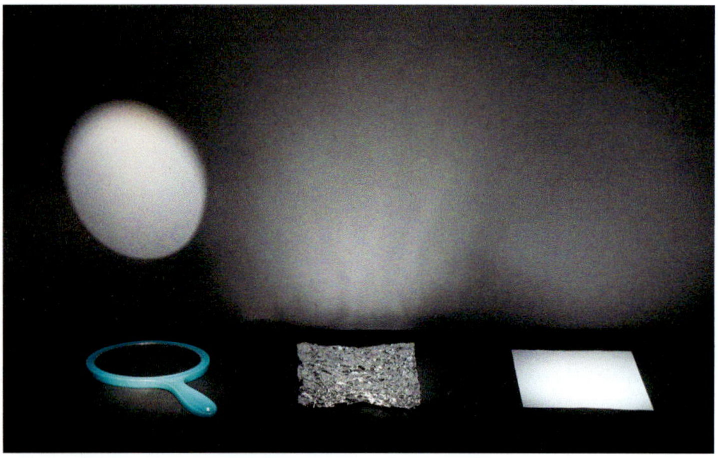

01 Licht trifft auf verschiedene Oberflächen.

REFLEXION UND STREUUNG · Die drei Gegenstände in ▸ Bild 01 werden gleich stark beleuchtet. Das raue, weiße Papier erscheint am hellsten, der glatte Spiegel erscheint dunkel und die zerknitterte Alufolie ist an einigen Stellen hell, an anderen dunkel.
Das weiße Papier reflektiert viel Licht in alle Richtungen. Man spricht von Streuung. Wenn viel von dem Licht in dein Auge gelangt, dann erscheint die Fläche hell.
Der Spiegel reflektiert viel Licht in eine einzige Richtung: An der Wand siehst du deshalb einen hellen Fleck. Die Spiegeloberfläche erscheint dir dagegen schwarz, denn von ihr gelangt kein Licht in dein Auge.
Die zerknitterte Alufolie reflektiert an einigen Stellen viel Licht in dein Auge. Andere Stellen reflektieren das Licht in eine andere Richtung, z. B. an die Wand. Daher erscheinen sie dunkel. Wir fassen zusammen:

Ob ein Gegenstand das Licht nur in eine Richtung reflektiert oder in viele Richtungen streut, hängt davon ab, wie rau seine Oberfläche ist.

1 Wenn Autoscheinwerfer eine nasse Straße beleuchten, dann erscheint sie dem Autofahrer dunkler als eine trockene. Erläutere, wie es zu diesem Unterschied kommt.

BLICKPUNKT

Reflektoren

Reflektoren, z. B. „Katzenaugen“ am Fahrrad, werfen das Licht in die Richtung zurück, aus der es gekommen ist. Wie gelingt das?
▸ Bild 03 zeigt zwei Spiegel, die senkrecht zueinander stehen. Wenn du den Weg eines beliebigen Lichtstrahls in der Buchebene verfolgst, stellst du fest, dass er zweimal reflektiert wird. Dabei wird er in die Richtung zurückgeworfen, aus der er gekommen ist.
Um auch Lichtstrahlen zurückzuwerfen, die schräg zur Buchebene einfallen, müssen drei Spiegel senkrecht zueinander stehen. Das Licht wird dann dreimal reflektiert (▸ Bild 02). Solche Tripelspiegel werden in vielen Reflektoren eingesetzt. Deshalb wirft ein Katzenauge im Lichtkegel eines Scheinwerfers das Licht zum Auto zurück. Aus der Sicht des Fahrers leuchtet es hell auf.

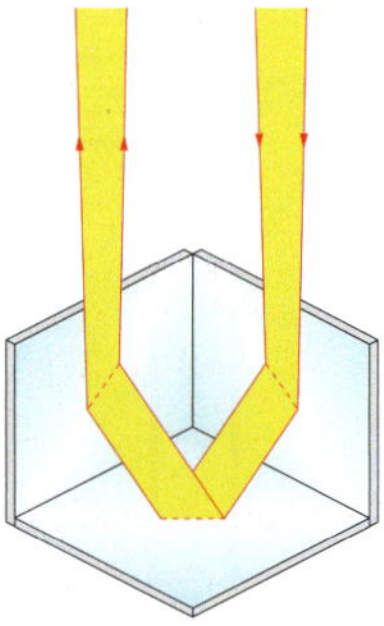

02 Strahlenverlauf am Tripelspiegel

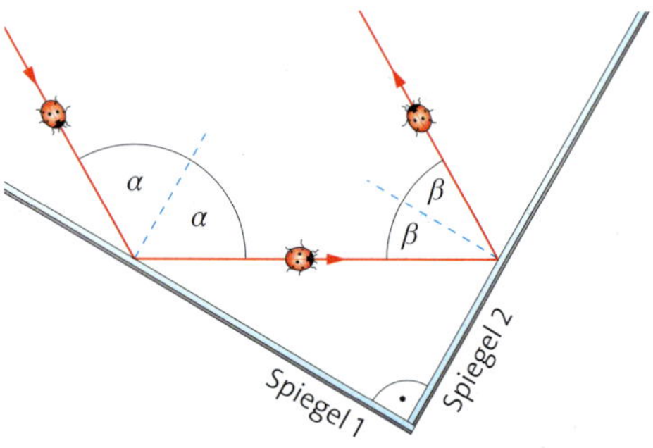

03 Strahlenverlauf am Winkelspiegel

VERSUCHE ▸ Der Unterschied zwischen Streuung und Reflexion

Mit diesem Versuch kannst du herausfinden, wie Oberflächen auf Licht reagieren.

04 Reflexion und Streuung

Material:

Taschenlampe, Spiegel, weißes Blatt Papier, möglichst gut abgedunkeltes Zimmer

Durchführung:

Für diesen Versuch brauchst du einen Partner.

Lege den Spiegel und das Blatt Papier nebeneinander auf einen Tisch. Dein Partner hält die Taschenlampe auf Kopfhöhe und richtet das Lichtbündel auf Papier und Spiegel (▸ Bild 04).

V1 **a)** Gehe um den Tisch herum und betrachte beide Oberflächen von verschiedenen Positionen aus. Beschreibe, was du dabei beobachtest.

b) Erkläre das unterschiedliche Verhalten der Oberflächen.

Material A ▸ Im Lichtstrahlmodell: Licht trifft auf Gegenstände

A1 Hier ist etwas durcheinandergeraten. Beginne mit Bild 1 und verbinde nacheinander jedes Bild mit dem richtigen Gegenstand und der richtigen Aussage. Aus der Reihenfolge der acht Buchstaben ergibt sich ein Lösungswort.

S weißer Gegenstand
N durchsichtiger Gegenstand
U durchscheinender Gegenstand
R schwarzer Gegenstand

E Licht wird absorbiert.
U Licht wird teilweise durchgelassen
T Licht wird zurückgestreut.
G Licht wird durchgelassen.

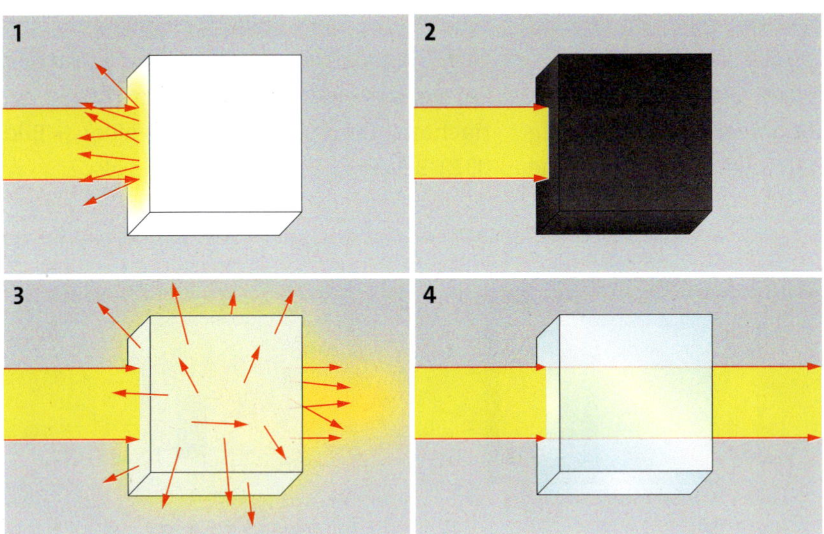

05 Verschiedene beleuchtete Körper

Material B ▸ Airhockey

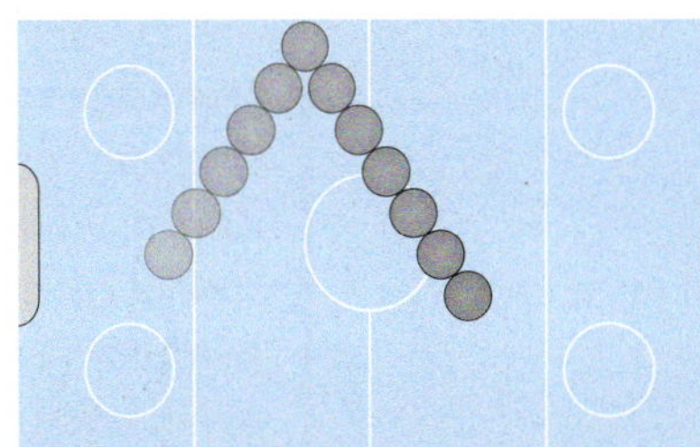

06 Langzeitaufnahme eines nach rechts gleitenden Pucks

B1 Beim Airhockey geht es darum, einen auf einem Luftkissen schwebenden Puck mit einem Schläger ins gegnerische Tor zu befördern.

a) Betrachte die Langzeitaufnahme eines Schusses beim Airhockey (▸ Bild 06). Beschreibe die Bewegung des Pucks. Vergleiche die Bewegung mit der Reflexion eines Lichtstrahls an einem Spiegel.

b) Vermute, wie der weitere Weg des Pucks verläuft. Erläutere, wie du vorhersagen kannst, ob der Puck das Tor trifft oder nicht.

01 Blick in die Spiegelwelt

Spiegelbilder

Wenn du vor einem Spiegel stehst, dann siehst du ein Bild von dir und dem Raum, in dem du stehst. Die Welt um dich herum scheint noch einmal zu entstehen. Alles sieht auf den ersten Blick aus wie im Original. Was hat diese Spiegelwelt mit dem Original gemeinsam und wie entsteht sie?

BLICK IN DIE SPIEGELWELT · Die Gegenstände in der Spiegelwelt sehen so aus, als könntest du sie anfassen. Kannst du das?
Mit einer spiegelnden Glasscheibe kannst du die Kerze und ihr Spiegelbild gleichzeitig sehen (▸ Bild 02). Es gelingt dir aber nicht, die Kerze anzuzünden, die du hinter der Scheibe siehst. Es gibt sie also nicht wirklich.

Das Spiegelbild verhält sich auch anders als ein Foto. Wenn du bei einem Foto beispielsweise ein Gesicht zudeckst, dann bleibt es unsichtbar, unabhängig davon, aus welcher Richtung du das Foto betrachtest.
Beim Spiegelbild ist das anders. In ▸ Bild 03 A scheint das Spiegelbild der Kerze zunächst verschwunden zu sein. Wenn wir jedoch den Spiegel aus einer anderen Blickrichtung betrachten, dann sehen wir es wieder (▸ Bild 03 B). Bewegt sich das Spiegelbild also?

02 Kann man den Docht anzünden?

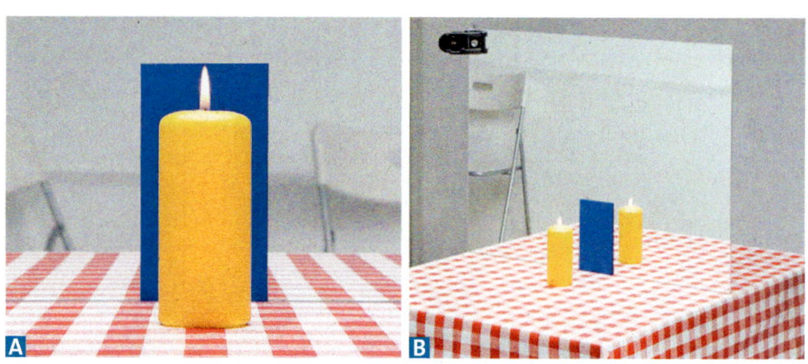

03 **A** Das Spiegelbild ist verdeckt. **B** Es ist wieder sichtbar.

Wenn wir auf das Karomuster der Tischdecke achten, stellen wir fest, dass das Spiegelbild unabhängig von unserer Blickrichtung immer auf denselben Kästchen steht. Das Spiegelbild bewegt sich also nicht.

GRÖSSE UND LAGE DES SPIEGELBILDS · Mithilfe der karierten Tischdecke in ▸ Bild 03 können wir Abstände gut vergleichen. Das Spiegelbild der Kerze ist genauso weit von der Scheibe entfernt wie die Kerze selbst. Das Spiegelbild ist auch nicht nach rechts oder links verschoben.
Während wir von vorne durch die Scheibe sehen, stellen wir nun ein Lineal neben das Spiegelbild und lesen seine Höhe ab. Anschließend messen wir die Höhe der echten Kerze und stellen fest, dass die Höhen ebenfalls gleich sind.

ENTSTEHUNG DES SPIEGELBILDS · Wir wollen verstehen, wie das Spiegelbild entsteht. Dazu betrachten wir das Lichtbündel, das von der Spitze der Kerzenflamme in das Auge des Betrachters gelangt (▸ Bild 04). Wir verfolgen das Lichtbündel vom Auge zurück zur Kerze. Am Spiegel wird es reflektiert. Das Gehirn geht aber davon aus, dass sich das Licht geradlinig ausbreitet. Daher kommt das Lichtbündel für den Betrachter scheinbar von einem Punkt hinter dem Spiegel, dem Bildpunkt. Diesen Punkt erhalten wir, wenn wir die beiden Randstrahlen des Lichtbündels vom Auge aus rückwärts verlängern. Diese Verlängerung ist im ▸ Bild 04 gestrichelt gezeichnet. Der Schnittpunkt der beiden Randstrahlen ist der Bildpunkt der Flammenspitze.
Diese Überlegung gilt auch für jeden weiteren Punkt der Kerze. ▸ Bild 04 zeigt: Alle Lichtbündel, die von der Kerze ausgehen, werden so reflektiert, dass sie scheinbar vom Spiegelbild der Kerze herkommen.

UNTERSCHIEDLICHE BLICKRICHTUNGEN · Wir erinnern uns: Das Spiegelbild erscheint uns aus verschiedenen Blickrichtungen immer an derselben Stelle. ▸ Bild 05 zeigt die Entstehung des Spiegelbilds für drei verschiedene Betrachter. Auch hier schneiden sich die Randstrahlen der Lichtbündel im Bildpunkt. Du siehst, dass der Schnittpunkt der Randstrahlen für alle drei Betrachter derselbe ist. Diese Überlegungen erklären unsere Beobachtungen aus dem Kerzenexperiment und wir fassen zusammen:

Gegenstand und Spiegelbild sind gleich groß und gleich weit vom Spiegel entfernt.
Das Spiegelbild befindet sich für alle Betrachter an derselben Stelle.

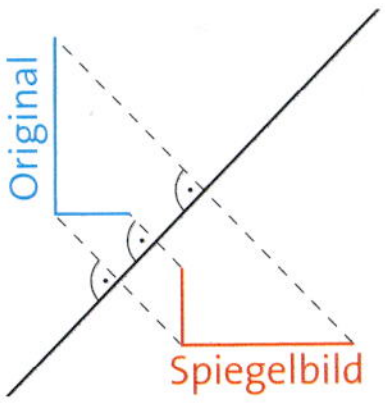

06 Du kannst ein einfaches Spiegelbild mithilfe einer Achsenspiegelung konstruieren.

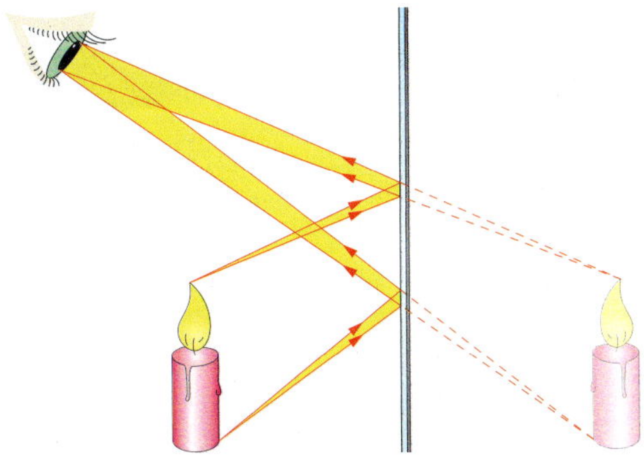

04 So entsteht das Spiegelbild.

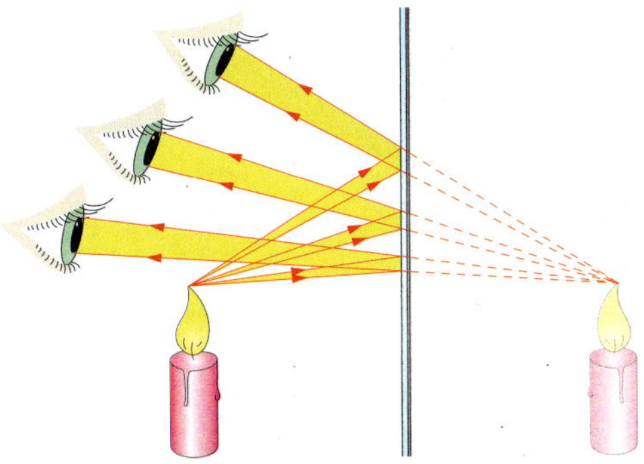

05 Das Spiegelbild ist für alle an derselben Stelle.

01 Spiegelschrift auf einem Feuerwehrwagen

VERKEHRTE WELT · Auf dem Feuerwehrwagen in ▸ Bild 01 ist die Beschriftung in Spiegelschrift angebracht, damit man diese im Rückspiegel des eigenen Autos lesen kann. Spiegelschrift sieht seltsam verkehrt herum aus: Der Buchstabe „F" steht am rechten und nicht am linken Ende des Wortes.

Eine ähnlich verkehrte Welt ist dir vielleicht auch schon beim Kämmen aufgefallen: Wenn du dich vor einem Spiegel mit der rechten Hand kämmst, dann kämmt sich dein Spiegelbild mit der linken Hand (▸ Bild 02). Tauscht der Spiegel also rechts und links?

Wenn du das Mädchen und ihr Spiegelbild auf dem Foto betrachtest, siehst du in beiden Fällen links den Kopf und rechts die Bürste. Nur wenn du dich in das Mädchen im Spiegel hineinversetzt, wird die Hand rechts vom Kopf zur linken Hand. „Rechts" und „links" sind also Bezeichnungen, die vom Betrachter abhängen.

Die Vertauschungen in der Spiegelwelt untersuchen wir nun genauer und legen dazu einen Pfeil vor den Spiegel.

Wenn der Pfeil nach rechts zeigt, dann zeigt sein Spiegelbild ebenfalls nach rechts (▸ Bild 03 A). Entsprechend ist es, wenn der Pfeil nach links zeigt: Sein Spiegelbild zeigt ebenso nach links. Diese Richtungen lässt der Spiegel also unverändert. Auch oben und unten werden durch den Spiegel nicht vertauscht (▸ Bild 03 B). Wenn der Pfeil dagegen nach vorne zeigt, dann zeigt sein Spiegelbild in die entgegengesetzte Richtung (▸ Bild 03 C). Genauso ist es, wenn der Pfeil nach hinten zeigt. Sein Spiegelbild zeigt wieder in die entgegengesetzte Richtung.

02 „Rechts" und „links" hängen vom Betrachter ab.

Der Spiegel vertauscht nur vorne und hinten.

Deshalb siehst du auf dem Foto einmal den Hinterkopf des Mädchens, einmal sein Gesicht im Spiegel.

1 Wie musst du einen Spiegel halten, damit du die Schrift auf dem Feuerwehrauto in ▸ Bild 01 lesen kannst?

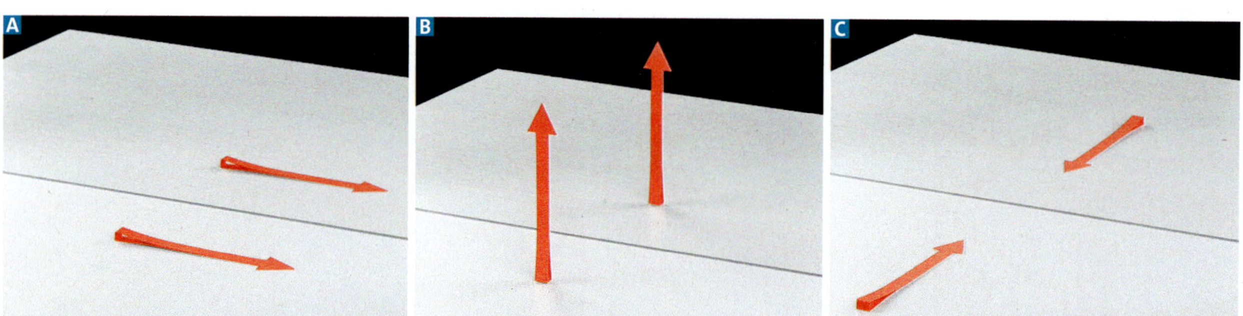

03 **A** Rechts bleibt rechts, **B** oben bleibt oben, **C** vorne und hinten werden vertauscht.

VERSUCHE ▸ Untersuchung von Spiegelbildern

Material:
Spiegel, Kekse, Stifte, Kerze, Spielfigur

Durchführung:
Stelle den Spiegel senkrecht zur Tischoberfläche auf. Du kannst den Spiegel z. B. zwischen zwei Wasserflaschen einklemmen.

V1 Lege einen Keks so vor den Spiegel, dass du im Spiegelbild nur den halben Keks siehst (▸ Bild 04). Lege den zweiten Keks so hinter den Spiegel, dass der halbe Keks vervollständigt wird.
a) Beschreibe die Lage der Kekse und erkläre.
b) Verändere deine Position und wiederhole den Versuch.

04 Spiegelkeks

V2 Lege die Stifte vor den Spiegel. Sie sollen in unterschiedliche Richtungen zeigen. Beschreibe, wie sich die Richtungen der Spiegelbilder verändert haben.

V3 Stelle die nicht brennende Kerze und die Figur wie im ▸ Bild 05 gezeigt vor den Spiegel. Überlege dir zuerst, wie viele Schatten die Figur und ihr Spiegelbild jeweils haben. Zünde nun die Kerze an und überprüfe deine Überlegungen.

05 Schatten im Spiegel

Material A ▸ Versteckspiel

Tom und Mia spielen Verstecken in einem Zimmer. Mia hat sich hinter dem Sessel versteckt (▸ Bild 06).

A1 a) Übertrage die Skizze in dein Heft. Zeichne Mias Spiegelbild und den Lichtweg von Mia zu Tom ein. Kann Tom Mias Spiegelbild sehen? Erläutere.
b) Markiere zwei weitere Positionen, von denen aus Tom Mias Spiegelbild sehen kann.
c) Kann Mia Toms Spiegelbild sehen? Erläutere.

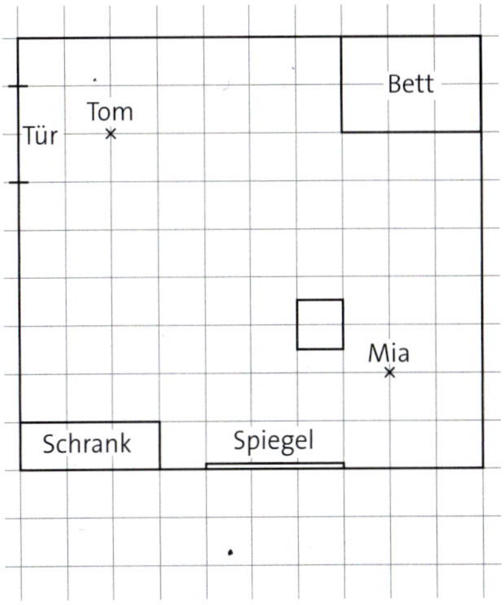

06 Versteckspiel

Material B ▸ Falsche Spiegelbilder

B1 a) ▸ Bild 07 zeigt eine Person vor einem Spiegel. Entscheide für jede Skizze, ob sie richtig oder falsch ist. Begründe deine Antwort jeweils.
b) Probiere aus, ob du mit einem Metalllöffel ein Spiegelbild wie in ▸ Bild 07 A erzeugen kannst. Finde eine Erklärung.

07 Falsche Spiegelbilder?

BLICKPUNKT

Augen auf im Straßenverkehr

01 Beleuchtete Kreuzung

02 Der Schüler ist für den Fahrer nicht sichtbar.

Ob du auf dem Schulweg oder in deiner Freizeit unterwegs bist: Du musst dich im Straßenverkehr orientieren, auf andere Verkehrteilnehmer achten und in gefährlichen Situationen richtig reagieren. Deine Augen sind dabei wichtige Sinnesorgane, denn Licht wird im Straßenverkehr vielfältig genutzt.

Lichtquellen sorgen für Beleuchtung · In ▸ Bild 01 erhellen Straßenlaternen einen Kreuzungsbereich. Sie beugen dadurch Unfällen vor und machen die Straße nachts sicherer. Das Fahrlicht eines Radfahrers oder eines Autos beleuchtet ebenfalls die dunkle Straße, sodass beide nicht vom Weg abkommen.

Lichtquellen informieren und warnen · Verkehrsteilnehmer verständigen sich mithilfe verschiedenfarbiger Lichtsignale. Der gelbe Blinker eines Autos kündigt einen Spur- oder Richtungswechsel an, Fahrlichter sind weiß und rote Rücklichter machen vorausfahrende Fahrzeuge sichtbar.
Rote Warnlichter warnen vor Gefahren und sollten nicht überfahren werden. So warnt z. B. das rote Licht einer Ampel vor dem Querverkehr. Gelbe Warnlichter informieren über Hindernisse, z. B. über einen Servicewagen des Straßendienstes, der eine Fahrspur blockiert. Ein blaues Blinklicht kennzeichnet ein Fahrzeug mit Sonderrechten im Straßenverkehr.

Hindernisse nehmen die Sicht · Nicht nur Dunkelheit, sondern auch Hindernisse bringen im Straßenverkehr besondere Gefahren mit sich. Du kannst einen Körper nur dann sehen, wenn Lichtstrahlen von ihm dein Auge erreichen. Umgekehrt wirst auch du von einem Autofahrer auch nur dann wahrgenommen, wenn das Licht, das von dir ausgeht, den Autofahrer erreicht. Hindernisse wie parkende Autos unterbrechen den Lichtweg und führen zu gefährlichen Situationen (▸ Bild 02). Achte deshalb darauf, dass du selbst dein Sichtfeld nicht durch Kapuzen oder Ähnliches verkleinerst.

Spiegel erweitern das Sichtfeld · An unübersichtlichen Ein- und Ausfahrten sorgen fest angebrachte Spiegel für eine bessere Übersicht. Manche Spiegel sind sogar gewölbt, um einen größeren Bereich abzubilden.
Rückspiegel helfen dir, von hinten kommende Fahrzeuge zu sehen. Insbesondere Busse und Lastwagen sind mit vielen Spiegeln ausgestattet. Mit ihnen kann der Fahrer gleichzeitig verschiedene Richtungen im Blick behalten, ohne ständig den Kopf zu drehen.

Trotz der Spiegel gibt es Bereiche, die der Fahrer nicht einsehen kann (▸ Bild 03). Diese Bereiche heißen **toter Winkel.** Wenn der Fahrer sehr hoch sitzt, liegt auch der Bereich unterhalb der Beifahrertür im toten Winkel.

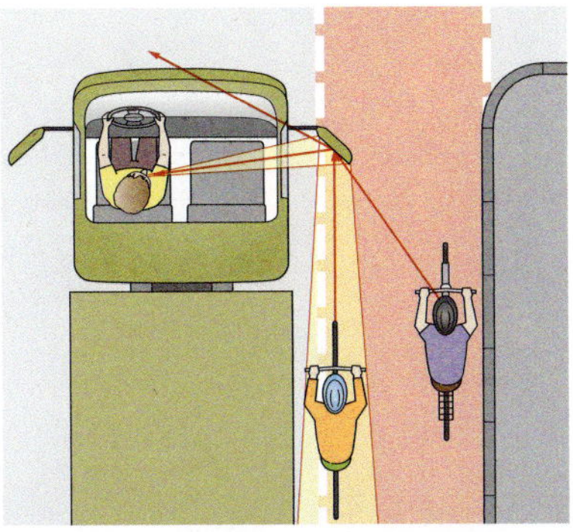

03 Rechter Radfahrer im toten Winkel

04 Sichtbar ist sicherer.

05 Reflektoren am Fahrrad

Damit du nicht vom Lkw überrollt wirst, solltest du deshalb rechtzeitig anhalten – und zwar hinter dem Lastwagen und nicht neben ihm!
Weil der Weg des Lichts unumkehrbar ist, gilt folgende Regel: Siehst du die Augen des Fahrers im Spiegel nicht, so kann auch er dich nicht sehen.

Störende Lichterscheinungen · Auf nassen Fahrbahnen kannst du Markierungen manchmal schlecht erkennen, weil die gesamte Fahrbahn wie ein Spiegel wirkt.
Wenn dadurch zu viel Licht von einer Lichtquelle in dein Auge fällt, wirst du geblendet und schließt dabei vielleicht sogar kurzzeitig deine Augen.
Geblendet wirst du manchmal auch durch die Scheinwerfer des Gegenverkehrs, die Strahlen der tief stehende Sonne oder durch einen sehr hellen, wolkenlosen Himmel.

Unbedingt auffallen im Straßenverkehr · Erleuchtet nur wenig Licht die Straße, dann kannst du durch helle Kleidung, die das Licht in alle Richtungen reflektiert, auf dich aufmerksam machen. Besonders gut gelingt dies mit einer Warnweste, wie sie auch Schülerlotsen tragen.
Trägst du dagegen dunkle Kleidung, die das Licht weitgehend absorbiert, bist du getarnt und in der Dunkelheit schwer erkennbar (▸ Bild 04).

Fahrbahnmarkierungen, bestimmte Fahrzeuge und Verkehrsschilder müssen besonders auffallen. Deshalb werden Fahrbahnmarkierungen in weißer Farbe aufgemalt und Einsatzfahrzeuge z.B. der Feuerwehr besonders lackiert.
Wichtige Verkehrszeichen fallen nicht nur durch ihre Farbe auf, sondern sind auch mit Reflektorfolie überzogen. Reflektorstreifen findest du auch an Schulranzen, an Jacken und Hosen. An Armen oder Beinen sind sie besser zu erkennen als am Oberkörper, weil das Gehirn bewegte Lichtreflexe viel deutlicher und schneller wahrnimmt als ruhende.

Auf dem Fahrrad bist du ohne den Vorderscheinwerfer bei schlechtem Licht nicht zu sehen. Aber selbst mit Vorderscheinwerfer kann man deine Umrisse und die Bewegung des Rades von der Seite kaum erkennen. Damit du gut sichtbar bist, müssen nach der Straßenverkehrsordnung Fahrräder an allen Seiten Reflektoren haben. In ▸ Bild 05 siehst du einen weißen Frontreflektor, zwei rote Reflektoren an Gepäckträger und hinterem Schutzblech sowie Reflektoren an Pedalen und Speichen. Reflektoren werfen das Licht in diejenige Richtung zurück, aus der es gekommen ist.
Achte immer darauf, dass Reflektoren und Lampen an deinem Fahrrad frei von Verschmutzungen sind. Nur so kannst du sehen und gesehen werden.

01 Mit Kopfhörern hörst du deine Umwelt nicht.

Ohren auf im Straßenverkehr

Auch wenn du ein herannahendes Auto nicht siehst, erkennst du es am anschwellenden Geräusch. Hörst du die Sirene eines Polizeiautos, weißt du sofort, dass alle freie Bahn schaffen müssen. Im Straßenverkehr, im Gespräch und vielen alltäglichen Situationen sind wir auf unser Gehör angewiesen. Aber was passiert beim Hören?

SCHALL · Du hörst Musik, weil sie dir gefällt. Wenn du ein Instrument spielst oder in einem Chor singst, dann weißt du, wie wichtig es ist, den „richtigen Ton zu treffen". Im Gespräch erkennst du bereits am Klang einer Stimme, welche Stimmung gerade herrscht. Der schrille Ton der Polizeisirene warnt dich: Du wirst aufmerksam und bist „ganz Ohr". All die Signale oder Geräusche, die unser Ohr erreichen, nennen wir **Schall.**
Hoch – tief, laut – leise, angenehm – schrill sind Begriffe, die persönliches Empfinden ausdrücken, teils aber auch durch die Physik genauer erklärt werden können.

SCHALLQUELLEN UND -EMPFÄNGER · Sprechen und Hören sind für uns selbstverständlich. Für taube oder stumme Menschen ist das leider nicht so: Stumme Menschen können nicht sprechen, taube Menschen können nicht hören. Daran erkennst du zwei wichtige Teilbereiche des Themas Schall: Schallquellen und Schallempfänger.
Und wie gelangt der Schall von der Schallquelle zum Schallempfänger? Man nennt dies Schallübertragung. Das ist ein dritter Teilbereich, der uns am Thema Schall interessiert (▸ Bild 02).

SCHALLQUELLEN · Schauen wir uns die Schallerzeugung näher an: Wenn du ein langes Lineal mit der einen Hand oberhalb der Tischkante gut festhältst und mit der anderen Hand anzupfst, dann hörst du einen Ton. Gleichzeitig siehst du, wie das Lineal auf- und abschwingt (▸ Bild 03).
Je länger der schwingende Teil des Lineals ist, umso besser kannst du die Bewegung er-

kennen. Ist er zu lang, dann hörst du keinen richtigen Ton mehr. Wenn du aber den schwingenden Teil des Lineals immer mehr verkürzt, dann wird der Ton höher und du hörst ihn deutlicher. Allerdings kannst du die Bewegung kaum noch sehen.

Wenn das Lineal zur Ruhe gekommen ist, dann hörst du den Ton nicht mehr. Wir schließen daraus, dass nur dann ein Ton entsteht, wenn das Lineal schwingt.
Du fragst dich vielleicht, ob das für alle Schallquellen gilt? Wenn du eine Stimmgabel anschlägst, dann kannst du einen Ton hören, siehst aber keine Bewegung. Schwingt die Stimmgabel also nicht?

Du kannst diese Frage mit einem einfachen Versuch überprüfen: Wenn du die Spitzen der angeschlagenen Stimmgabel in ein Glas mit Wasser hältst, dann spritzt es (▸ Bild 04). Also schwingt die Stimmgabel. Sie schwingt aber so schnell, dass unsere Augen die Bewegung nicht wahrnehmen können.

/// Damit ein hörbarer Ton entsteht, muss ein Gegenstand schnell schwingen.

Was schwingt, wenn wir sprechen oder singen? Wenn du deinen Kehlkopf beim Sprechen oder Singen („aaa") berührst (▸ Bild 05), dann spürst du mit der Hand, wie etwas sehr schnell schwingt: Es sind deine Stimmbänder.
Wenn Luft an den Stimmbändern vorbeigepresst wird, schwingen sie. Du kannst die Stimmbänder stärker anspannen, um höhere Töne zu erzeugen. Wenn du die Stimmbänder mit mehr Luft anregst, schwingen sie heftiger: Deine Stimme wird lauter.

/// Wenn wir sprechen oder singen, schwingen unsere Stimmbänder.

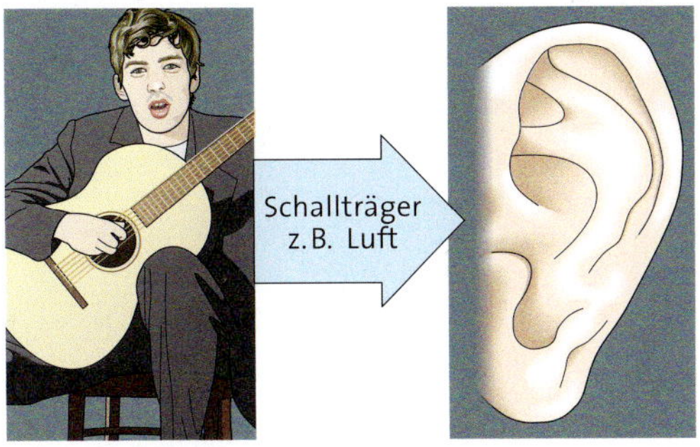

02 Der Schall entsteht in der Gitarre, wird von der Luft übertragen und vom Ohr empfangen.

03 Das Lineal schwingt auf und ab.

04 Die Stimmgabel schwingt so schnell, dass das Wasser aus dem Glas spritzt.

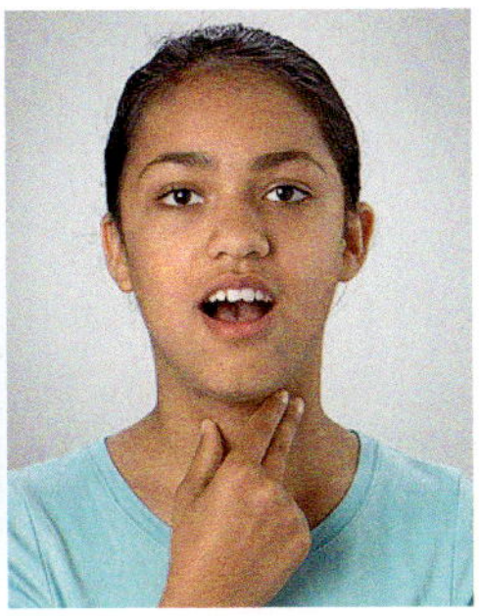

05 Du spürst die Vibration deiner Stimmbänder.

1 **a)** Nenne weitere Beispiele für Schallerzeugung.
b) Überlege dir mit deinem Nachbarn Möglichkeiten, die schnellen Bewegungen dabei nachzuweisen.

2 Beschreibe, was du hörst, wenn du mit einem angefeuchteten Finger über den Rand eines dünnwandigen Glases streichst. Formuliere eine Vermutung, welche Teile schwingen.

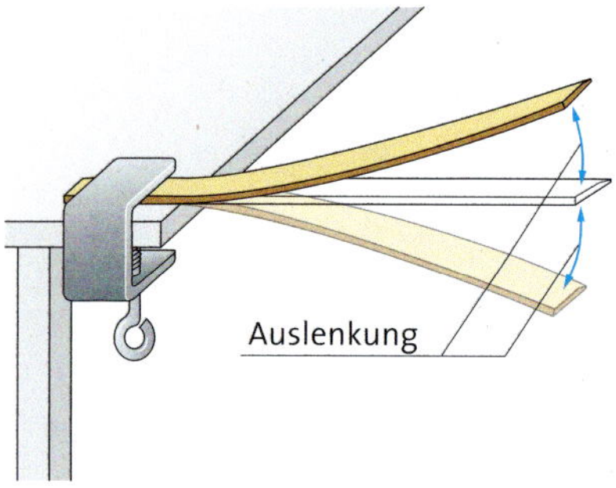

01 Schwingendes Lineal

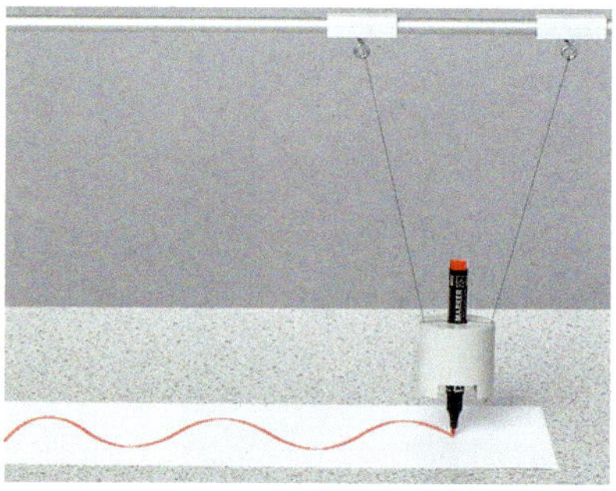
02 Pendelschwingung wird aufgezeichnet.

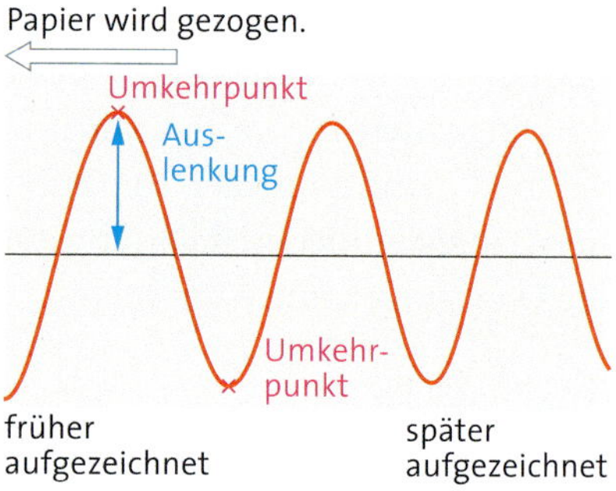

03 Schwingungsbild des Pendels

Oft wird die Frequenz auch in Kilohertz angegeben:

1 kHz = 1000 Hz

SCHWINGUNGEN BESCHREIBEN · Am schwingenden Lineal machen wir uns noch einmal einiges klar: Das Lineal schwingt schneller, wenn man den schwingenden Teil verkürzt. Dabei ändert sich aber auch die Tonhöhe. „Schneller" bedeutet, dass das Lineal öfter in einer bestimmten Zeit hin- und herschwingt. Die Tonhöhe hängt also davon ab, wie oft sich das Lineal – z.B. in einer Sekunde – hin- und herbewegt. Dafür verwenden Physiker den Begriff **Frequenz.**
Wie die Temperatur die Einheit 1°C hat, so hat die Frequenz die Einheit 1 Hz (Hertz): Wenn die Frequenz 1 Hz beträgt, dann bewegt sich das Lineal in einer Sekunde genau einmal hin und her.

Die Frequenz gibt an, wie viele vollständige Hin- und Herbewegungen in einer Sekunde erfolgen. Die Einheit der Frequenz ist ein Hertz (1 Hz).

Wenn man das Lineal stärker anschlägt, dann wird es dabei weiter ausgelenkt. Der Ton wird hierdurch lauter. Die Lautstärke hängt also davon ab, wie weit das Lineal hin- und herschwingt. Wichtig ist hierbei die **maximale Auslenkung,** auch Amplitude genannt. Die maximale Auslenkung bezeichnet die Strecke zwischen der Ruhelage des Lineals und den Umkehrpunkten der Schwingung (▸ Bild 01).

SCHWINGUNGEN AUFZEICHNEN · Können wir die Schwingungen sichtbar machen? Die ins Wasser eingetauchte Stimmgabel hat uns schon einen ersten Eindruck vermittelt. Da man die Schwingungen der meisten Schallquellen nicht mit dem Auge verfolgen kann, muss man sie aufzeichnen: Als Beispiel betrachten wir die Pendelbewegung eines Eisenklotzes (▸ Bild 02). Wir hängen ihn so auf, dass er frei schwingen kann Wird der Klotz in Schwingung versetzt, malt ein Filzstift eine Linie auf das darunterliegende Papier. Wenn man das Papier gleichzeitig nach links zieht, dann malt der Stift eine Wellenlinie auf das Blatt. Die Wellenlinie in ▸ Bild 03 zeigt die Umkehrpunkte, die Ruhelage und die maximale Auslenkung der Schwingung.
Auch mit einem Computer und einem Mikrofon können wir Schwingungen aufzeichnen. Mit einem Programm zur Aufzeichnung und Wiedergabe von Tönen, einem Soundeditor, lassen sich die aufgezeichneten Schwingungen betrachten und auswerten. Praktisch ist auch, dass der Computer gleichzeitig die Schwingung aufzeichnen und die Zeit messen kann.

1 In ▸ Bild 02 wurde eine Schwingung aufgezeichnet. Erläutere, wie man auf dem Papier Anfang und Ende der Pendelbewegung findet.

VERSUCHE ▸ Schallerzeugung

In den Versuchen untersuchst du unterschiedlich hohe Töne. Du erforschst, wie Töne erzeugt werden und wie sich die Tonhöhe beeinflussen lässt.

V1 Quietschender Luftballon

Material:
Luftballon

Durchführung:
Blase einen Luftballon auf. Ziehe die Ballonöffnung mit den Fingern zu einem dünnen Schlitz auseinander, sodass die Luft quietschend entweichen kann.
a) Beschreibe, wie du unterschiedliche Töne erzeugen kannst.
b) Stelle eine Vermutung darüber an, was bei der Schallerzeugung schwingt.

V2 Flaschenklang

Material:
Glasflasche, Wasser

Durchführung:
Fülle Wasser in eine Glasflasche (nicht ganz voll). Blase nun schräg in die Flaschenöffnung hinein, sodass ein Ton entsteht.
a) Formuliere eine Vermutung dazu, wie der Ton entsteht.
b) Ändere die Wassermenge in der Flasche und beschreibe, wie sich der Ton ändert.

Material A ▸ Auswertung von Schwingungsbildern

A1 Mit dem Computer wurden Schwingungsbilder aufgezeichnet. Ausschnitte sind in den Diagrammen unten dargestellt. Bestimme die Dauer einer Schwingung, also die Dauer einer vollständigen Hin- und Herbewegung, in den Bildern a und b. Berechne jeweils, wie viele Schwingungen in einer Sekunde stattfinden.

A2 Ein Uhrenhersteller hat einen neuen elektrischen Wecker entwickelt. Für die Wahl des Wecksignals stehen dem Hersteller die vier Möglichkeiten 1 bis 4 zur Verfügung.
a) Erläutere, wie sich die abgebildeten Signale anhören.
b) Zeichne eine Folge von Wecksignalen mit voller und halber Lautstärke.

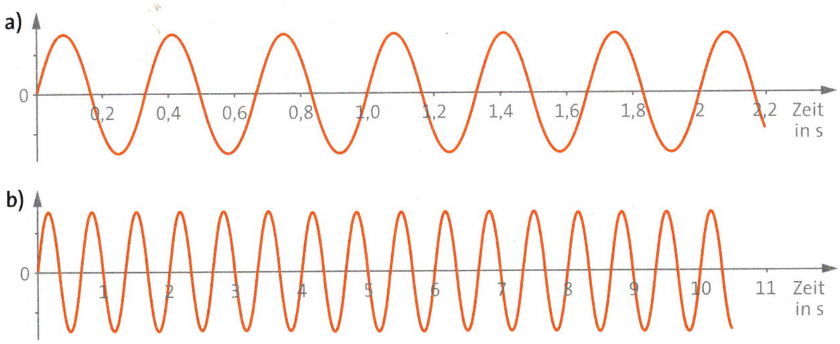

04 Schwingungsbilder zweier unterschiedlicher Schwingungen: Die Einheit der Zeit, 1 Sekunde, wird abgekürzt mit 1 s.

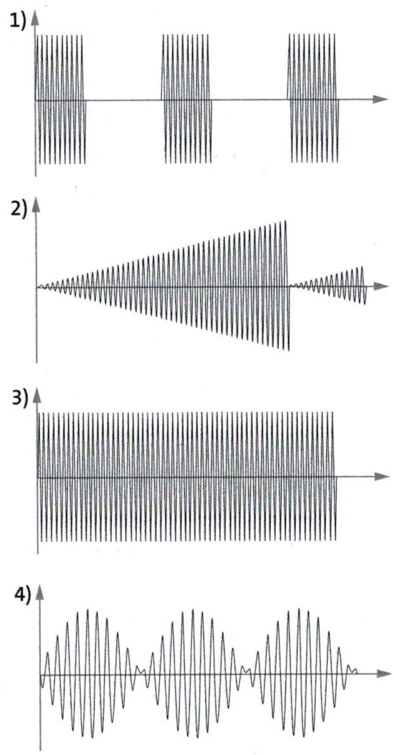

05 Schwingungsbilder verschiedener Wecksingale

01 Das Schulorchester musiziert.

02 Presslufthammer in Aktion

Ton – Klang – Geräusch

Schall kann laut oder leise sein. Töne können hoch oder tief sein. Derselbe Ton klingt bei einer Stimmgabel anders als bei einer Flöte oder einer Violine. Wie können wir die wahrgenommenen Unterschiede physikalisch beschreiben?

LAUT – LEISE · Wenn du eine Stimmgabel einmal schwach und einmal stark anschlägst, dann hörst du den Ton einmal leise und einmal laut.

Ob ein Ton laut oder leise ist, das kann man auch an den Schwingungsbildern der Töne erkennen: Beim leisen Ton beobachtet man kleine Auslenkungen, beim lauten Ton große Auslenkungen (▸ Bild 03).

HOCH – TIEF · Wenn du zwei unterschiedliche Stimmgabeln verwendest, dann hörst du bei der einen Stimmgabel einen tiefen Ton, bei der anderen einen hohen Ton. Hoch oder tief, auch das zeigen die Schwingungsbilder (▸ Bild 04): Beim hohen Ton wurden in der gleichen Zeit viel mehr Schwingungen aufgezeichnet als beim tiefen Ton. Die Frequenz des hohen Tons ist also größer als die Frequenz des tiefen Tons.

Je lauter man einen Ton hört, desto größer ist die maximale Auslenkung der Schwingung.
Je höher man einen Ton hört, desto größer ist die Frequenz der Schwingung.

Eine Sekunde entspricht 1000 Millisekunden (ms): 1 s = 1000 ms.

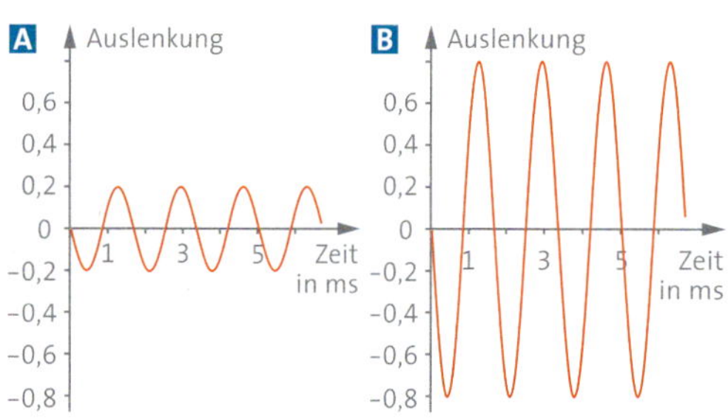

03 **A** Leiser Ton, **B** lauter Ton

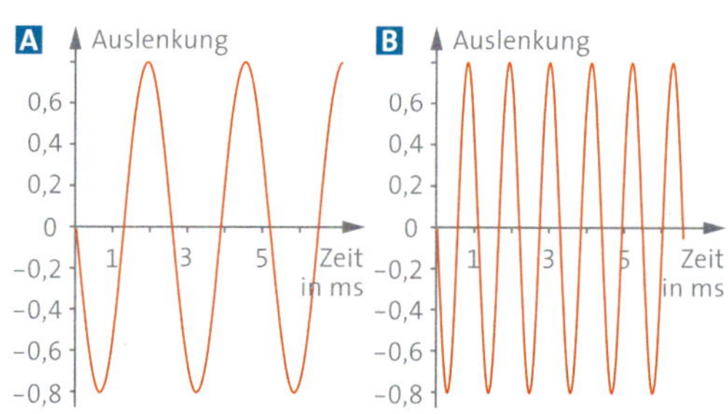

04 **A** Tiefer Ton, **B** hoher Ton

KLANG · Warum hört sich derselbe Ton bei einer Flöte anders an als bei einer Violine? Du kannst mit Mikrofon und Computer die Schwingungsbilder von verschiedenen Instrumenten aufnehmen und miteinander vergleichen. Was haben sie gemeinsam, was unterscheidet sie?

Das einfachste Schwingungsbild erhält man mit einer Stimmgabel, es ist eine regelmäßige Wellenlinie (▸ Bilder 03, 04). Das Schwingungsbild einer Flöte sieht dem Schwingungsbild der Stimmgabel noch recht ähnlich (▸ Bild 05 A). Bei der Violine jedoch erhält man ein komplizierteres Schwingungsbild. Allerdings ist auch dieses Schwingungsbild in gewisser Weise regelmäßig, da es sich aus immer gleichen Abschnitten zusammensetzt (▸ Bild 05 B).

Bei der Violine klingen immer mehrere Töne gleichzeitig, sodass dieses komplizierte Schwingungsbild entsteht. Die Frequenz des tiefsten Tons bezeichnet man als Tonhöhe. Die Unterschiede zur regelmäßigen Wellenlinie der Stimmgabel sind bei jedem Instrument anders. Sie zeigen den Klang des Instruments. Genau genommen erzeugen Instrumente keine Töne, sondern Klänge.

Ein Ton hat eine regelmäßige Wellenlinie als Schwingungsbild.
Das Schwingungsbild eines Klangs ist eine komplizierte Wellenlinie mit sich wiederholenden Abschnitten.

GERÄUSCH · Geräusche wie der Lärm eines Presslufthammers oder der Knall eines Luftballons beim Platzen nehmen wir auch als Schall wahr. Sie klingen aber völlig anders als Flöte oder Violine. Im Vergleich zu den Schwingungsbildern von Stimmgabel, Flöte und Violine sind beim Presslufthammer keine Regelmäßigkeiten zu erkennen (▸ Bild 06 A). Dies gilt für alle Geräusche.

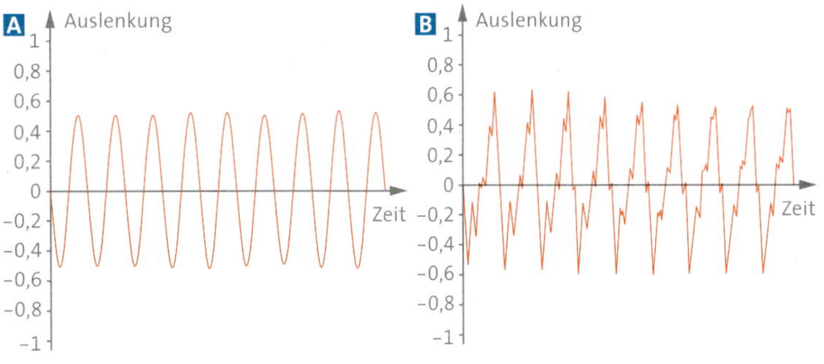

05 Derselbe Ton **A** auf einer Flöte, **B** auf einer Violine gespielt

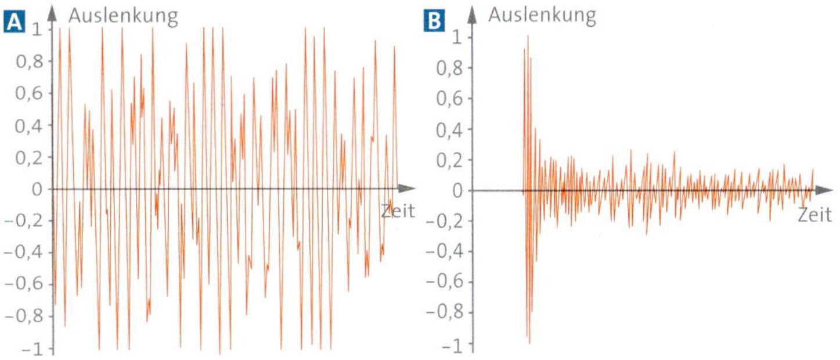

06 **A** Geräusch (Presslufthammer), **B** Knall (platzender Luftballon)

Der Knall eines platzenden Luftballons ist im Schwingungsbild ebenfalls gut zu erkennen (▸ Bild 06 B). Die Amplitude ist zunächst sehr groß und nimmt dann sehr schnell ab. Wie bei anderen Geräuschen sind auch hier keine Regelmäßigkeiten zu erkennen.

Ein Geräusch hat ein unregelmäßiges Schwingungsbild.

1 Beschreibe den Unterschied im Schwingungsbild zwischen einem Geräusch und dem Ton einer Stimmgabel.

2 Skizziere das Schwingungsbild eines Tons, der mit zunehmender Zeit lauter wird.

3 Beschreibe den an- und abschwellenden Ton einer Feuersirene mit physikalischen Größen. Skizziere das Schwingungsbild.

BLICKPUNKT

Die menschliche Stimme

Auch ohne Instrumente können wir allein mit unserer Stimme die unterschiedlichsten Laute erzeugen: Sprechen, Singen, Summen usw. Wie entstehen diese Laute?

Wenn du beim Singen bei den Vokalen a, e oder i mit deinen Fingern den Hals unterhalb des Kinns berührst, dann kannst du spüren, dass etwas schwingt. Am stärksten ist die Schwingung in der Nähe des Kehlkopfes. Dort verengt sich die Luftröhre und dort befinden sich die Stimmbänder, die die Stimmritze bilden. Wenn die Luft hindurchgepresst wird, dann beginnen sie zu schwingen. Bei tiefen Tönen sind die Stimmbänder locker gespannt und schwingen mit kleiner Frequenz. Bei Kindern sind die Stimmbänder noch kürzer und straff gespannt: Die Stimmbänder schwingen mit großer Frequenz. Daher klingt eine Kinderstimme höher als die Stimme von Erwachsenen. Männer haben dickere und längere Stimmbänder als Frauen. So erklärt sich, dass Männer meist eine tiefere Stimme haben.

Die Stimmbänder allein machen noch keine Sprachlaute. Erst das Zusammenwirken der Stimmbänder mit dem Mund, dem Rachenraum und der Luft ergibt Vokale und Konsonanten. Bei jedem **Vokal** verändern wir die Mundstellung und damit den Rachenraum (▸ Bild 02).

Wenn man die Schwingungsbilder für Vokale aufzeichnet, dann erhält man für jeden Vokal ein anderes Bild (▸ Bild 03). Bei gleichen Vokalen sind diese für verschiedene Menschen sehr ähnlich, aber nicht gleich.

Bei den **Konsonanten** p, t, k, g und d wird durch Lippen, Zunge und Zähne der Rachenraum verschlossen und dann plötzlich geöffnet, sodass die Luft entweichen kann.

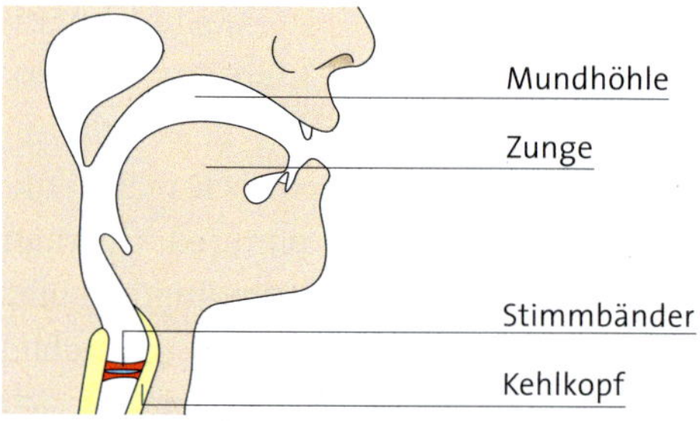

01 Kehlkopf und Stimmbänder

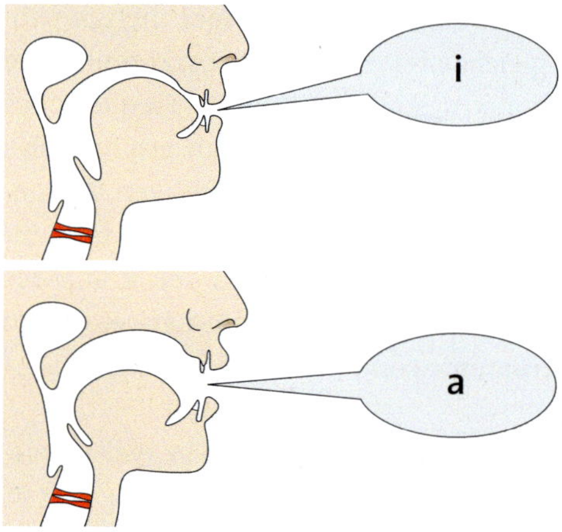

02 Mundhöhle und Rachenraum bei Vokalen

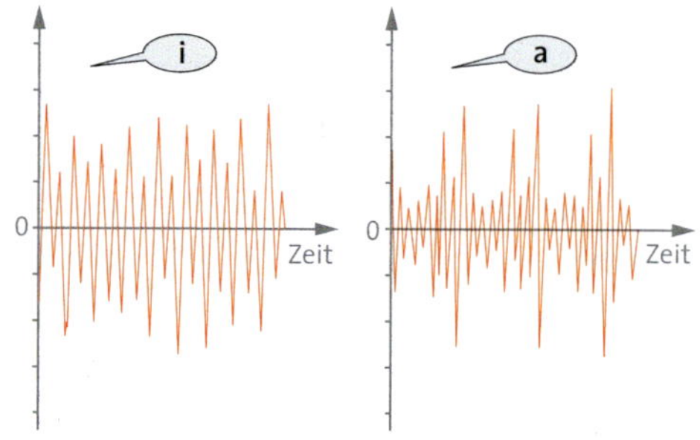

03 Schwingungsbilder der Vokale i und a.

VERSUCHE ▸ Tonhöhe und Frequenz

V1 Musikinstrument

Der höhere Ton eines Musikinstruments ist mit einer höheren Frequenz verbunden. In diesem Versuch soll dieser Zusammenhang durch eine Messung bestätigt werden.

Material:

Musikinstrument (am besten Flöte), Gerät zur Frequenzmessung (z. B. Computer, Mikrofon)

Durchführung:

Spiele mit dem Musikinstrument die Tonleiter und bestimme die Frequenzen der einzelnen Töne. Bestätige den Zusammenhang: hoher Ton – hohe Frequenz, tiefer Ton – niedrige Frequenz.

V2 Boomwhacker

Aus dem Musikunterricht kennst du vielleicht die „Boomwhackers". Das sind Plastikröhren, die nach dem Anschlagen klingen. Mit diesen „Instrumenten" kannst du gut untersuchen, wie die Länge der Röhren mit der Frequenz des Tons zusammenhängt.

Material:

„Boomwhackers", Gerät zur Frequenzmessung (z. B. Computer, Mikrofon)

Durchführung:

a) Formuliere eine Vermutung in der Form: „Je länger ..., desto ..." und überprüfe sie.

b) Wenn du ein Ende der Röhre mit einem Deckel verschließt, dann entsteht ein anderer Ton. Vergleiche die Frequenzen der offenen und der geschlossenen Röhre. Wiederhole dies für andere Rohrlängen. Dabei solltest du eine Regelmäßigkeit erkennen. Formuliere einen Ergebnissatz.

Material A ▸ Laut und leise, hoch und tief

1)

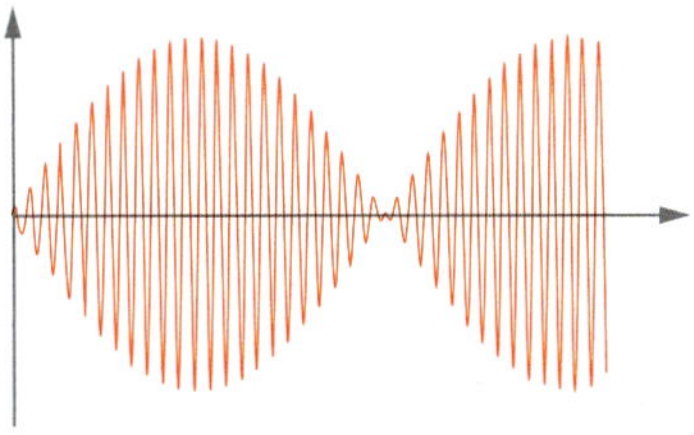

2)

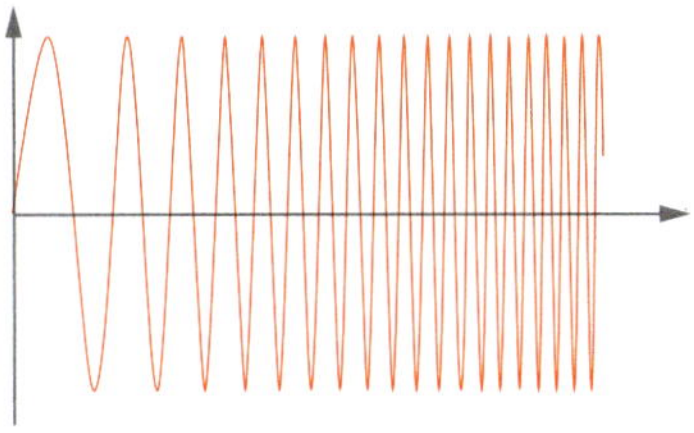

3)

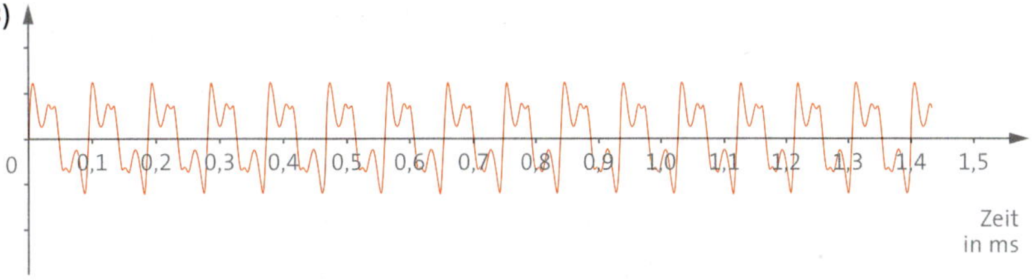

4)

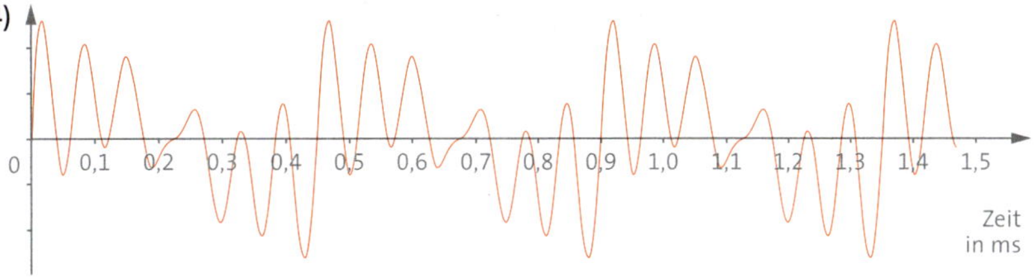

A1 Mit dem Computer wurden die Schwingungsbilder 1 bis 4 aufgezeichnet.

a) Beschreibe Schwingungsbilder 1 und 2 mithilfe der Größen Auslenkung und Frequenz. Beschreibe, wie sich Tonhöhe und Lautstärke jeweils verändern.

b) Zeigt Bild 3 oder 4 die höhere Frequenz?

A2 Beim Tippen einer Taste des Festnetztelefons ist jeweils ein kurzer Ton hörbar.

a) Beschreibe, wie du an einem Schwingungsbild erkennen kannst, wie viele Tasten gedrückt wurden.

b) Erläutere, wozu unterschiedlichen Tasten unterschiedliche Frequenzen ertönen lassen.

BLICKPUNKT

01 Auswahl verschiedener Musikinstrumente

Musikinstrumente

Ein Orchester benötigt für eine Aufführung viele verschiedene Instrumente. Jedes Instrument hat einen bestimmten Klang und erst das Zusammenspiel ergibt den vollen Musikgenuss.

Saiteninstrumente · Bekannte Saiteninstrumente sind das Klavier, die Geige und die Gitarre. Bei diesen Instrumenten werden die Saiten durch Anschlagen, Streichen oder Zupfen in Schwingungen versetzt. Eine schwingende Saite allein ist kaum hörbar. Damit der Ton laut genug ist, müssen größere Flächen zum Mitschwingen angeregt werden. Für tiefe Töne müssen die Flächen groß sein, für hohe Töne genügen kleinere Flächen. Bei der Geige ist z. B. die Rückseite, der sogenannte Boden, gerade groß genug für ihre tiefsten Töne.

Blasinstrumente · Unter den Blasinstrumenten sind die Flöte, die Klarinette, das Saxofon, die Trompete und die Orgel die bekanntesten. Bei diesen Instrumenten wird die in einem Rohr eingeschlossene Luft unmittelbar zum Schwingen gebracht. Wenn man die Länge der eingeschlossenen Luftsäule ändert, dann ändert sich dadurch die Tonhöhe. Bei der Blockflöte geschieht dies durch das Öffnen und Schließen der Grifflöcher.

Schlaginstrumente · Zu diesen Instrumenten gehören das Xylofon, der Gong und die Triangel. Bei ihnen werden durch Anschlagen Platten und Stäbe aus Holz oder Metall zum Schwingen gebracht. Andere Schlaginstrumente wie Pauken und Trommeln sind mit Membranen bespannt.

Die C-Dur-Tonleiter · Du kannst vielleicht eine Tonleiter singen oder auf einem Instrument spielen. Was ist das Besondere an einer Tonleiter? Wir klären das am Beispiel der C-Dur-Tonleiter:

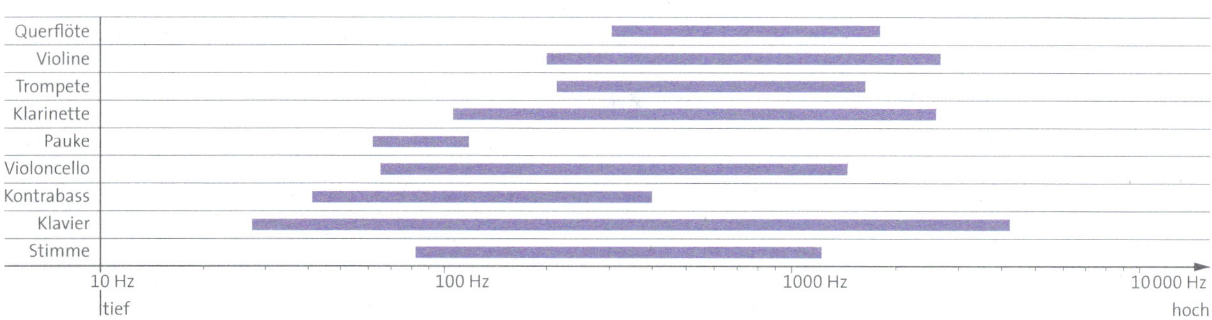

02 Frequenzumfang verschiedener klassischer Musikinstrumente und der menschlichen Stimme

In ▸ Tabelle 03 sind die Frequenzen der Töne und ihre Bezeichnungen in der Musik dargestellt. Die Frequenzen der einzelnen Töne einer Tonleiter sind, nach Festlegung des Anfangstons, durch ihren Abstand zueinander bestimmt. Diesen Abstand nennt man in der Musik **Intervall.** Die verschiedenen Intervalle haben auch eigene Namen. In ▸ Tabelle 03 sind die Intervalle in Bezug auf den Ton c^1 angegeben.
Zu jedem Intervall gehört ein bestimmtes Frequenzverhältnis: Die Oktave hat das besonders einfache Verhältnis von 2 : 1, die Frequenz von c^2 ist doppelt so groß wie die Frequenz des Tons c^1.
Das Intervall von c^1 zu g^1 ist eine Quinte. Das Frequenzverhältnis ist 3:2.
Die Intervalle, deren Frequenzverhältnisse besonders einfach sind, werden als wohlklingend empfunden.

Du siehst: Wenn man die Frequenz eines bestimmten Tons festlegt, dann kann man durch die Frequenzverhältnisse bei den Intervallen die Frequenzen aller anderen Töne berechnen. In der Musik ist dieser bestimmte Ton der „Kammerton" a^1 mit 440 Hz.

Der Klang der Instrumente · Mit dem Wissen über die Intervalle kannst du den verschiedenen Klang der Musikinstrumente besser verstehen.

Wenn man z. B. auf der Geige ein a^1 spielt, dann erklingt nicht nur ein Ton mit 440 Hz, sondern noch viele weitere Töne, die man in der Musik **Obertöne** nennt. Die Frequenzen der Obertöne sind immer Vielfache der Frequenz des tiefsten Tons, der **Grundton** heißt. Beim a^1 haben die Obertöne die Frequenzen 880 Hz, 1320 Hz usw.
Wenn man Grundton und Obertöne zusammen hört, dann nimmt man das als einen Klang wahr. Im Schwingungsbild eines Klangs kann man Grundton und Obertöne erkennen (▸ Bild 04). Der typische Klang eines Musikinstruments entsteht dadurch, dass die Obertöne bei jedem Instrument verschiedene Amplituden haben und dadurch unterschiedlich laut gehört werden.

Ton	c^1	d^1	e^1	f^1	g^1	a^1	h^1	c^2
Hz	264	297	330	352	396	440	495	528
Intervall	Sekunde 9:8							
	•	Terz 5:4	•					
	•	Quarte 4:3		•				
	•	Quinte 3:2			•			
	•	Sexte 5:3				•		
	•	Septime 15:8					•	
	•	Oktave 2:1						•

03 C-Dur-Tonleiter mit Intervallen

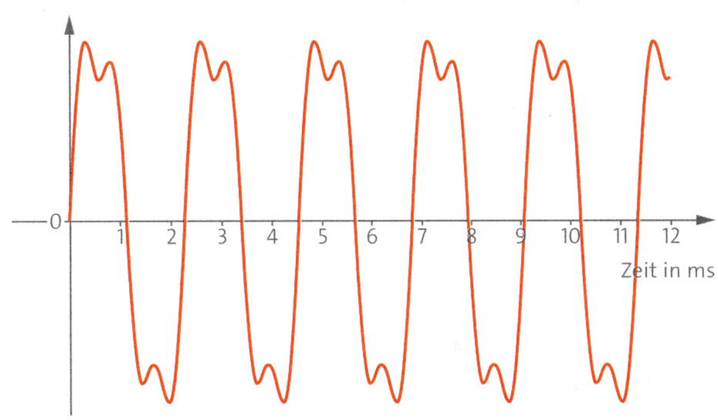

04 Grundton (440 Hz) mit 1. (880 Hz) und 2. Oberton (1320 Hz)

Bei Synthesizern kann man Grundtöne und Obertöne nach Wunsch zusammensetzen. So kann man den Klang anderer Instrumente nachmachen oder ganz neue Klänge entstehen lassen.

1 **a)** Bei den Saiteninstrumenten hat jedes Instrument einen bestimmten Frequenzbereich. Beschreibe, wovon dieser abhängt.
b) Untersuche, wovon die Frequenz eines Fadenpendels abhängt. Vergleiche mit Teilaufgabe a.

2 Ein Klavier hat einen Tonumfang von sieben Oktaven. Das tiefste spielbare c hat eine Frequenz von 33 Hz. Bestimme die Frequenz des sieben Oktaven höher liegenden, höchsten spielbaren c.

01 Start beim 100-m-Lauf

Schall breitet sich aus

Du stehst an der Ziellinie und siehst, wie der 100-m-Lauf mit einem Schuss aus der Pistole gestartet wird. Die Sportler dürfen erst loslaufen, sobald sie den Knall hören. Du siehst aber zuerst, wie die Läufer starten. Erst danach hörst du den Knall. War es ein Fehlstart?

RAUCH UND KNALL · Wenn wir den Rauch aus der Starterpistole sehen, dann können wir sicher sein, dass der Startschuss gefallen ist (▸ Bild 01). Die Läufer haben den Knall gehört und sprinten los. Wir, an der Ziellinie, hören den Knall offensichtlich später als die Läufer. Deshalb sieht es für uns wie ein Fehlstart aus, obwohl es keiner war.
An diesem Beispiel siehst du, dass der Schall nicht sofort den Empfänger erreicht. Er braucht Zeit, um sich auszubreiten. Deshalb hört ein Klassenkamerad, der weiter von der Startlinie entfernt steht als du, den Knall auch noch später als du.

Je weiter man von einer Schallquelle entfernt ist, desto länger dauert es, bis man den Schall hört.

02 Zuerst siehst du den Blitz, etwas später hörst du den Donner.

BLITZ UND DONNER · Etwas Ähnliches kannst du auch bei einem Gewitter erleben. Wenn du dabei einen Blitz siehst, dann hörst du erst mit zeitlicher Verzögerung den zugehörigen Donner (▸ Bild 02).
Wenn ein Blitz entsteht, dann wird die Luft um ihn herum sehr stark erhitzt und dehnt sich explosionsartig aus. Dieser Vorgang erzeugt einen Knall, der in größerer Entfernung als ein Grollen oder Donnern zu hören ist.
Licht und Schall brauchen Zeit, um den Weg vom Blitz zu dir zurückzulegen. Die Zeit, die das Licht braucht, muss dabei nicht berücksichtigt werden. Das Licht breitet sich viel schneller aus als der Schall.

Wenn du auf einer Wanderung oder Fahrradtour von einem Gewitter überrascht wirst, fragst du dich vielleicht: Wie weit ist das Gewitter entfernt? Wie groß ist die Gefahr? Dann ist es hilfreich, die Zeitdauer zwischen Blitz und Donner in Sekunden abzuzählen. Zählst du drei Sekunden, ist das Gewitter etwa einen Kilometer entfernt. Wird diese Zeitspanne größer, entfernt sich das Gewitter. Im anderen Fall musst du Schutz suchen.

03 Schüler bestimmen die Schallgeschwindigkeit.

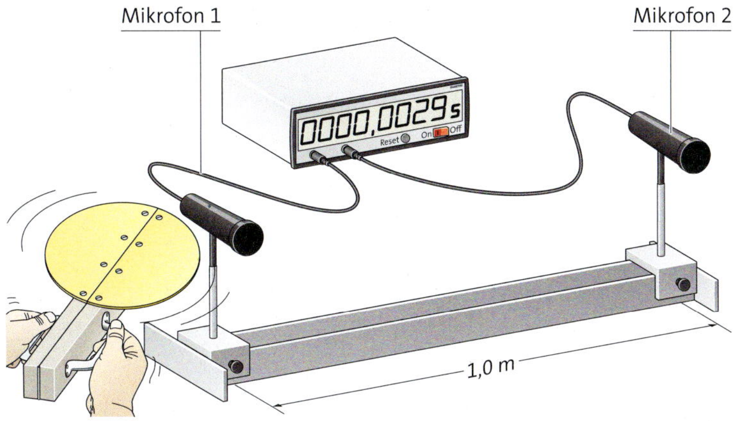

04 Elektronische Messung der Schallgeschwindigkeit

WIE SCHNELL IST DER SCHALL? · Um diese Frage zu untersuchen stellen wir die Situation beim 100-m-Lauf nach (▸ Bild 03). Statt einer Pistole benutzen wir eine Starterklappe. Eine Person steht mit der Starterklappe an der Startlinie. Zwei andere stellen sich an der Ziellinie auf – einer mit verbundenen Augen. Beide starten gleichzeitig ihre Stoppuhren. Der „Sehende" hält seine Stoppuhr an, wenn er sieht, wie die Starterklappen aneinanderschlagen. Der „Blinde" hält seine Uhr an, wenn der Knall zu hören ist. Der Unterschied bei der Anzeige der beiden Uhren entspricht der Zeit, die der Schall für die Distanz von 100 Metern gebraucht hat.

Wenn wir die Messung durchführen, dann ergibt sich eine Zeit von einem Bruchteil einer Sekunde. Wenn wir wirklich wissen wollen, wie schnell der Schall ist, dann müssen wir ein genaueres Messverfahren nutzen.

Wir verwenden zwei Mikrofone und eine sehr genaue elektronische Stoppuhr (▸ Bild 04). Die Starterklappen schlagen aneinander. Sobald der Schall Mikrofon 1 erreicht, wird die Uhr gestartet. Wenn er Mikrofon 2 erreicht, wird die Uhr wieder angehalten. Die Uhr misst also die Zeit, die der Schall für die Strecke von Mikrofon 1 bis zu Mikrofon 2 benötigt.
Wenn die Mikrofone im Abstand von genau 3,4 Metern stehen, dann misst die Uhr eine Zeit von genau einer Hundertstelsekunde. Wenn wir nun die Strecke einhundertmal so groß wählen, dann messen wir genau eine Sekunde. Denn für die hundertfache Strecke benötigt der Schall genau die hundertfache Zeit. Man sagt: Die Schallgeschwindigkeit in Luft beträgt 340 Meter pro Sekunde.

Der Schall breitet sich in Luft mit einer Geschwindigkeit von 340 Metern pro Sekunde aus. Die Geschwindigkeit ändert sich nicht mit der Entfernung von der Schallquelle.

1 Du beobachtest ein Feuerwerk in 200 Metern Entfernung. Erkläre, warum du nicht gleichzeitig den Knall der Explosion hörst und den Schein des Feuerwerks siehst.

2 **a)** Oma spricht von der Drei-Sekunden-Regel für Gewitter. Erläutere.
b) Zwischen Blitz und Donner hast du sechs Sekunden gezählt. Berechne, wie weit das Gewitter entfernt ist.

05 Feuerwerk

Achtung:
Lege niemals ein Smartphone unter die Glasglocke! Das Display kann sonst zerstört werden.

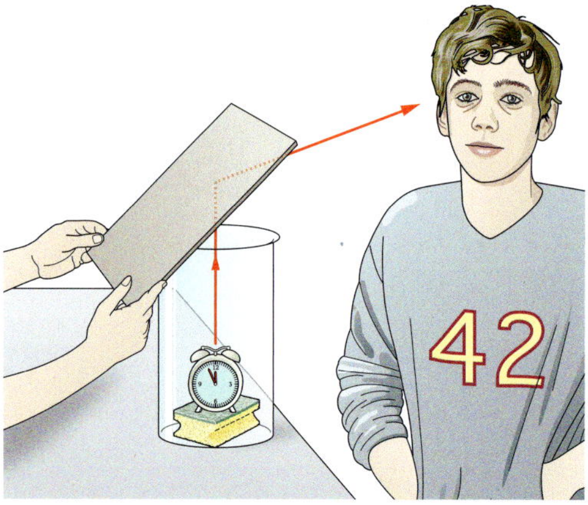

01 Experiment zur Reflexion von Schall

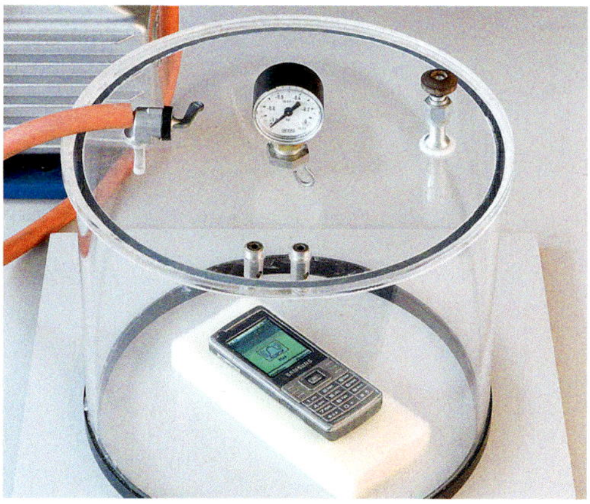

02 Ohne Luft hört man das Handy nicht.

SCHALL WIRD REFLEKTIERT · Das hast du vielleicht schon erlebt: Wenn du in den Bergen aus größerer Entfernung vor einer glatten Bergwand laut deinen Namen rufst, dann hörst du deinen Ruf kurz danach noch einmal. Das ist das sogenannte **Echo.** Offenbar wird der Schall von der Bergwand zu dir zurückgeworfen.

Wir untersuchen dies genauer in einem Experiment. Lege dazu eine tickende Uhr auf ein Stück Schwamm in ein hohes Glas. Wenn du dein Ohr über das Glas hältst, dann kannst du das leise Ticken hören. Wenn du dich neben das Glas stellst, dann kannst du das Ticken der Uhr nicht mehr hören. Wenn aber eine zweite Person eine glatte Platte über das Glas hält und sie langsam neigt, dann kannst du das Ticken bei einer bestimmten Position und Neigung der Platte wieder gut hören (▸ Bild 01). Wie kommt das?

Der Schall trifft auf die Platte und ändert dann seine Ausbreitungsrichtung so, dass er dein Ohr trifft. Man sagt: Der Schall wird an der Platte reflektiert.

Trifft Schall auf eine glatte Fläche, wird er reflektiert. Ein Echo entsteht, wenn er nach Reflexion an großen, entfernten Hindernissen wieder den Sender erreicht.

SCHALL BRAUCHT EINEN TRÄGER · Wie gelangt der Schall eigentlich zu deinem Ohr? Normalerweise befindet sich Luft zwischen der Schallquelle und deinem Ohr. Wir untersuchen, ob sich der Schall auch ohne Luft ausbreiten kann. Dazu legen wir ein klingelndes Handy unter eine Glasglocke (▸ Bild 02). Während die Luft abgepumpt wird, hören wir, wie das Klingeln immer leiser wird. Schließlich ist es kaum noch zu hören. Die Luft ist also nötig, damit Schall sich ausbreiten kann. In der Physik sagen wir: Die Luft ist ein **Schallträger.**

Aber auch beim Tauchen kannst du viele Geräusche hören. Wasser ist also auch ein Schallträger. So können sich Wale und Delfine durch Laute verständigen.

Auch feste Stoffe können Schall übertragen. Deshalb hört man es im ganzen Haus, wenn jemand an ein Heizungsrohr klopft.

Tatsächlich breitet sich der Schall in allen Stoffen aus. Allerdings breitet er sich je nach Stoff unterschiedlich schnell und unterschiedlich gut aus. Im luftleeren Raum aber kann sich der Schall nicht ausbreiten.

Schall kann sich nur in einem Schallträger ausbreiten. Alle Stoffe können den Schall übertragen.

VERSUCHE ▸ Schallausbreitung in verschiedenen Schallträgern

Du erkundest die Schallausbreitung in verschiedenen Stoffen.

V1 Löffel an der Schnur

Material:
Suppenlöffel, Schnur (1 m)

Durchführung:
Binde in der Mitte der Schnur den Suppenlöffel fest. Wickle jeweils ein Ende der Schnur um einen Zeigefinger jeder Hand. Stecke deine Zeigefinger in die Ohren und lasse den Löffel gegen eine Tischkante pendeln.

a) Beschreibe, was du hörst.

b) Überlege dir, wodurch der Schall übertragen wird.

V2 Verschiedene Schallträger

Material:
tickende Uhr, Blech, Holzbrett, Styropor, Papierblock, Schaumstoff

Durchführung:
Untersuche, wie die verschiedenen Stoffe das Ticken der Uhr übertragen. Lege hierzu die Uhr auf die verschiedenen Unterlagen auf einen Tisch. Nun lege den Kopf auf den Tisch, sodass sich dein Ohr im Abstand von 1 m von der Uhr befindet. Notiere deine Ergebnisse in einer Tabelle (Stoff, Wahrnehmung). Welche Schlüsse kannst du ziehen?

Material A ▸ Babyfernsehen mit Ultraschall

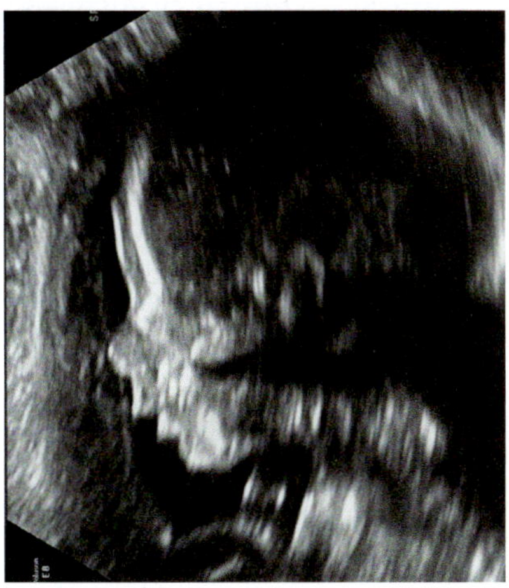

Der Arzt hält den Kopf eines Ultraschallgeräts – das ist eine Kombination aus Lautsprecher und Mikrofon – an den Bauch der schwangeren Frau. Der 1 sendet dabei Schall im 2 bereich mit Frequenzen bis 5000 k 3 aus.
Der Schall durchläuft verschiedene Schichten des Körpers: 4, Fettgewebe, Muskeln und Knochen. An der Grenzfläche zwischen zwei Arten von Gewebe wird ein Teil des 5 als Echo zum Mikrofon 6.

Ein Computer errechnet aus der 7, die das Signal für Hin- und Rücklauf benötigt, die Entfernung der jeweiligen Schicht. Die Lage der Schichten wird auf dem 8 angezeigt. So entsteht ein Bild des Kindes im Mutterleib, das bereits viele Einzelheiten erkennen lässt.

A1 Fülle im Heft die Textlücken.

A2 Stelle Vermutungen über den Nutzen der Ultraschallbilder an.

Material B ▸ Aus der Tierwelt

Fledermäuse jagen nachts. Sie stoßen sehr hohe Töne aus, die für uns nicht hörbar sind. Eine Fledermaus kann diese hohen Töne aber sehr gut hören. Sie werden sowohl an Gegenständen als auch an Insekten reflektiert. Die Fledermaus nimmt die reflektierten Töne wahr und kann so Hindernissen ausweichen oder dem Insekt folgen.

B1 Überlege, woran die Fledermaus erkennen kann, dass es sich um ein Insekt handelt, das sich von ihr wegbewegt. Fertige dazu einen Filmstreifen mit Skizzen an.

01 Leises Flüstern und lautes Trompeten

Den Schall wahrnehmen

Mit unserem Gehör nehmen wir leises Flüstern, aber auch lautes Trompeten wahr. Schall kann der Verständigung dienen, kann aber auch krank machen. Unser Ohr empfängt den Schall und wandelt ihn in Nervensignale für das Gehirn um. Wie funktioniert das?

UNSER OHR – EIN WUNDERWERK · Das ▸ Bild 02 zeigt, wie unser Ohr aufgebaut ist. Man unterscheidet drei größere Bereiche: Außen-, Mittel- und Innenohr.

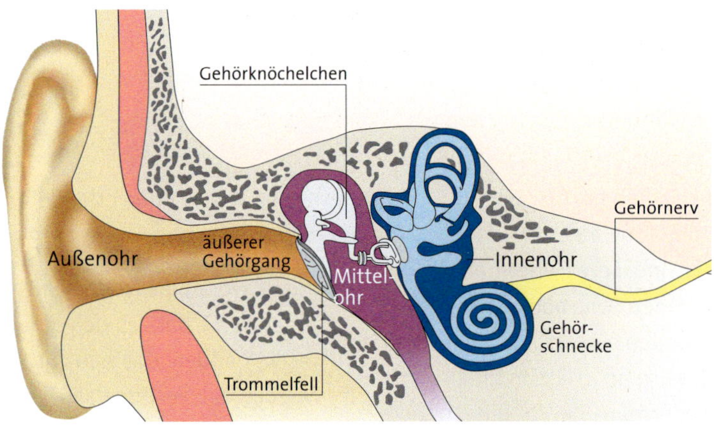

02 Aufbau des menschlichen Ohrs

Wir hören etwas, wenn Schall auf unser Trommelfell drückt. Wenn wir ein Geräusch gerade noch wahrnehmen können, dann ist dieser Druck minimal. An der Schmerzgrenze unseres Ohrs ist er etwa zehn Millionen Mal so groß.

Stell dir vor, eine Waage wäre genauso leistungsfähig: Mit dieser Waage könntest du das Gewicht einer 1-Cent-Münze bestimmen, aber auch einen Linienbus abwiegen. Kein anderes deiner Sinnesorgane ist für eine so enorme Spanne an Eindrücken empfindlich.

Kinder können Tonhöhen zwischen 16 Hz und 20 000 Hz hören. Im Alter sinkt die obere Grenze dessen, was das Gehör wahrnimmt, auf etwa 5000 Hz.

Töne im Bereich von 2000 Hz bis 3000 Hz hören wir besonders gut: Dies ist der obere Bereich der menschlichen Stimme. Höhere und tiefere Töne hören wir nicht so gut.

Das Ohr kann Schall in einem sehr großen Lautstärkebereich wahrnehmen. Der Frequenzbereich, in dem wir hören, wird mit zunehmendem Alter kleiner.

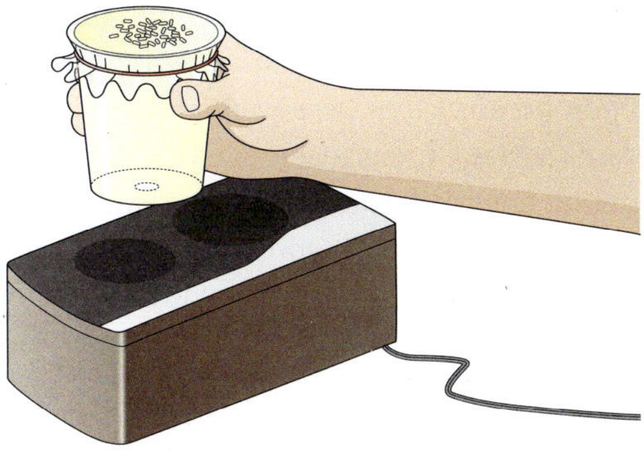

03 Modell des Gehörgangs: Bei bestimmten Frequenzen fangen die Körner an zu tanzen.

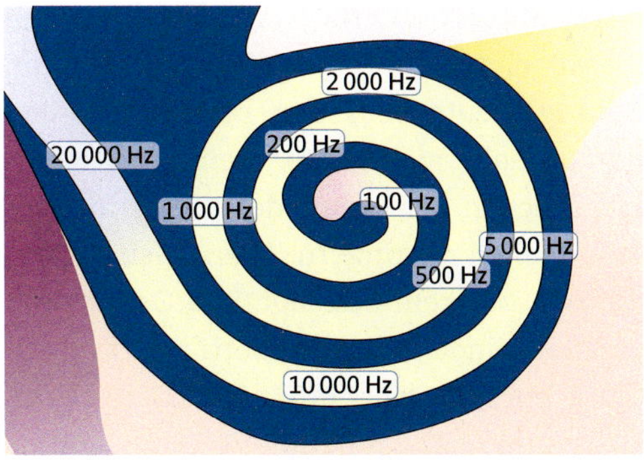

04 Hörschnecke: Die jeweilige Tonhöhe wird nur in einer Region der Schnecke wahrgenommen.

AUSSENOHR: TÖNE FILTERN · Warum ist unser Gehör nur bei bestimmten Frequenzen so empfindlich? Hierfür ist besonders der Gehörgang verantwortlich. Die Ohrmuschel wirkt wie ein Trichter und leitet den Schall zum Gehörgang weiter. So wie eine Gitarre bei bestimmten Tonhöhen besonders laut klingt, ist auch unser Gehörgang auf bestimmte Töne spezialisiert. Um uns diese Filterfunktion des Gehörgangs genauer anzuschauen, bauen wir ihn vereinfacht nach:
Als Gehörgang dient ein Plastikbecher mit einem Loch im Boden und einer dünnen Folie, die wie ein Trommelfell wirkt (▸ Bild 03). Auf die kleine Öffnung des Joghurtbechers richten wir einen Lautsprecher, der nacheinander unterschiedlich hohe Töne abstrahlt. Bei bestimmten Tonhöhen vibriert die Folie und mit ihr die daraufgestreuten Grießkörner heftig, bei anderen Tonhöhen kaum und in einigen Fällen gar nicht.

Der Gehörgang ist für bestimmte Tonhöhen sehr empfindlich, für andere weniger.

MITTELOHR: TÖNE VERSTÄRKEN · Warum hören wir Töne im Frequenzbereich der Sprache besonders gut? Wenn wir Schall wahrnehmen, schwingt unser Trommelfell. Diese Schwingungen übertragen sich nun auf die Gehörknöchelchen im Mittelohr. Die Knöchelchen bilden die Brücke zwischen Außen- und Innenohr. Sie übertragen den Schall zur Hörschnecke (▸ Bild 02). Das gelingt besonders gut im Frequenzbereich der Sprache. Hier verstärken die Hörknöchelchen Töne und Klänge besonders deutlich.

Die Gehörknöchelchen können bestimmte Tonhöhen verstärken.

INNENOHR: TÖNE UNTERSCHEIDEN · Wie gelangen Schallsignale in unser Gehirn? In der Hörschnecke befinden sich Sinneszellen. Weil der eintretende Schall die gesamte mit Flüssigkeit gefüllte Schnecke durchläuft, trifft er auf alle Sinneszellen. Der jeweilige Ton aktiviert aber nur ganz bestimmte Zellen. Wenn sie aktiviert werden, geben sie ein Signal an das Gehirn. ▸ Bild 04 zeigt, dass die höchsten Töne am Schneckeneingang und die tiefsten Töne in der Schneckenspitze wahrgenommen werden. Die Hörzellen für die Frequenzen der Sprache liegen in der „Mitte" der Hörschnecke.

Sinneszellen wandeln je nach Lage Schall einer bestimmten Tonhöhe in elektrische Signale um und leiten diese zum Gehirn.

LÄRM MACHT KRANK · Wie schützen sich Singvögel vor ihrem eigenen, sehr lauten Gesang? Heute weiß man: Die Tiere werden nur deshalb nicht taub, weil ihre Gehörknöchelchen bei Bedarf den Druck auf das Trommelfell verringern. Hierbei sind auch winzige Muskeln beteiligt. Das Gehör wird geschützt, indem die Tonübertragung „einen Gang runtergeschaltet" wird. Das klappt aber immer nur über einen Zeitraum von ca. einer Minute. Auch bei uns Menschen wirkt dieser Schutzreflex über kurze Zeit und vor allem unterhalb einer Frequenz von 2000 Hz. Die Natur schützt uns dagegen nicht vor andauernden, zu lauten Geräuschen eines Presslufthammers, einer kreischenden Säge, dem permanenten Lärm des Straßenverkehrs oder vor zu lauter Musik. Dies schädigt unser Ohr und bewirkt Hörschäden.
Eine weitere Gefahr für unser Gehör sind plötzlich einsetzende Geräusche wie ein Knall. Diese Geräusche treten zu abrupt auf, sodass der Schutzmechanismus nicht rechtzeitig ausgelöst wird.

01 In-Ear-Hörer

Von Lärm verursachte Schäden können sofort oder erst nach geraumer Zeit auftreten. Bei langanhaltendem Lärm verkleben die Sinneszellen im Laufe der Zeit. Die Explosion eines Knallkörpers kann sogar zum Abbrechen der haarförmigen Sinneszellen führen. Dann kann man die Töne, für die die zerstörten Sinneszellen zuständig waren, nicht mehr hören. Schon ein einzelner Knall kann dauerhaftes Ohrensausen, auch Tinnitus genannt, auslösen. Lärm wirkt sich dabei keineswegs nur auf die Ohren aus. Er bewirkt auch Konzentrationsstörungen und hat vielfältige andere körperliche und seelische Einflüsse auf uns.

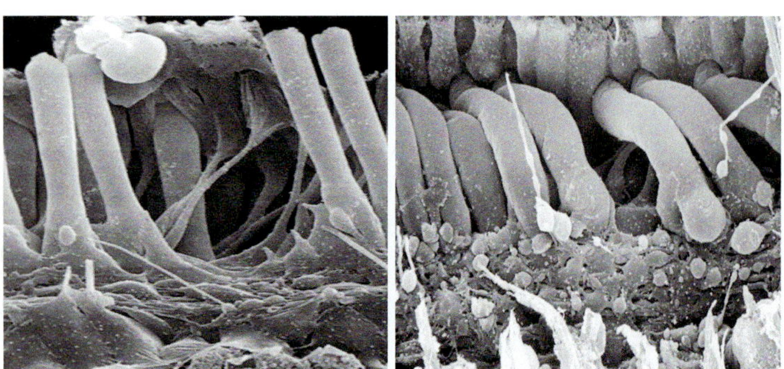

02 Auswirkungen von Lärm: **A** intakte Sinneszellen, **B** zerstörte Sinneszellen

Schall, der als störend empfunden wird oder der Gesundheit schadet, bezeichnet man als Lärm. Lärm kann zu dauerhaften Hörschäden führen. Er schädigt körperlich und seelisch.

GEFAHR DURCH DEN KNOPF IM OHR · Stell dir vor, dein Freund brüllt dir ins Ohr. Deine Reaktion ist klar: Du weichst sofort zurück oder hältst dir die Ohren zu. Anders empfinden Viele beim Hören von lauter Musik. Insbesondere beim Gebrauch von Ohrhörern (▸ Bild 01) drückt der Schall häufig genauso stark auf dein Trommelfell wie der Schrei deines Freundes. Das kann deinem Gehör schaden, obwohl du den Klang nicht als unangenehm empfindest.

WIE KANN MAN SICH SCHÜTZEN? · Du hast drei Möglichkeiten, dich vor Lärm zu schützen:

- Lärm am Ort der Entstehung verringern: Du kannst z. B. die Musik leiser stellen.
- Die Schallausbreitung verhindern: Hierzu zählen Schallschutz und -dämmung.
- Sich selbst vor Lärm schützen: Du kannst den Abstand zur Lärmquelle vergrößern oder Ohrstöpsel verwenden.

1 Bewerte die 60-60-Regel: „Höre Musik mit deinem MP3-Player nicht länger als 60 Minuten am Tag und mit höchstens 60 Prozent der maximalen Lautstärke."

VERSUCHE ▸ Den Schall wahrnehmen

In den folgenden Versuchen untersuchst du, wie das Ohr funktioniert.

V1 Das Trommelfellprinzip

Material:

Trinkbecher mit Loch (1 cm), Frischhaltefolie, Gummiband, Grießkörner, Wasser

Durchführung:

Spanne die Folie mit dem Gummiband über den Becher.

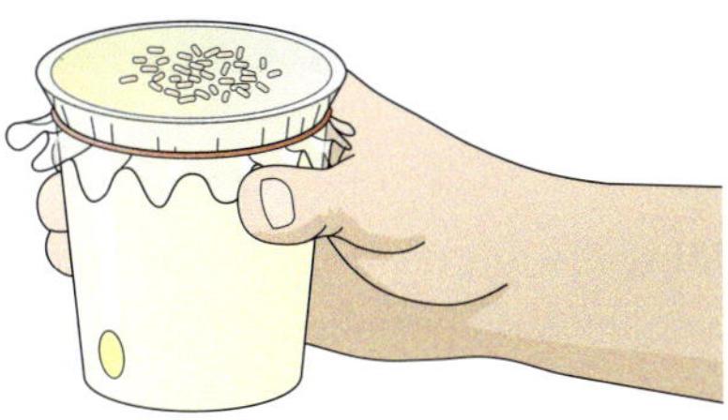

a) Streue Grießkörner auf die Folie. Halte den Becher in der Hand und sprich in das Loch im Becher. Beobachte die Grießkörner.

b) Singe eine Tonleiter und beobachte die Grießkörner.

c) Kann sich der Schall auch in Flüssigkeiten ausbreiten? Untersuche dies, indem du eine Mulde in die Folie drückst und Wasser hineinfüllst. Wiederhole die Versuche mit Wasser statt mit Grießkörnern.

d) Fasse alle deine Beobachtungen zu Versuch 1 schriftlich zusammen.

V2 Druck aufs Trommelfell

Durchführung:

Atme ein, halte dir die Nase zu und drücke langsam Luft in die verschlossene Nase. Hierdurch drückst du die eingeschlossene Luft auch gegen dein Trommelfell. Ändert sich dein Hörempfinden? Beschreibe, wie du den Schall wahrnimmst, der von außen dein Trommelfell erreicht.

Erläutere, wie sich die Ausbreitung des Schalls verändert, wenn du Luft in das Mittelohr hineindrückst.

Material A ▸ Hörrohr

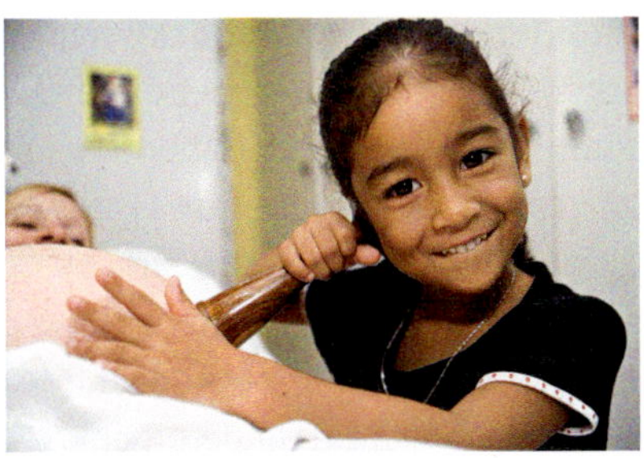

A1 Früher verwendeten Ärzte zum Abhören von Herztönen, Atemgeräuschen oder Verdauungsvorgängen ein einfaches Hilfsmittel: das Hörrohr. Erläutere den Nutzen eines Hörrohrs für den Arzt.

A2 Melike schreibt einen Bericht über ihr selbst gebasteltes Hörrohr. Er enthält die Worte *sammelt, verstärkt, Schall, bündelt* und *verletzen.* Schreibe mit diesen Worten einen eigenen Bericht über das Hörrohr. Bedenke dabei auch mögliche Gefahren.

Material B ▸ Lärmschutz 0

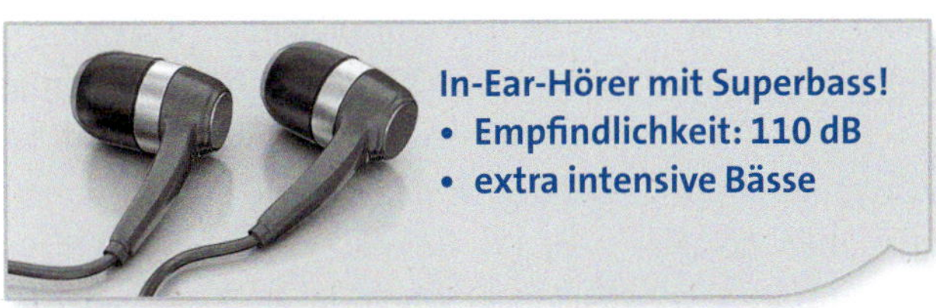

B1 Die angegebene Empfindlichkeit (maximale Lautstärke) wird auch von acht Presslufthämmern in 1 m Entfernung erzeugt. Bewerte diese Werbung.

B2 Bei der Lärmampel für Klassenräume kann man einstellen, bei welchen Geräuschpegeln die jeweilige Lampe leuchtet. Ordne den Lampenfarben folgende Geräusche zu: Völkerball in der Turnhalle, Lehrer bittet um Ruhe, Max bittet Tina um einen Stift, Pausengong.

BLICKPUNKT

Was das Gehör alles kann

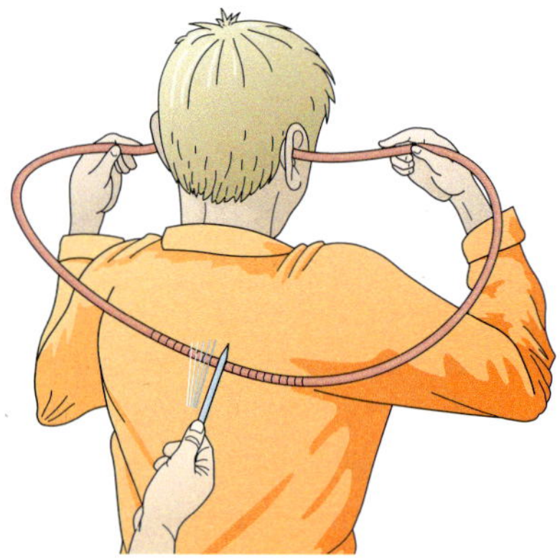

01 Wo wird geklopft?

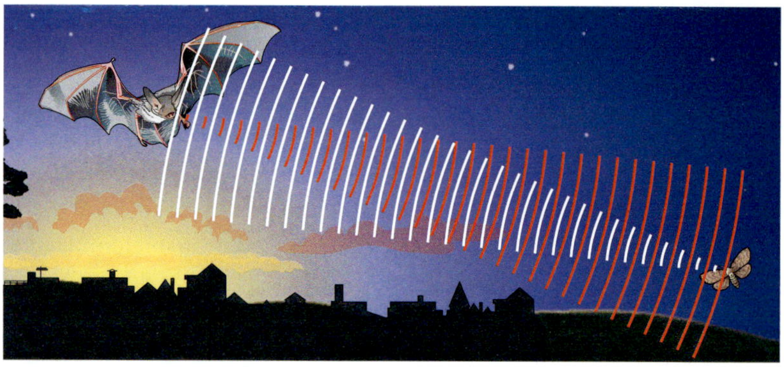

02 Fledermaus auf Beutezug

Räumliches Hören · Plötzlich ertönt ein Geräusch! Selbst mit geschlossenen Augen kannst du sofort sagen, aus welcher Richtung das Geräusch kommt.

Wenn du mit einem Partner den Versuch wie in ▸ Bild 01 machst, kann er erstaunlich genau sagen, ob du den Schlauch links oder rechts von der Mitte angeschlagen hast. Klopfst du einen Zentimeter weiter rechts oder links, merkt er das sofort. Wie funktioniert das?

Unser Gehirn ist in der Lage, kleinste Zeitunterschiede zwischen dem Eintreffen des Schalls am linken und am rechten Ohr festzustellen. Diese Fähigkeit ermöglicht räumliches Hören oder Richtungshören.

Mit dem Schädel hören · Jemand macht eine Aufnahme von deiner Stimme. Sie klingt für dich eher fremd. Deine Freunde meinen jedoch, die Aufnahme sei gut gelungen. Woran liegt das?

Dazu kannst du ein Experiment durchführen: Jemand schlägt eine Stimmgabel an und hält sie dir mittig auf die Stirn. Obwohl du dir beide Ohren zuhältst, hörst du den Ton der Stimmgabel! Der Ton wird allmählich leiser. Wenn du fast nichts mehr hörst, nimmst du die Hände von den Ohren: Du hörst den Ton jetzt wieder lauter.

Auch bei zugehaltenen Ohren gelangt also Schall über den Schädelknochen zum Innenohr, wenn auch schlechter als über das Mittelohr.

Ähnlich verhält es sich mit dem Hören der eigenen Stimme: Wenn du sprichst, kommt es zu Schwingungen in deinem Kehlkopf. Dies nimmst du direkt über den Schädelknochen und gleichzeitig über deine Ohren wahr.

Den Schall der Aufnahme empfängst du aber nur über deine Ohren. Deshalb hört sich die Aufnahme für dich ungewohnt an, aber nicht für andere Mithörer.

Töne, die wir nicht hören · Hunde werden mit speziellen Hundepfeifen trainiert. Du hörst die Hundepfeife nicht. Der Hund reagiert trotzdem auf den Pfiff. Wie ist das möglich?

Viele Tiere wie Hund und Fledermaus hören Töne oberhalb unserer Hörgrenze. Man bezeichnet diesen Bereich als **Ultraschall.** Fledermäuse senden während ihres Flugs Ultraschall-Laute aus, um sich zu orientieren oder ihre Beute zu finden. Sie erkennen am Echo wie in ▸ Bild 02, ob sich ein Hindernis oder ein anderes Tier in ihrem Weg befindet.

Blauwale verständigen sich über eine Entfernung von über 3000 km. Wie auch Giraffen und Elefanten nutzen sie Laute unterhalb der tiefsten Töne, die wir hören können. Wir können die Laute allenfalls als Vibration in Brust oder Bauch wahrnehmen. Dieser Tonbereich heißt **Infraschall.**

BLICKPUNKT

Lärm in Zahlen

03 Lärm kann wehtun.

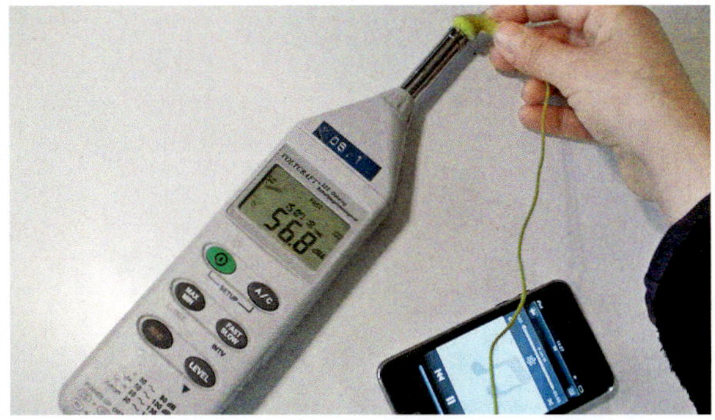

04 Schallpegelmessung bei einem Kopfhörer

Unterschiedliches Empfinden · Geräusche im Straßenverkehr und an Baustellen empfinden wir häufig als laut und unangenehm, manchmal schmerzhaft. Auch laute Musik kann die Ohren schädigen. Aber wie beurteilt man Lautstärke objektiv?

Schall messen · Um die Stärke des Schalls, auch **Schallpegel** genannt, zu messen, verwendet man Schallpegelmessgeräte wie das Gerät in ▸ Bild 04. Das Gerät misst den Schallpegel in Dezibel (dB). Es berücksichtigt auch, dass wir Menschen mittlere Tonhöhen (Stimmen, Musik, Naturgeräusche) lauter empfinden als höhere und tiefe Töne. Du erkennst dies an dem „A" in der Anzeige dB(A).

Ein Beispiel zeigt uns, wie Schallpegel und empfundene Lautstärke zusammenhängen: Stell dir vor, du stehst in der Nähe einer Gruppe von zehn Schülern mit Trillerpfeifen. Ein Test ergibt, dass du zehn Trillerpfeifen doppelt so laut empfinden würdest wie eine einzelne Pfeife. Der vom Gerät gemessene Schallpegel beträgt für eine Trillerpfeife 65 dB(A) und für zwei Pfeifen 68 dB(A). Bei zehn Pfeifen erhöht sich die Anzeige auf 75 dB(A).

Bei einer Verdopplung gleicher Schallquellen nimmt der Schallpegel also nur um 3 dB(A) zu. Wenn wir Schall als doppelt laut empfinden, steigt der Schallpegel um 10 dB(A).

Gefahr für die Gesundheit · Lärm wirkt nicht nur auf die Ohren. Bereits ab 50 dB(A) können wir uns nicht mehr auf andere Geräusche konzentrieren. Schon geringer Lärm kann Schlafstörungen bewirken. Je nach Dauer und Höhe des Schallpegels reagiert unser Ohr mit Hörstörungen wie Ohrensausen oder zeitweiliger Taubheit. Ab 100 dB(A) wirken sich Hörschäden dauerhaft und ohne Aussicht auf Heilung aus. Bei ständiger Lärmbelästigung erhöht sich das Risiko von Herz- und Kreislauferkrankungen bis hin zum Herzinfarkt. Lärmschutz ist wichtig!

Schallpegel dB(A)	Schallquelle (Entfernung)	Langfristige Folgen
130	Startschuss (am Ohr des Starters)	Schmerzgrenze; Gehörschäden
110	laute Musik, Presslufthammer (1 m)	Gehörschäden
85	Lärmgrenzwert in Turnhallen	körperliche und seelische Störungen
65 – 80	normal sprechende Lehrkraft (1 m)	
50 – 65	Schülerantworten (1 m)	
40 – 50	Vorsagen bei Klassenarbeiten (1 m)	
40	leise Musik	
0	Hörschwelle	

BLICKPUNKT

Licht und Schall im Vergleich

01 Licht- und Schallsignale im Straßenverkehr

02 Astronauten auf dem Mond

Du hast dich jetzt mit Licht und Schall beschäftigt. Sind Licht und Schall zwei völlig verschiedene Gebiete der Physik oder gibt es Gemeinsamkeiten?

Senden und Empfangen · Licht und Schall sind beide wichtige Informationsträger. Sie liefern uns Informationen über unsere Umgebung. Im Straßenverkehr strömen besonders viele Licht- und Schallsignale auf uns ein (▸ Bild 01). Zum Empfang dieser Signale haben wir spezielle Sinnesorgane: unsere Augen und Ohren. Sie wandeln Licht oder Schall in elektrische Signale um und leiten sie an das Gehirn weiter. Augen und Ohren vermitteln uns einen räumlichen Eindruck unserer Umgebung. Mit den Ohren erkennen wir mühelos, aus welcher Richtung Geräusche kommen, mit den Augen erfassen wir zudem die Tiefe unserer Umgebung.

Schall braucht einen Träger · Bei der Ausbreitung der Signale bemerken wir einen Unterschied zwischen Licht und Schall: Zwei Astronauten auf dem Mond können sich zwar sehen, aber nicht direkt miteinander sprechen (▸ Bild 02). Dabei sind nicht etwa die Helme schalldicht. Vielmehr fehlt auf dem Mond die Luft als Schallträger. Denn Schall braucht immer einen Träger wie z. B. Luft oder Wasser. Licht kann sich dagegen auch im luftleeren Raum ausbreiten.

Wechselwirkung mit der Umwelt · Wenn Licht oder Schall auf Körper trifft, dann gibt es mehrere Möglichkeiten für das, was geschieht: Licht kann ungerichtet wie an einer weißen Wand oder gerichtet wie am Spiegel reflektiert werden. Licht kann durch Körper hindurchgelassen werden wie bei einer Glasscheibe oder bei Luft. Es kann aber auch verschluckt (absorbiert) werden wie bei einem schwarzen Vorhang.
Meistens treten diese Effekte zusammen auf. So dringt bei einer sauberen Glasscheibe das meiste Licht hindurch, ein Teil des Lichts wird aber reflektiert. Wenn die Scheibe verschmutzt ist, wird außerdem Licht verschluckt und gestreut.
Schall zeigt bei seiner Ausbreitung das gleiche Verhalten. So dröhnt in einem Badezimmer der Haartrockner sehr laut, da die Kacheln den Schall gut reflektieren. Im Zimmer daneben hört man davon nicht mehr viel. Der größte Teil des in die Wand eindringenden Schalls wird dort verschluckt, nur ein Rest kommt hindurch.
Im Tonstudio kann der reflektierte Schall sehr störend sein, wenn man eine Situation im Freien nachstellen möchte. Deshalb werden Wände, Boden und Decke mit einem besonderen Material und einer speziellen Oberflächengestaltung versehen (▸ Bild 03). Damit kann man erreichen, dass der größte Teil des Schalls von der Wand verschluckt und nicht reflektiert wird.

03 Schallschluckende Oberfläche im Tonstudio

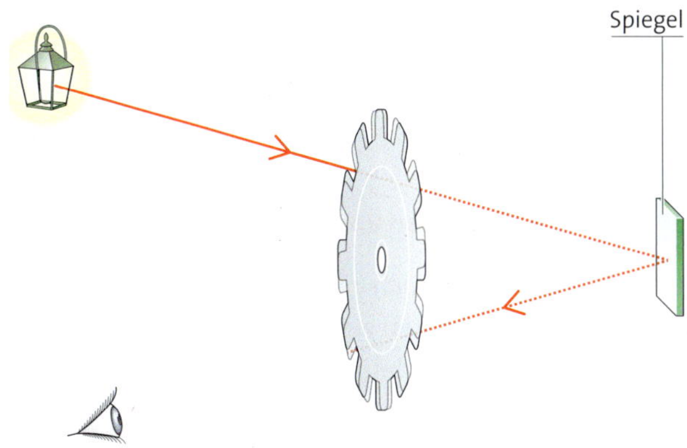

04 FIZEAUs Experiment

Ausbreitungsgeschwindigkeit · Weder Licht noch Schall breiten sich unendlich schnell aus. Deshalb vergeht nach dem Aussenden eines Licht- bzw. Schallsignals jeweils eine bestimmte Zeit, bis unsere Augen bzw. Ohren das Signal empfangen können.

Die Ausbreitungsgeschwindigkeit des Schalls kennen wir: 340 Meter pro Sekunde. Licht legt also etwa 300 000 Kilometer pro Sekunde zurück. Deshalb nehmen wir im Alltag nicht wahr, dass Licht für die Ausbreitung Zeit benötigt. Aussenden und Empfangen eines Lichtsignals finden nahezu zeitgleich statt. Die Lichtgeschwindigkeit können wir daher nicht so einfach bestimmen.

Messung der Lichtgeschwindigkeit · Um 1620 versuchte GALILEO GALILEI die Lichtgeschwindigkeit zu bestimmen. Er schickte zwei Laternenträger auf entfernte Hügel. Einer der beiden ließ seine Lampe aufleuchten. Daraufhin antwortete der zweite Mann mit einem zweiten Lichtsignal. Die Zeit für Hin- und Rückweg des Lichts sollte vom ersten Laternenträger gestoppt werden. Aber dafür war das Licht zu schnell.

Der Franzose ARMAND FIZEAU hatte 1848 eine bessere Idee (▸ Bild 04): Er ersetzte eine der Laternen durch einen Spiegel. Vor die andere stellte er ein Zahnrad, sodass das Licht durch eine Lücke des Zahnrads fiel, reflektiert wurde und durch eine andere Lücke des Zahnrads zurückstrahlte. Drehte er nun das Zahnrad sehr schnell, traf das reflektierte Licht bald den nächsten Zahn. Nun konnte FIZEAU mithilfe der Drehzahl die Laufzeit des Lichts und damit die Lichtgeschwindigkeit bestimmen.

Vergleichen führt weiter · Obwohl Licht und Schall unterschiedliche Naturerscheinungen sind, haben wir viele Gemeinsamkeiten zwischen ihnen entdeckt. Durch den Vergleich von Erscheinungen aus unterschiedlichen Gebieten ergeben sich oft neue Erkenntnisse.

Ein Beispiel: Du stehst hinter einer Mauer und hörst ein Gespräch auf der anderen Seite. Du hörst den Schall also sogar hinter der Mauer, obwohl sie kaum Schall hindurchlässt. In der Physik spricht man in einem solchen Fall von **Beugung** des Schalls an der Mauerkante.

Tritt dieser Effekt auch beim Licht auf? Ja. Spezielle Experimente zeigen, dass auch Licht gebeugt wird, wenn es auf Kanten oder sehr schmale Öffnungen trifft.

1 Stelle die wesentlichen Aussagen des Texts zu Licht und Schall in einer Tabelle gegenüber.

2 Physiker richten einen Laser auf einen Reflektor auf dem Mond. Als Laufzeit des Lichts zum Mond und zurück messen sie 2,55 Sekunden. Bestimme die Entfernung zum Mond.

Sehvorgang

Eine **Lichtquelle** sendet Licht aus, ohne dass sie beleuchtet wird. Du kannst einen Körper nur dann sehen, wenn er Licht aussendet oder beleuchtet wird und das Licht dein Auge erreicht.

Eigenschaften von Licht

Licht breitet sich **geradlinig** aus. Im **Lichtstrahlenmodell** zeichnet man Licht in Form von **Lichtbündeln** oder vereinfacht als **Lichtstrahlen.**

Wenn Licht auf die Oberfläche eines Körpers trifft, dann kann Folgendes geschehen:
- Bei der **Absorption** verschluckt die Oberfläche das Licht.
- Bei der **Reflexion** wird Licht in eine bestimmte Richtung zurückgeworfen.
- Bei der **Streuung** wird Licht in verschiedene Richtungen zurückgeworfen.

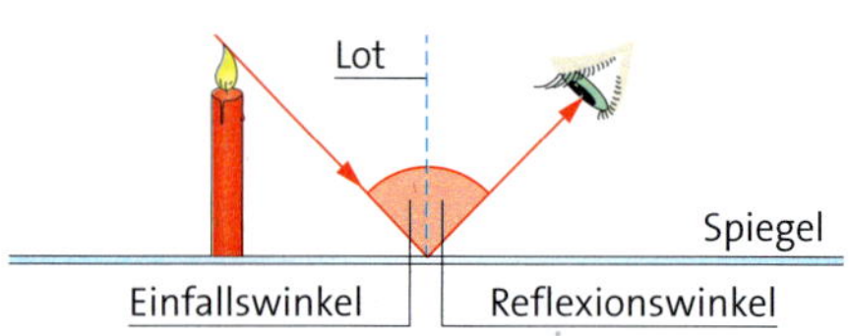

01 Reflexionsgesetz

Bei der Reflexion sind Einfalls- und Reflexionswinkel gleich groß. Der einfallende Lichtstrahl, der reflektierte Strahl und das Lot liegen in einer Ebene.

Mit Licht entstehen Bilder

Wenn Licht auf einen Körper trifft, dann bildet sich dahinter ein dunkler Raum, der **Schattenraum.** Auf einer Fläche im Schattenraum hinter dem Gegenstand kann das **Schattenbild** entstehen.

In den **Kernschatten** gelangt kein Licht. Mehrere oder ausgedehnte Lichtquellen erzeugen auch **Teilschatten.**

Mit einer Lichtquelle, einer Lochblende und einem Schirm kannst du Körper abbilden. Das Bild steht auf dem Kopf und die Seiten sind vertauscht. Durch Ändern der Gegenstandsweite und der Bildweite kannst du die Größe des Bildes ändern.

Bei **Spiegelbildern** ist hinten und vorn vertauscht. Oben und unten sowie links und rechts bleiben erhalten.

Finsternisse und Mondphasen

Unsere wichtigste Lichtquelle ist die Sonne.

Zusammen mit Erde und Mond erzeugt die Sonne verschiedene Schattenbereiche (▸ Bild 02). Bei einer **Sonnenfinsternis** fällt der Schatten des Mondes auf die Erde. Bei einer **Mondfinsternis** bewegt sich der Mond durch den Kernschatten der Erde.

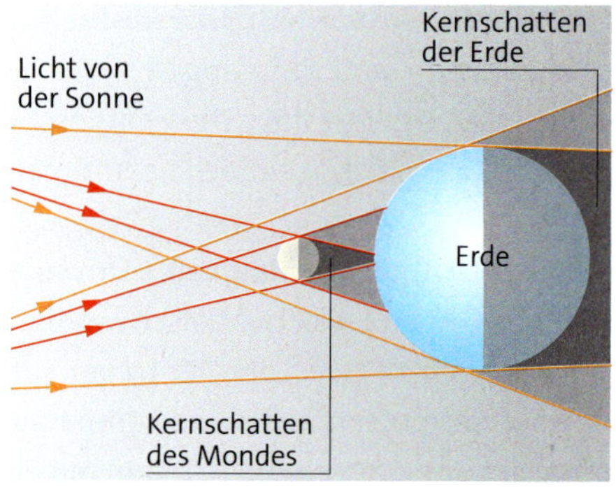

02 Schattenräume im All

Eine Hälfte des Mondes wird stets von der Sonne beleuchtet. Wir sehen jedoch im Zeitraum von vier Wochen unterschiedliche Anteile der beleuchteten Oberfläche.
So ergeben sich die **Mondphasen:** Neumond, Halbmond und Vollmond.

Schwingungsgrößen

Schwingungen lassen sich aufzeichnen. Die Wellenlinien zeigen Umkehrpunkte, Ruhelage und die maximale Auslenkung der Schwingung.

Maximale Auslenkung: Die maximale Auslenkung (Amplitude) beschreibt, wie stark ein Körper schwingt. Je größer die maximale Auslenkung einer hörbaren Schwingung ist, desto lauter ist der Ton.

Frequenz: Die Anzahl vollständiger Schwingungen pro Sekunde heißt Frequenz. Die Einheit der Frequenz ist ein Hertz (1 Hz). Je größer die Frequenz einer hörbaren Schwingung ist, desto höher ist der Ton.

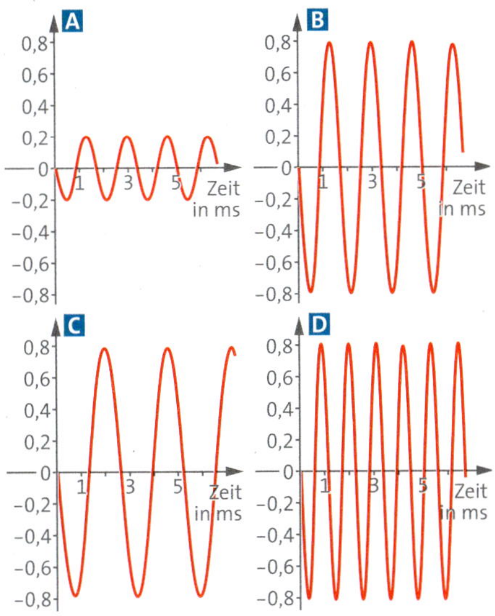

03 **A** leiser, **B** lauter, **C** tiefer, **D** hoher Ton

Schallerzeugung

Alle Schallerzeuger schwingen. Hörbare Töne entstehen, wenn ein Schallerzeuger schnell genug, aber nicht zu schnell schwingt. Wenn wir sprechen oder singen, schwingen unsere Stimmbänder.

Schallausbreitung

Schall kann sich nur in einem **Schallträger** ausbreiten. Alle Materialien können den Schall übertragen. In Luft breitet sich der Schall mit einer Geschwindigkeit von 340 Metern pro Sekunde aus.
Wenn Schall auf glatte Oberflächen trifft, wird er reflektiert.

Empfang von Schall

In unserem Ohr wandeln Sinneszellen Töne in elektrische Signale um und leiten diese an das Gehirn weiter.
Das Gehör kann Schall in einem sehr großen Lautstärkebereich wahrnehmen. Es ist für bestimmte Tonhöhen sehr empfindlich, für andere weniger.
Der Frequenzbereich, in dem wir hören, reicht von 16 bis 20 000 Hz. Die obere Grenze dieses Bereichs sinkt mit zunehmendem Alter. Schall mit Frequenzen kleiner als 16 Hz nennt man **Infraschall,** Schall mit Frequenzen größer als 20 000 Hz heißt **Ultraschall.**

Lärm

Schall, der als störend empfunden wird oder der Gesundheit schadet, bezeichnet man als Lärm. Er **schädigt** körperlich (z. B. Hörschäden) und seelisch (z. B. Konzentrationsstörungen).
Lärm kann man am Ort der Entstehung verringern, man kann seine Ausbreitung durch Schallschutz erschweren oder sich selbst gegen Lärm schützen.
Kopfhörer können die Konzentration einschränken und das Gehör schädigen. Deshalb sollte man MP3-Player und ähnliche Geräte täglich nur kurze Zeit und mit mäßiger Lautstärke betreiben.

A ▸ Sehen

Kann ich ...

1 Beispiele für Lichtquellen und beleuchtete Körper nennen?

2 den Weg des Lichts beim Sehvorgang bis zum Auge beschreiben und zeichnen?

3 erläutern, was man unter einem Lichtbündel und einem Lichtstrahl versteht?

4 Schattenräume und Schattenbilder zeichnen und die Begriffe erläutern?

5 erklären, wie Finsternisse entstehen?

6 die Entstehung von Mondphasen erläutern?

7 beschreiben, was passiert, wenn Licht auf verschiedenartige Oberflächen trifft?

8 das Reflexionsgesetz wiedergeben und anhand von Beispielen erläutern?

9 die Eigenschaften von Spiegelbildern beschreiben?

10 die Bildentstehung bei der Lochkamera erklären?

11 mit Fachbegriffen beschreiben, wie man die Bildgröße bei der Lochkamera beeinflussen kann?

B ▸ Hören

Kann ich ...

1 einige typische Experimente zur Schallentstehung beschreiben?

2 anhand von Schwingungsbildern Lautstärken und Tonhöhen vergleichen?

3 den Begriff Schallträger erklären?

4 Verfahren zur Messung der Schallgeschwindigkeit erläutern?

5 die Entstehung des Echos erklären?

6 die Gewitterregel erläutern und anwenden?

7 den Aufbau des menschlichen Ohrs erklären?

8 mithilfe eines Modells die Funktionsweise des Gehörgangs verdeutlichen?

9 erläutern, wie Schall unterschiedlicher Tonhöhe in der Gehörschnecke verarbeitet wird?

10 erklären, was Lärm von anderem Schall unterscheidet?

11 Beispiele für gesundheitsschädlichen Lärm und seine Auswirkungen nennen?

12 verschiedene Möglichkeiten nennen, wie man sich vor Lärm schützen kann?

Wir betrachten hier folgende Basiskonzepte: Energie, System, Wechselwirkung und Struktur der Materie. Mehr zu den Basiskonzepten erfährst du am Ende des Buches.

Wechselwirkung

- Licht und Schall können an Gegenständen ungerichtet oder gerichtet zurückgeworfen werden (Streuung und Reflexion).
- Licht und Schall werden beim Durchgang durch Körper hindurchgelassen oder verschluckt (absorbiert).
- Treffen Licht oder Schall auf undurchlässige Körper, so entsteht hinter ihnen ein Schattenraum.

System

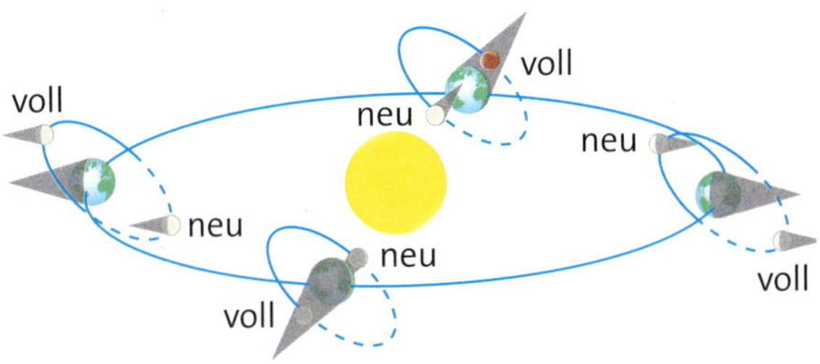

- Licht und Schall benötigen für ihre Übertragung ein System aus Sender und Empfänger. Schall benötigt zusätzlich einen Schallträger.
- Wir besitzen mit unseren Augen und Ohren Licht- bzw. Schallempfänger und sind damit jeweils Teil eines Systems.
- Sonne, Mond und Erde bilden ein System. In diesem System treten je nach Stellung der Himmelskörper Mondphasen und Finsternisse auf.
- Eine Lochkamera ist ein System.

Struktur der Materie

- Schall breitet sich in Luft und anderen Stoffen aus. Je nach Stoff ist seine Geschwindigkeit unterschiedlich hoch. Im luftleeren Raum kann sich der Schall nicht ausbreiten.
- Verschiedene Stoffe reflektieren oder verschlucken Licht und Schall unterschiedlich stark.

Energie

- Licht überträgt Energie. Solarzellen wandeln Lichtenergie in elektrische Energie um.
- Pflanzen erhalten ihre Energie mit dem Sonnenlicht.

1 „Schall entsteht, wenn ein Körper ...“ Vervollständige den Satz und ordne das Thema einem Basiskonzept zu.

2 Erläutere kurz die Entstehung von Tag, Nacht und Jahreszeiten und ordne das Thema einem Basiskonzept zu.

Naturwissenschaftler brauchen Übersicht und Ordnung, um ihre Erkenntnisse leichter anwenden, vertiefen und erweitern zu können.

Die Naturwissenschaften sind in Fachgebiete wie Chemie, Physik oder Biologie gegliedert. Die Physik ist ihrerseits in unterschiedliche Teilgebiete unterteilt, von denen du einige in diesem Buch kennengelernt hast: die Lehre vom Licht, vom Schall und von der Elektrizität. Es gibt jedoch weitere Möglichkeiten, naturwissenschaftliche Inhalte zu ordnen.

In einem Bücherregal kannst du die Bücher entweder nach Autoren sortieren oder indem du Fantasyromane zu Fantasy, Kriminalromane zu den Krimis oder Gedichtbände zu Gedichten legst. In den Naturwissenschaften ordnet man neben der Einteilung in Fachgebiete auch nach wiederkehrenden Grundideen. So kann man die physikalischen Inhalte aus diesem Buch mithilfe von vier Grundideen, auch **Basiskonzepte** genannt, ordnen (▸ Bild 01):

- Das Konzept der **Energie:** Sowohl der Schall als auch das Licht übertragen Energie. Auch der elektrische Strom überträgt Energie. Alle Vorgänge in Natur und Technik kannst du in Energieumwandlungsketten darstellen.
- Das Konzept der **Struktur der Materie:** Mithilfe des Teilchenmodells kannst du die verschiedenen Aggregatzustände erklären. Auch andere Eigenschaften von Stoffen wie ihre Ausdehnung beim Erwärmen lassen sich damit verstehen.
- Das Konzept der **Wechselwirkung:** Ein Magnet zieht ein Stück Eisen an. Gleichzeitig zieht aber auch das Eisenstück den Magneten an. Wenn Körper einander gegenseitig beeinflussen, spricht man von einer Wechselwirkung.
- Das Konzept des **Systems:** Sonne, Mond und Erde sind ein Beispiel für ein System. Innerhalb dieses Systems kannst du Sonnen- und Mondfinsternisse erklären.

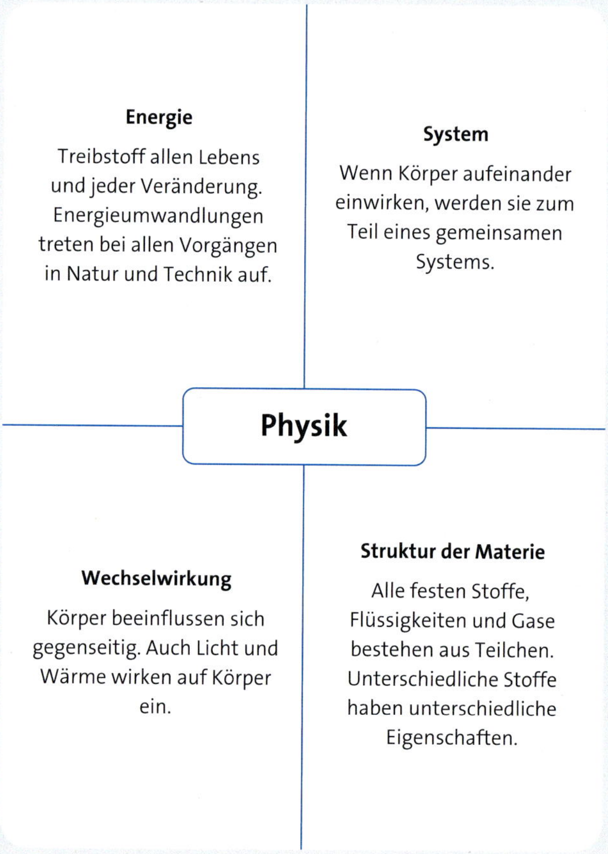

01 Die Basiskonzepte der Physik

Die vier Basiskonzepte helfen, Zusammenhänge und Ähnlichkeiten zwischen den einzelnen Teilgebieten zu erkennen. Sie ermöglichen außerdem unterschiedliche Blickwinkel auf ein bestimmtes Phänomen. Dadurch werden bei der Betrachtung des Phänomens je nach Sichtweise unterschiedliche Schwerpunkte gesetzt. Das siehst du am Beispiel der Fahrradbeleuchtung auf der nächsten Seite.

Die Basiskonzepte helfen außerdem, Verbindungen zu anderen Naturwissenschaften zu sehen. So spielt zum Beispiel der Begriff Energie auch in der Chemie und der Biologie eine Rolle: Pflanzen erhalten ihre Energie mit der Strahlung der Sonne (Physik) und bauen damit Zucker auf (Chemie), um leben und wachsen zu können (Biologie).

Wir betrachten die vier Basiskonzepte am Beispiel der Fahrradbeleuchtung.

System

- Jeder Stromkreis ist ein System.
- Der Stromkreis der Fahrradbeleuchtung besteht aus dem Dynamo, elektrischen Kabeln und Lämpchen.
- Die Fahrradbeleuchtung ist ein Teil eines größeren Systems, das aus Fahrer und Fahrrad besteht.

Struktur der Materie

- Die Kupferdrähte in den Kabeln sind gute elektrische Leiter. Die Isolierung muss aus nichtleitenden Stoffen bestehen.
- Im Gegensatz zum Kupferdraht wird die Glühwendel im Lämpchen heiß, weil sie viel dünner ist und aus einem anderen Material besteht.

Energie

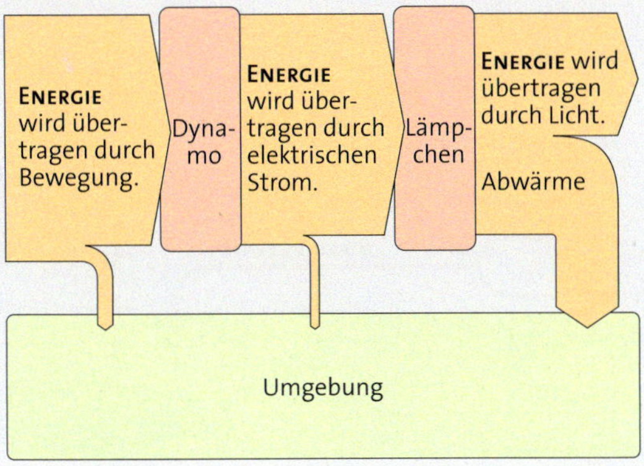

- Das Fahrrad wird durch das Anbringen des Dynamos abgebremst. Ein Teil der Energie, die in der Bewegung steckt, wird an den Dynamo abgegeben.
- Der Dynamo wandelt die Energie der Bewegung in elektrische Energie um. Durch den elektrischen Strom wird die Energie zum Lämpchen übertragen. Dort wird sie in Form von Licht und Wärme abgegeben.

Wechselwirkung

- Durch die Wärmewirkung des elektrischen Stroms wird der Draht in einem Lämpchen so heiß, dass er Licht abstrahlt.
- Das Rad dreht das Rädchen am Dynamo, der Dynamo bremst das Rad.

1 Betrachte die Vorgänge beim Kochen von Reis aus der Sicht der vier Basiskonzepte. Gehe vor wie beim Beispiel der Fahrradbeleuchtung.

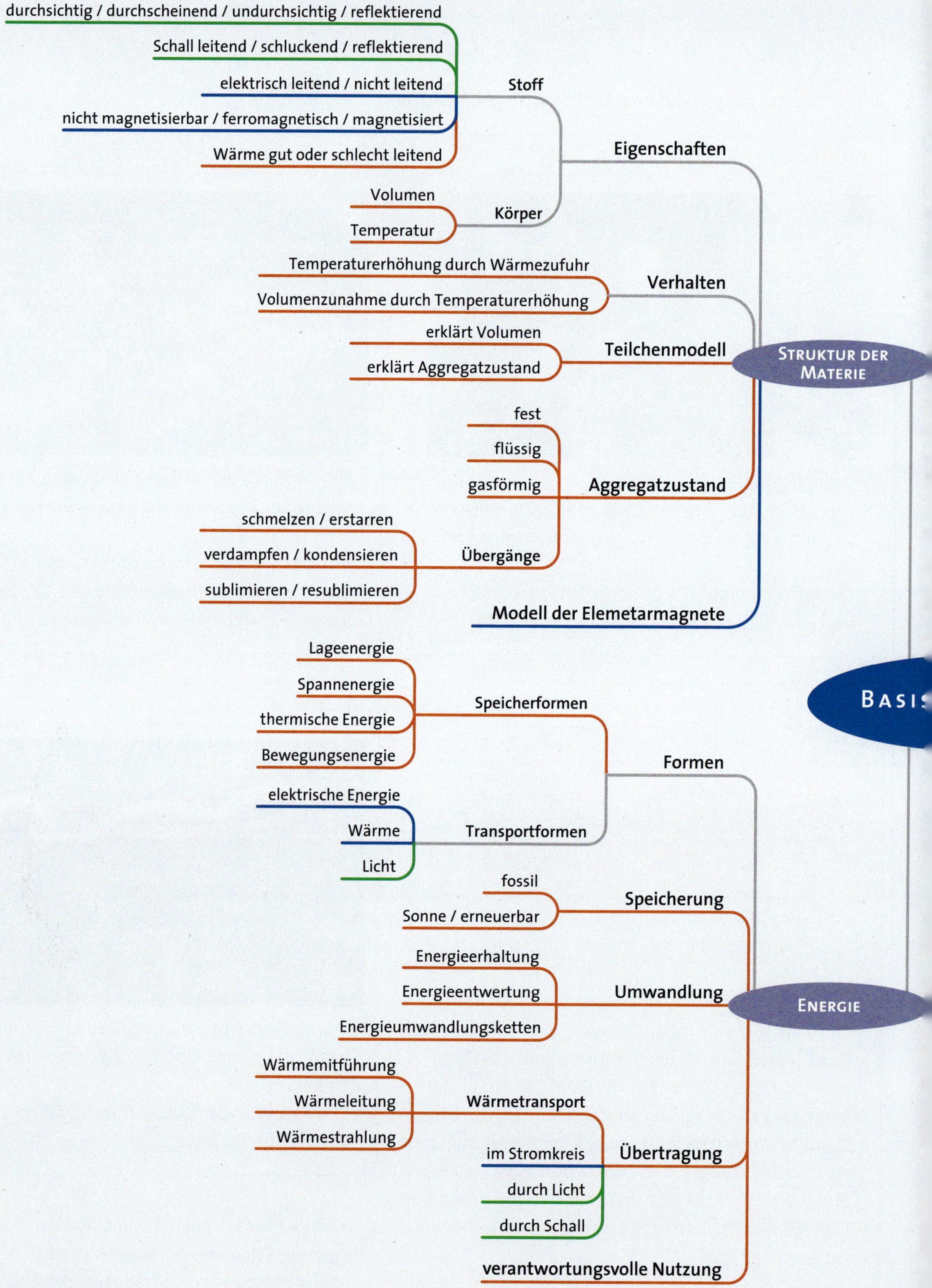
durchsichtig / durchscheinend / undurchsichtig / reflektierend
Schall leitend / schluckend / reflektierend
elektrisch leitend / nicht leitend
nicht magnetisierbar / ferromagnetisch / magnetisiert
Wärme gut oder schlecht leitend
Stoff
Eigenschaften
Volumen
Temperatur
Körper
Temperaturerhöhung durch Wärmezufuhr
Volumenzunahme durch Temperaturerhöhung
Verhalten
erklärt Volumen
erklärt Aggregatzustand
Teilchenmodell
Struktur der Materie
fest
flüssig
gasförmig
Aggregatzustand
schmelzen / erstarren
verdampfen / kondensieren
sublimieren / resublimieren
Übergänge
Modell der Elemetarmagnete
Basis
Lageenergie
Spannenergie
thermische Energie
Bewegungsenergie
Speicherformen
Formen
elektrische Energie
Wärme
Licht
Transportformen
fossil
Sonne / erneuerbar
Speicherung
Energieerhaltung
Energieentwertung
Energieumwandlungsketten
Umwandlung
Energie
Wärmemitführung
Wärmeleitung
Wärmestrahlung
Wärmetransport
im Stromkreis
durch Licht
durch Schall
Übertragung
verantwortungsvolle Nutzung

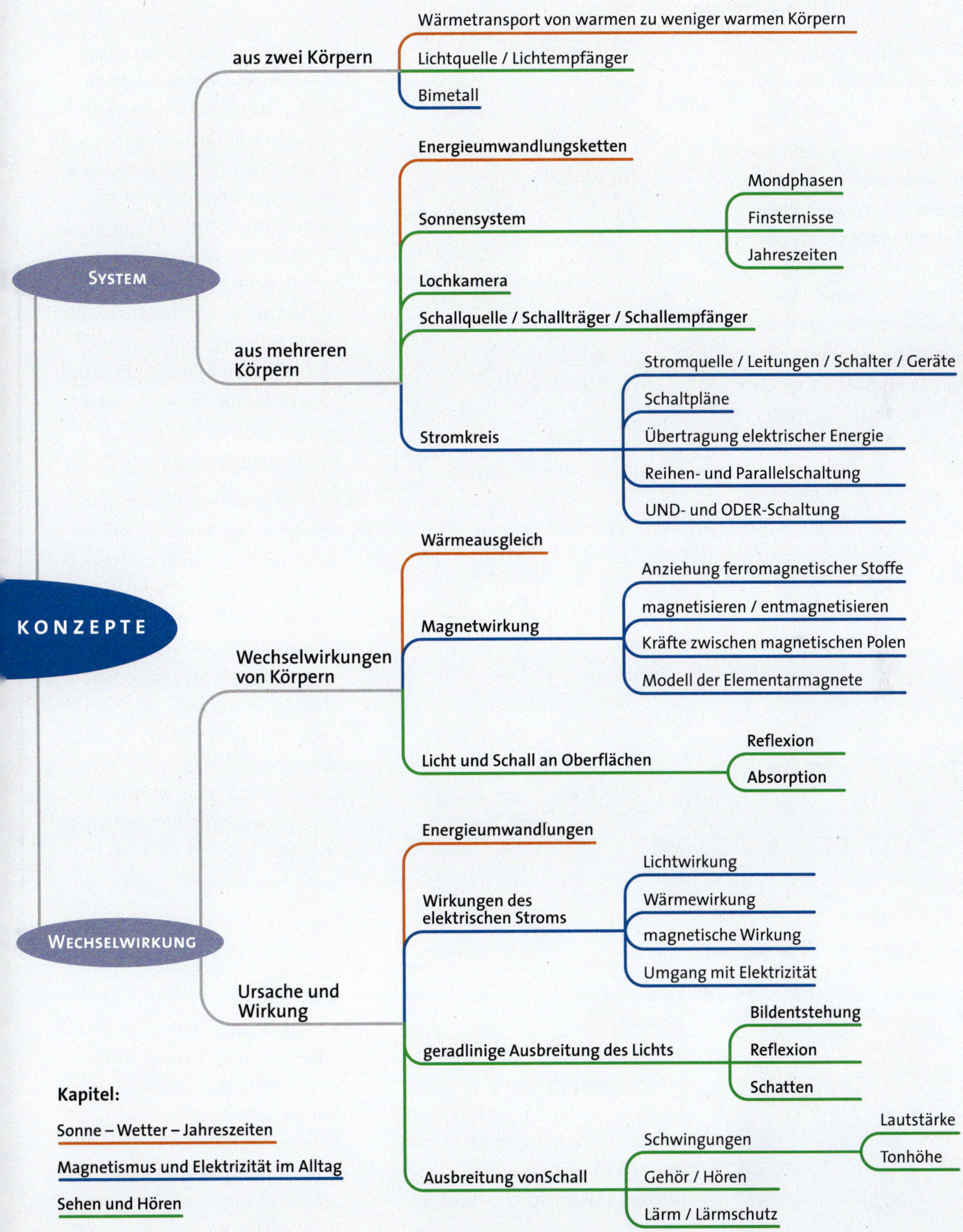

Kapitel:

Sonne – Wetter – Jahreszeiten

Magnetismus und Elektrizität im Alltag

Sehen und Hören

Material A ▸ Strom aus Windenergie

Wind soll bei der Stromerzeugung zunehmend fossile Energiespeicher ersetzen.

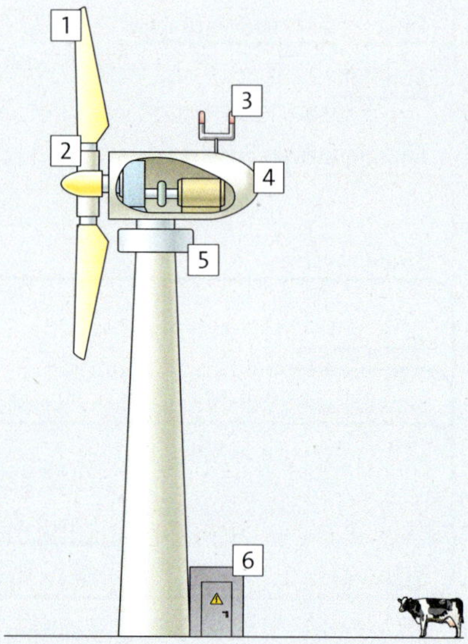

A1 Für eine ertragreiche Nutzung der Windenergie müssen geeignete Standorte für die Windenergieanlagen gefunden werden. Die folgenden Abbildungen zeigen die durchschnittlichen Windgeschwindigkeiten an vier verschiedenen Orten im Laufe eines Jahres. Gib begründet an, welcher Ort sich am besten eignet, um dort eine Windenergieanlage zu errichten.

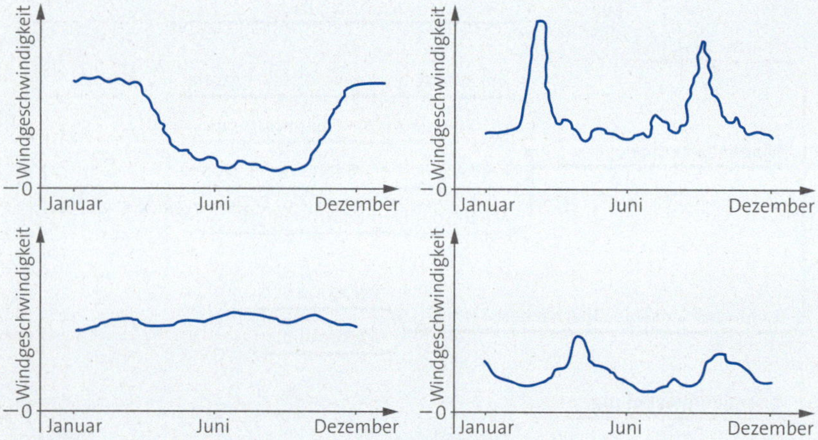

A2 a) Skizziere den Aufbau einer Windenergieanlage in deinem Heft und beschrifte sie mit folgenden Bezeichnungen: Blattverstellung; Netzanschluss; Rotorblatt; Windmessgerät; Windrichtungsnachführung; Gondel mit Getriebe, Bremse und Generator.

b) Beschreibe die Funktionsweise der Windenergieanlage.

c) Zeichne eine Energieumwandlungskette für die Windenergieanlage. Beginne mit der Bewegungsenergie der Luft.

A3 Eine Gemeinde wird von Windenergieanlagen mit Strom versorgt. Im Zuge von Wartungsarbeiten müssen gelegentlich Teile aus den Anlagen ausgebaut werden. Die Gemeinde bekommt während der Wartungsarbeiten Strom über das reguläre Stromnetz. Gib begründet an, ob die Windenergieanlagen und das überregionale Kraftwerk hierfür parallel oder in Reihe geschaltet sein müssen.

Material B ▸ Sieden durch Schütteln

B1 Kann man Wasser durch Schütteln erhitzen?

a) Argumentiere mithilfe des Teilchenmodells.

b) Um einen Liter Wasser um ein Grad zu erwärmen, benötigt man etwa 4 kJ. Gehe davon aus, dass du dem Wasser durch Schütteln pro Sekunde eine Energiemenge von 20 J zuführen kannst. Berechne, wie lange du einen Liter Wasser schütteln müsstest, um ihn von Zimmertemperatur (20 °C) zum Sieden zu bringen.

c) Erläutere, warum es dir nicht gelingen wird, Wasser allein durch Schütteln zum Sieden zu bringen, selbst wenn du nicht ermüdest.

Material A ▸ Richtig Heizen und Lüften

A1 Im abgebildeten Versuch wurde ein Tropfen Tinte in ein Becherglas mit Wasser gegeben. Dann wurde das Becherglas unten seitlich erhitzt. Die Tinte zeigt, dass sich eine Strömung im Wasser ausbildet. Zu dieser Konvektionsströmung kommt es, weil das erhitzte Wasser im umgebenden kälteren Wasser aufsteigt. Dabei verdrängt es das Wasser, das sich bis dahin oben befand. Kaltes Wasser strömt von unten nach. Diese Konvektionsströmung bleibt erhalten, solange es Temperaturunterschiede im Wasser gibt. Je geringer die Temperaturunterschiede werden, desto mehr verlangsamt sich die Strömung.

a) Begründe, warum es sinnvoll ist, dass der Heizkessel einer Warmwasserheizung im Keller eines Hauses steht.

b) In manchen Wohnungen befinden sich die Heizkörper nicht unter den Fenstern, sondern auf der gegenüberliegenden Seite des Raums. Dann ist die Luft am Boden aber relativ kalt. Befindet sich die Heizung dagegen unterhalb des Fensters, bekommt man nicht so schnell kalte Füße. Erläutere dies mit einer Skizze.

c) Wenn du im Winter dein Zimmer lüftest, dann soll möglichst viel frische Luft in den Raum kommen, ohne dass zu viel Wärme entweicht. Dazu kannst du entweder das Fenster kippen oder weit öffnen.
Entscheide dich für eine Variante. Begründe deine Entscheidung.

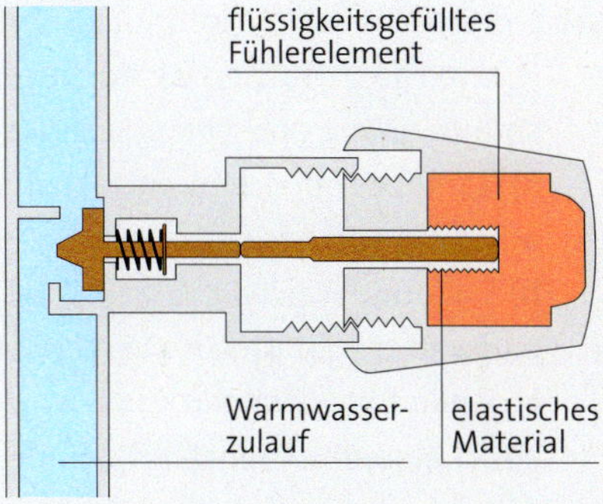

A2 Heizungen in Wohnräumen haben Thermostatventile zur Regelung der Raumtemperatur. Am Thermostat kannst du die gewünschte Raumtemperatur einstellen. Liegt die Temperatur unter dem eingestellten Wert, fließt warmes Wasser in den Heizkörper. Mit zunehmender Temperatur schließt das Thermostatventil langsam den Wasserzulauf, bis er schließlich ganz versiegt.
Erläutere die Funktionsweise des Thermostatventils mithilfe der Abbildung.

Material B ▸ Wie sich Schall ausbreitet

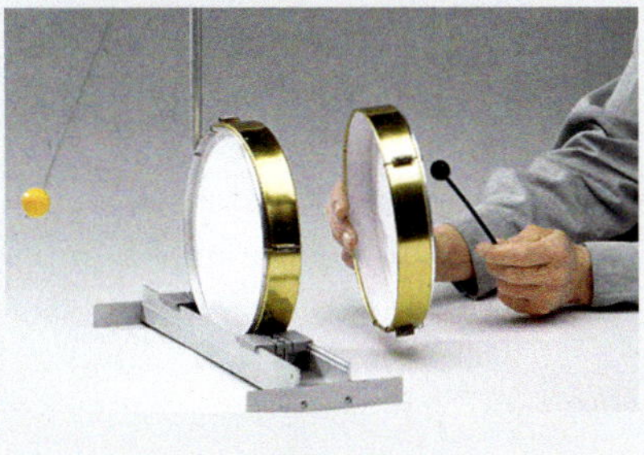

B1 Wird im abgebildeten Experiment die eine Trommel angeschlagen, wird der an der zweiten Trommel anliegende Ball fortgeschleudert.

a) Erkläre die Beobachtung mit dem Teilchenmodell.

b) Erkläre, warum Astronauten im Weltall nichts hören.

c) Erläutere, wie Schall Energie überträgt.

d) Im Western erlauschen Trapper und Indianer an den Schienen, ob ein Zug naht. Begründe, warum sie den Zug an der Schiene besser und eher hören als durch die Luft?

Material C ▸ Heißer Draht

C1 In Geräten wie Toaster, Herd oder Wasserkocher erzeugt der elektrische Strom Wärme. Erkläre mit dem Teilchenmodell, warum die Heizdrähte warm werden.

Material A ▸ Sicher im Straßenverkehr

A1 Die Straßenverkehrsordnung schreibt vor, wie ein Fahrrad auszustatten ist. Wichtig sind in diesem Zusammenhang optische und akustische Signalgeber.

a) Zähle die optischen und akustischen Signalgeber auf, die du im Bild siehst.

b) Erläutere welchen Vorteil akustische Signale haben, wenn du mitten im Verkehr steckst.

c) Finde zwei Gruppen, in die du die optischen Signalgeber einteilen kannst, und ordne sie zu. Untersuche, welche unterschiedlichen Aufgaben sie haben.

d) Früher war es nicht gestattet, allein batterie- oder akkubetriebenes Fahrlicht zu benutzen. Heute ist dies erlaubt – aber nur mit Ladestandsanzeige. Finde physikalische Begründungen für diese Vorschriften.

e) Das Fahrlicht und das Rücklicht des Fahrrads sind an den Dynamo angeschlossen. Notiere eine Energieumwandlungskette von der Bewegung deiner Beine bis zum abgestrahlten Licht.

e) Finde heraus, was Blinklichter und Sirenen gemeinsam haben. Welchen Vorteil bietet diese Gemeinsamkeit im Straßenverkehr?

Material B ▸ Zauberturnier

B1 Harry Potter tritt zu einem magischen Turnier an. Sein erster Gegner ist ein Zauberer, der nach einem bedauernswerten Unfall mit vertauschten Augen und Ohren leben muss. Seine Ohren befinden sich in den Augenhöhlen, während seine Augen aus den Gehörgängen schauen.

a) Beim Turnier sind schnelle Reaktionen sowie präzises Einschätzen von Richtung und Entfernung für das zielsichere Benutzen des Zauberstabs wichtig. Erläutere, mit welchen Vor- oder Nachteilen Harrys Kollege zum Zauberturnier antritt.

b) Auch im Alltag wäre für den Sonderling vieles anders. Erläutere seine Lage in verschiedenen Situationen wie beim Lesen, beim Sport, beim Wandern, im Verkehr oder im Kino.

Material C ▸ Rauchmelder

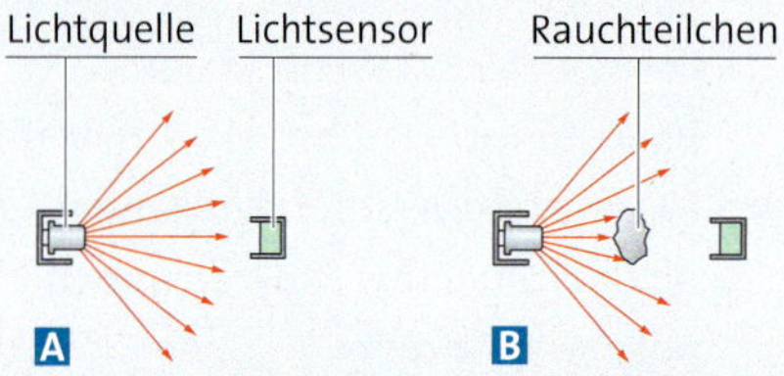

C1 Der Rauchmelder oben schlägt Alarm, wenn ein Rauchteilchen den Lichtstrahl von der Lichtquelle zum Lichtsensor unterbricht.

a) Begründe, warum der Rauchmelder nicht im Bad oder in der Küche angebracht werden sollte.

b) Wann könnte der Melder noch ungewollt Alarm geben?

C2 Erkläre die Funktionsweise des unteren Rauchmelders.

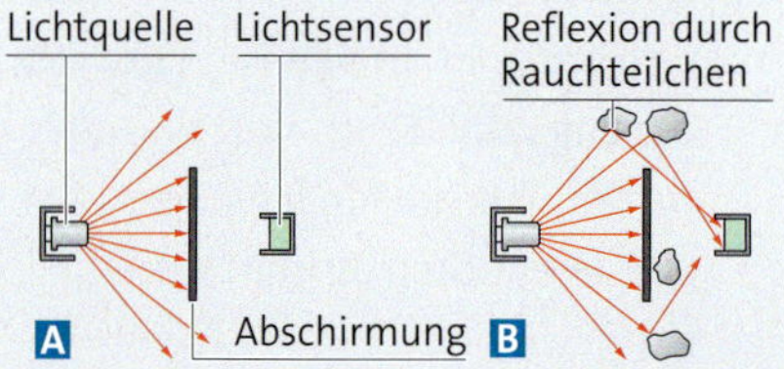

Material D ▸ Beschlagene Gläser

D1

Betritt man ein feucht-warmes Tropenhaus, sorgt ein „Brillenpuster" für eine klare Brille. Erkläre, wie das Gerät funktioniert.

D2 Fährt man im Winter mit dem Auto durch einen längeren Tunnel, so beschlagen die Scheiben von außen. Fährt man dagegen im Sommer durch den Tunnel, so beschlagen sie von innen.

a) Erkläre diese Erscheinung.

b) Nenne geeignete Maßnahmen gegen das Beschlagen.

Material A ▸ Schutzmaßnahmen im Alltag

A1 Nicht nur im Straßenverkehr begegnest du Warn- oder Verbotsschildern. Vor welchen Gefahren warnen diese Schilder?

a) Ordne die Schilder den Themen Licht, Magnetismus, Schall, elektrischer Strom und Wärme zu.

b) Erkläre die Bedeutung jedes Schilds.

c) Beschreibe zu jedem Schild eine passende Gefahrensituation und erläutere, welche Schäden entstehen können, wenn das Schild missachtet wird.

d) Erkläre jeweils, wie du dich vor den schädlichen Wechselwirkungen schützen kannst.

Material B ▸ Lichtmühle

B1 Lichtmühlen stehen häufig zur Zierde auf Fensterbänken. Sie bestehen aus einer Glasglocke, die mit einem Gas gefüllt ist. In der Glocke ist ein Rad mit Plättchen aufgehängt, die auf der einen Seite schwarz und auf der anderen Seite verspiegelt sind. Scheint Licht auf die Lichtmühle, dreht sich das Rad.

a) Stelle eine Vermutung auf, welche Wechselwirkung das Rad in Bewegung versetzt.

b) Recherchiere im Internet, welche Erklärungsversuche es noch gegeben hat.

Material C ▸ Physik in den Ferien

Familie Ludwig fährt in den Sommerurlaub. Jan und Lisa haben beschlossen, die Autofahrt mit Büchern und Videos zu verbringen. Leider muss Frau Ludwig alles kommentieren.
Als die Klimaanlage während eines Staus überfordert ist, verteilt sie Feuchttücher: „Die Kältestrahlung der Tücher tut gut." Lisa und Jan seufzen.
Während der Weiterfahrt holpert das Fahrzeug über die Verbindungsstreifen zwischen den Fahrbahnstücken. Frau Ludwig ist überzeugt: „Mit den Streifen werden Autofahrer vor Straßenschäden gewarnt."
Endlich ist eine Raststätte erreicht. Mit beladenen Tabletts steuert die Familie eine Sitzecke an. Herr Ludwig schimpft über den heißen Metalllöffel in seiner Kaffeetasse. Seine Frau tröstet ihn: „Mit einem Rührstäbchen aus Holz hättest du dich schlimmer verbrannt!"
Gelangweilt schnappt sich Jan Lisas neue Halskette. Der Magnetverschluss eignet sich prima, um die Kaffeelöffel über den Tisch zu ziehen. Aber Frau Ludwig nimmt ihm die Kette rasch wieder aus der Hand. „Hör auf! So verlieren die Magnete ihre Wirkung!"
In der Zwischenzeit ist ein Gewitter aufgezogen. Lisa hasst Gewitter, aber ihre Mutter beruhigt sie: „Ich habe vier Sekunden zwischen Blitz und Donner gezählt: Das Gewitter ist noch mehr als vier Kilometer weit weg."

C1 **a)** Erkläre, warum du dich mit einem feuchten Tuch abkühlen kannst.

b) Erläutere, welche Aufgabe die Verbindungsstreifen zwischen den Fahrbahnstücken haben.

c) Untersuche, ob du noch andere Aussagen von Frau Ludwig verbessern musst. Begründe.

d) Finde im Text zwei gute Beispiele für Wechselwirkungen und erläutere sie.

N

O

P

R

S

T

U

V

W

Z

BILDQUELLENVERZEICHNIS

Focus/GUSTIMAGES/SPL, London: *Titelbild* – ADFC/Oliver Tjaden: *137/5* – akg-images: *7/4 links* – Albrecht, Ina, Berlin: *151/A* – Astrofoto/Sörth: *122/1* – Bislin, Carolin, Sargans/CH: *26/1* – Bongartz, Karl: *31/3* – Bornebusch, Jan, Berlin: *21/oben rechts* – Bosch/Marianne Majerus Garden Images: *108/2* – Buddrich, Jens, R.: *36/2* – Burgstaller, J., Salzburg: *39/4A, 39/4B* – Buric, Ralf, Krefeld: *17/6, 170/4* – Christian Lewalter/Freiwillige Feuerwehr Brandoberndorf: *134/1* – Cloer Germany GmbH & Co. KG: *51/2* – CNES: *120/2* – colourbox/ArenaCreative: *47/5* – Conatex-Didactic, Neunkirchen: *78/2* – Corbis: Liba Taylor: *155/A,* Visuals Unlimited: *6/2* – Cornelsen Experimenta: *76/2, 169/B* – Cornelsen Schulverlage GmbH: *17/4, 114/1, 146/1C* – Deutsche Energie-Agentur GmbH: *96/3* – Deutscher Wetterdienst: *30/3, 60/1B* – Deutsches Museum: *103/7, 120/1* – Digitalstock: M. Krüttgen: *23/4.A,* M. Ruta: *28/2,* S. Behringe: 149/5, vobelima: *83/7* – Döring, V., Hohen Neuendorf: *28/3, 51/1* – Europa Park, Rust: *59/A1* – Fabian, Michael J.: *24/1A,B, 69/2A,B, 70/1, 72/1, 77/4A, 77/4B, 79/4A, 79/4B, 82/3.A, 82/3.B, 82/4.A, 82/4.B, 91/1.A, 92/2, 93/4, 95/5, 95/6, 96/1, 98/1, 100/3, 100/4, 102/2A, 102/2B, 102/3A, 102/3B, 103/5, 103/6, 109/4* – Focus/DR GORAN BREDBERG/SCIENCE PHOTO LIBRARY: *154/2* – fotocent.de/Wladimir Bulgar: *99/5, 165/5* – Fotolia: Amir Kaljikovic: *8/1,* by-studio: *7/5b,* Edler von Rabenstein: *33/3 unten,* Gomaespumoso: *7/5a,* Jörg Lantelme: *128/1,* Jose Ignacio Soto: *113/3,* Jose Ignacio Soto: *163/6,* Karin & Uwe Annas: *43/5,* mariesacha: *7/5d,* Phototom: *157/3,* Valerii Zan: *15/3* – Vely: *7/5c,* winston: *18/1* – Freizeitpark-Welt, Bochum: Björn Baumann: *46/1* – Gaa, Markus: *14/1, 18/2, 25/5, 29/5A,B, 31/5, 48/1, 76/1, 80/1, 113/4, 113/5, 114/2A, 116/1, 117/2, 118/1, 118/2, 118/3, 118/4, 124/1, 126/3, 127/5, 129/2, 130/1, 132/1, 132/2, 132/3A,B, 134/2, 134/3, 139/3, 139/4, 139/5, 140/2, 150/2, 159/3, 162/1, 163/3, 163/4, 165/2, 169/A* – Gebr. Märklin & Cie. GmbH, Göppingen: *30/1* – Gebrüder Egli Maschinen AG: *102/1* – Grichting, Marcel, Naters/CH: *50/2* – Halbritter, Reinhard: *22/1* – Hunderfossen Familienpark/Fåberg/Norwegen: *54/1* – Hurrle, Kurt: *121/5* – iStockphoto:AVTG: *13/1, 60/1C, 64/2,* Bill Grove: *21/2,* Bo Insogna: *88/1,* Brian Chase: *146/1A,* Dmitry Mordvintsev: *42/1,* ewg3D: *155/B,* Georde Clerk: *50/1,* Grand-V: *38/1,* Ina Peters: *111/1,* Juanmonino: *27/4A,* Kenneth Cheung: *17/5,* Lya_Cattel: *32/1,* Nick Schlax: *15/4,* Pali Rao: *67/1,* Paul Lampard: *148/2,* Reggie Lavoie: *171/6,* Tomasz Pietryszek: *21/3* – Tomasz Tulik: *64/1,* Viorika Prikhodko: *27/2A,* VisualCommunication: *48/3,* zorani: *146/1B* – Jennifer Fink/Jens Piano Studio: *145/V2* – Kasper, Lutz, Freiburg: *22/2* – Mahler, H., Fotograf, Berlin: *35/A1.01* – mauritius images: Alamy: *19/5, 24/3, 43/4, 54/2, 65/6,* Andrea Leiber: *14/2,* imagebroker/uwe umstätter: *152/1a, 162/2,* P. Widmann: *43/2,* Photo Researchers: *28/1* – SELF: *27/3A* – Miniatur Wunderland Hamburg GmbH: *92/1* – Minkus, Volker: *17/4* – NASA: *60/1A, 65/5, 123/A, 158/2* – NTL Austria: *70/2* – Panthermedia: Fotolia/shutterstock/Arcady/ Henning, Torsten: *171/5,* Harald Richter: *30/2,* Winfried Woggon: *169/C* – Parth, Thomas, Halstenbeck: *55/3* – picture-alliance: ANP: *138/1,* dpa: *6/1, 142/1,* dpa-tmn: *19/3,* HANS KLAUS TECHT/APA/picturedesk.com: *112/1,* Helga Lade: *142/2,* Sven Simon: *9/3, ZB: 19/4, 83/8, 109/6, 155/B2, 158/1* – Pitopia/Thorsten Klöpper, 2009: *80/2.1* – Rübbelke, Antonius, Düsseldorf: *68/1, 108/1* – Salomon/Stephan Repke: *56/1* – Shutterstock: Allyson Kitts: *89/A1 rechts,* Bocman1973: *136/1,* Can Balcioglu: *33/3 oben,* Chin Kit Sen: *37/4,* Claudio Rossol: *65/3,* Darren Foard *36/1,* demarcomedia: *165/3,* DVARG: *15/5,* Ermolaev Alexander: *45/A3,* Igor Zh.: *9/2,* IgorNP: *33/3 mittig,* Jose Ignacio Soto: *52/1,* Nightman1965: *86/1,* Olga Popova: *154/1,* pefostudio5: *89/A1 links,* Reika: *34/1,* shelgachev: *47/4,* Tomasz Trojanowski: *152/1b,* VikaRayu: *69/5,* yyama: *168/B* – Total Walther GmbH: *21/1A-D* – VARTA: *43/3, 81/4, 81/5, 81/6* – Verband Privater Bauherren (VPB), Berlin: *56/3* – Weissenböck, Nicole: *39/3* – Wienbruch, Ursula, Dr., Aach: *148/1, 157/4* – Wikipedia/GNU FDL/CrazyD: *23/4.B,* public domain: *7/4 rechts,* RsVe: *25/6* – Wirtz, Peter: *137/4* – www.conrad.de: *69/4* – www.sram.com/pd-f: *80/2.2* – xpb.cc limited/Thorsten Jerg, Germersheim: *56/2* – Zweirad-Profi/R. Jäger: *170/1*